衣以载道

楚文化在现代
服装设计中的
传承与应用研究

郭丰秋◎著

国家社科基金艺术学项目丛书

2015 年国家社科基金艺术学一般项目（15BG091）

武汉纺织大学学术著作出版基金项目资助

衣以载道

楚文化在现代服装设计中的传承与应用研究

郭丰秋◎著

中国纺织出版社有限公司

内 容 提 要

楚文化是中华民族优秀文化的重要组成部分，其内容丰富，元素众多。本书从宏观角度梳理中国服装设计的文化自觉历程，反思中国服装设计的责任担当；从文化学角度将楚文化元素进行归类，分析其传承与应用价值；从设计学角度，提取出典型的楚文化元素，分析其在服装设计中的应用方式和现状；从传播学角度，探讨楚文化在现代服装设计中的传播本质和策略。试图以以小见大的方式对全球化语境中的服装设计话语权问题进行反思，唤起服装设计工作者对本土文化多样性的重视，并对中国本土服装设计的定位和未来发展方向做出思考。

本书适合服饰文化相关专业师生及爱好者参考使用。

图书在版编目（CIP）数据

衣以载道：楚文化在现代服装设计中的传承与应用研究 / 郭丰秋著. -- 北京：中国纺织出版社有限公司，2022.9

（国家社科基金艺术学项目丛书）

ISBN 978-7-5180-9613-8

Ⅰ.①衣… Ⅱ.①郭… Ⅲ.①楚文化—影响—服装设计—研究—中国 Ⅳ.① TS941.2

中国版本图书馆 CIP 数据核字（2022）第 102197 号

责任编辑：宗 静　苗 苗　　　特约编辑：胡 蓉
责任校对：楼旭红　　　　　　　责任印制：王艳丽

中国纺织出版社有限公司出版发行
地址：北京市朝阳区百子湾东里 A407 号楼　邮政编码：100124
销售电话：010—67004422　传真：010—87155801
http://www.c-textilep.com
中国纺织出版社天猫旗舰店
官方微博 http://weibo.com/2119887771
北京华联印刷有限公司印刷　各地新华书店经销
2022 年 9 月第 1 版第 1 次印刷
开本：787×1092　1/16　印张：15.5
字数：283 千字　定价：98.00 元

前言

　　《周易·系辞》曰："形而上者谓之道，形而下者谓之器。"正所谓"道器不离"，无形的"道"隐含在有形的物或技艺之中。"道器论"与服装设计活动也是一脉相通的。从本质上看，服装设计既是一种实践活动，又是一种文化活动；既是一种技术，又具有艺术性。目前，中国与世界正在构成交互语境，信息技术的高速发展令这种交互更为突出，抽象的"道"与具象的"器"也处于复杂的相互影响之中。服装设计虽然源自设计师本人的灵感和创意，却不能剥离社会文化语境而存在，在某种层面上，也是国家或地区文化战略、文化形象的体现。就中国服装设计而言，吴海燕、马可、郭培、梁子、李薇、熊英等设计师从不同层面推广着中国文化，体现了中国服装设计界的文化梦想和叙事诉求，但是，以某个地域文化为基点，将其与服装设计结合起来，进行深入实践或研究的尝试却不多。

　　楚文化因楚国和楚人而得名，是周代南方区域文化，以其特色鲜明和源远流长而著称于世，以其内涵丰富、思想深邃而影响古今。可以说，楚文化的青春和迟暮虽可追溯至两三千年以前，但它所携带的筚路蓝缕的进取精神、大象无形的开放气度、一鸣惊人的创新意识等文化基因生生不息，汇入中华民族优秀传统文化长河之中，绵延流传至今。诸多楚文化元素则是高度浓缩的楚文化代表，保留着民族文化元气，富含象征、装饰、隐喻等功能。将楚文化贯注于服装设计创造活动中，既有助于设计者建构新的空间或形式，避免在表现方式上陷入语汇贫乏的尴尬，又有助于本土设计师走出西方设计话语焦虑，坚守本土文化立场，提升设计文化质感。将楚文化与服装设计结合起来研究，目的是从设计学角度观照楚文化的个性特征，肯定和践行其价值，激活其时尚生命力，同时对全球化语境中的服装设计话语权问题进行反思，唤起服装设计工作者对本土文化多样性的重视，并对中国本土服装设计的定位和未来发展方向做出思考。

笔者对楚文化的关注和中国服装设计话语权的思考已有十年之久，其间，许多在这两个领域耕耘多年的前辈或同仁对笔者提供了帮助，或因其真知灼见而获得灵感，或因其指导而感恩在心，在此对刘玉堂老师、姚伟钧老师、李超德老师、贾玺增老师、李宏复老师、李薇老师、王柯老师等致以真挚谢意！武汉纺织大学服装学院陶辉院长、艺术学院傅欣院长对本书的出版提供了支持和帮助，笔者在此表示感谢！本书也是2015年国家社科基金艺术学一般项目研究成果，项目的实施延伸到课堂教学实践中，学生们因此对楚文化的认识更为深入，他们的奇思妙想和创新精神也令笔者获益甚多。十年来，在政府的支持下，以及湖北本地服装设计师的努力下，楚文化元素的应用越来越多，因此，有些材料来不及更新，请读者谅解。

参与本项目资料搜集、调研和制图工作的学生有王雨亭、奚祺、夏雨航、岳魁英等，笔者在此一并感谢。

除笔者外，参与撰写工作的还有赵艾茜、王雨亭，其中，赵艾茜撰写了第三章第二节和第三节，王雨亭参与撰写第五章第三节，笔者对此亦表示感谢。

由于时间仓促，书中若有不足之处，请各位读者批评、指正。

著者

2022.1

目录

绪论

20世纪40年代，德国学者卡尔·雅思贝尔斯提出了人类文明"轴心期"这一概念。他指出，公元前8世纪至公元前3世纪的历史时期，诸如古希腊、古印度、波斯、中国、巴勒斯坦等国度或区域都出现了具有经典学术意义的创始人及其学派理论，为人类文明的发展奠定了基础，即"轴心期"。"直至今日，人类一直都靠轴心期所产生、思考和创造的一切而生存，每次新的飞跃都要回顾这个时期，并被它重新燃起火焰。自那以后，轴心期潜力的苏醒和对轴心期潜力的回忆，或曰复新，总是提供了精神动力。对这一开端的复归是中国、印度和西方不断发生的事情。"❶楚文化的产生、发展与繁荣期正是处在这一文明"轴心期"，它以浪漫自由的想象和极富个性的创造为中华文明增光添彩，最终汇入人类文明长河之中，至今仍散发着独特魅力。然而，人们对中国传统文化一直都抱着"重北轻南，重河轻江，重黄轻炎，重龙轻凤，重儒轻道"的态度，随着楚地出土文物的不断涌现，楚文化的璀璨独特得到重视。❷

一、研究现状述评

20世纪80年代以前的楚文化研究，尚为考古学家对考古学上楚文化基础性的考察。对老庄哲学和屈宋文学等楚国精神文化的研究，仍沿袭传统而分别在哲学界和文学界等领域独自进行。20世纪80年代以后，随着湖南长沙马王堆汉墓和湖北曾侯乙墓的不断发掘，楚文化研究进入高歌猛进时代。考古学上的楚文化研究继续扩展和深入，但已不再是考古学单科突进的局面，考古学、历史学、民族学、语言学、神话学、哲学、文学、艺术史学、科技史学等多学科相互交叉、齐头并进。研究课题拓展到物态、制度、行为、心态的各个文化层面。1987年，张正明撰写《楚文化史》一书，勾画出楚文化的渊源、滥觞、成长、鼎盛的历史图景。此后，他又主编了《楚文化志》《楚学文库》等系列书籍，内容涵盖了设计、历史、经济、军事、哲学、文学、文字、艺术、建筑、服饰、器用、货币、风俗、科技、歌乐舞及楚文化的南下北上、东渐西被等方面。

2001年，蔡靖泉撰写的《楚文化流变史》从历史纵向发展角度，探讨楚文化自秦汉以来到现代文化的流风余韵、演化变迁和历史作用。从内容上看，可以说是《楚文化史》的续编，但就时间和空间而言这本著作建立的流变体系过于宏大，不免令人产生楚文化泛化的疑问。

在艺术学领域，皮道坚的《楚艺术史》从艺术学角度，探究东周时期楚地器物的艺术

❶ 卡尔·雅思贝尔斯. 历史的起源与目标 [M]. 魏楚雄, 等, 译. 北京: 华夏出版社, 1989:14.
❷ 张正明, 皮道坚. 楚美术图集 [M]. 武汉: 湖北美术出版社, 1996.

样式和文化内涵，认为楚艺术是具有自身显著特质的独立结构，既区别于同时期北方地区的艺术，同时又与古埃及艺术、古巴比伦艺术、古希腊艺术及其后的古罗马艺术交相辉映。王祖龙在《楚艺术图式与精神》中从艺术学、美学角度出发，探讨了楚人的艺术世界和艺术哲学，楚纹饰的审美品位和精神内涵，楚艺术的内在主题和造型审美特征，楚人的视觉思维和创造心态，楚艺术造型的观念和方法等，从而说明楚艺术以开放、兼容的姿态形成别具一格、浪漫奇诡、惊采绝艳的艺术风格，对本书提供了诸多启发。论文所见，多是针对某个楚艺术品类或文化产品进行个案探讨，如《楚人的纺织与服饰》《楚文化特色图案探析》《从楚漆器看楚地枝江挑花的楚文化艺术特色》《试析楚文化中凤鸟纹饰审美》《楚国刺绣艺术研究》《红安大布的工艺研究》等。

（一）学界对楚文化元素和服装设计的相关研究特点

1. 历久弥新

学界对于楚文化的研究因时代的进步而历久弥新，在内容和时限上不局限于狭义的荆楚文化，而是将其融入中国文化乃至世界文化的大视野中。从其本源讲，楚文化是一种具有开放意识的文化，其开放性不仅表现在较强的扩张性和兼容性，而且表现在它与时俱进、不断创新的特性上。这些特性与现代服装设计研究特性是一致的，因此将二者结合起来进行研究符合学术发展规律。

2. 研究视角局限

目前对楚文化元素的研究多局限于工艺美术领域，大多是对楚文化元素的形象、形制方面的探讨。对其在现代服装设计中的应用研究不够，而传统文化元素不仅要继承，更要发展，还应开发它更多的应用价值。

3. 缺乏系统性研究

楚文化在艺术特点上表现出浪漫奇诡之风、超然飘逸之致、开拓进取之精神、标新立异的创造意识和以身相殉的爱国情怀，这些文化元素与现代服装设计叙事和审美有耦合之处，但楚文化在现代服装设计中的理论和实践研究不够深入系统。例如，《先秦楚地玉龙艺术在当代服装设计中的应用研究》《东周楚服结构在服装设计中的解构性分析》《楚简在服装设计中的解构运用》《楚图案对我国当代服装设计的意义》《楚凤在服装设计中的应用研究》《先秦楚国纺织品中凤纹样在现代服装艺术设计中的创意应用研究》等，大多数属于简单介绍，并囿于碎片化的个案研究，缺乏对楚文化与现代服装设计关系的系统研究。

（二）以楚文化为对象将其嵌入服装设计范畴

1. 将楚文化元素应用于服装设计

开拓楚文化研究思路，唤起服装设计工作者对本土文化多样性的重视，以及对设计多元化和同质化的辩证认识。

2. 挖掘楚文化的市场潜力

采用以小见大的方式对全球化语境中的服装设计话语权问题进行反思，并对中国本土服装设计的定位和未来发展方向做出思考。具体而言，将楚文化中的物质和非物质元素进行系统归类，分析其历史文化内涵、艺术审美特色、设计与传承价值，挖掘楚文化元素的市场潜力，探讨它们与现代服装设计之间的融合方式，让传统文化元素和现代市场需求结合起来，激活楚文化在现代社会的时尚生命力。

二、研究方法

（一）文献研究法

以楚文化元素为考察对象，通过书籍、网络、图书馆、博物馆等途径搜集和整理文献资料和影像资料，并对其进行分析处理，界定最具代表性的楚文化元素，对其进行分类和分析，探讨其历史文化内涵、艺术价值和应用价值。

（二）调研法

以"楚文化元素应用于服装产品设计的市场可行性"为主题进行问卷调查，并对服装设计师、美术工艺从业者进行深度访谈，获得第一手调查数据，为设计实践和理论研究打下坚实基础。

（三）个案研究

个案研究是社会学领域中的一种典型的研究方法，是对某一特定元素、单位、现象或主题进行调查，广泛收集有关资料，详细了解、整理和分析研究对象产生与发展的过程、内在与外在因素及其相互关系，以形成对有关问题深入全面的认识和结论。本书将对楚文化的服饰元素、凤鸟元素、色彩元素、锦绣元素等进行个案研究，揭示其物质表象所蕴含的文化内涵、艺术审美心理，探讨其与现代服装设计之间的交互关系。

三、相关理论

（一）文化结构理论

广义的文化，主要观照人类与一般动物、人类社会与自然界的本质区别，其涵盖面十分广泛。关于广义文化的结构和层次，学界众说纷纭。有两层说、三层说、四层说和六大子系统说。两层说将文化简单分为物质文化和精神文化。三层说以庞朴为代表，他认为，广义的文化结构包括三个层面。它的外层便是物质的部分——不是任何未经人力作用的自然物，而是马克思所说的"第二自然"或对象化了的劳动。文化的中层，则包括隐藏在外层物质里的人的思想、感情和意志，如机器的原理、雕像的意蕴之类和不曾或不需体现为外层物质的人的精神产品，如科学猜想、数学构造、社会理论、宗教神话之类，以及人类精神产品之非物质形式的对象化，如教育制度、政治组织之类。文化的里层或深层，主要是指文化心理状态，包括价值观念、思维方式、审美趣味、道德情操、宗教情绪、民族性格等。文化的三个层面，彼此相关，形成一个系统，构成了文化的有机体。这个有机体，有自己的一贯类型，有自己的主导潮流，并由此规定了自己的发展和选择吸收、改造或排斥异质文化的要素。❶他的理论经过其他学者的不断修正，形成物质文化、精神文化和制度文化三层结构学说，逐渐成为我国文化理论界的主流观点。❷❸❹四层说将文化分为物质、制度、风俗习惯，以及思想与价值。还有学者将文化分为物质、社会关系、精神、艺术、语言符号和风俗习惯六大子系统。

李丛芹在《从"设计"到"文化设计"的辨析：一个本体论视角》中，运用文化结构理论辨析了设计和文化之间的关系，认为设计本身就是一种文化存在，都是人类认识和把握世界的方式，二者同构，并提出"文化设计"理论，不仅将设计的外延由"艺术"扩展到"文化"，而且表明文化既是设计的根本依据和精神内涵，还是设计的起点和终点，是设计的理念、过程、规则和存在样式。强调设计的文化本质、文化存在、文化特性，倡导设计中的价值立场和人文精神，以期矫正和弥补设计中出现的技术或艺术偏向，并对商业主义世界中设计过丁追求经济效应、适应经济规律、维护经济法则进行提醒。❺该理论与

❶ 庞朴. 文化结构与近代中国 [J]. 中国社会科学, 1986(5) : 84.

❷ 邹春生. 物质·制度·精神：客家文化的层次结构——一种基于文化学视野下的美术考察 [J]. 西南民族大学学报(人文社科版), 2005(12) : 68.

❸ 王竹波. 以文化结构三层次说研析远古至春秋礼的演进 [J]. 云南社会科学, 2011(5) : 49.

❹ 何星亮. 文化功能及其变迁 [J]. 中南民族大学学报(人文社会科学版), 2013, 33(5) : 34.

❺ 李丛芹. 从"设计"到"文化设计"的辨析：一个本体论视角 [J]. 兰州大学学报(社会科学版), 2009, 37(5) : 147-154.

李超德提出的设计问题实则是文化问题，包含着文化观念、文化立场、文化价值的观点相得益彰。[1] 服装设计是广义设计的一部分，不仅要解决具体实践和形式问题，还要解决诸如"文化立场、文化观念"等形而上的问题。

（二）文化自觉理论

1997年，费孝通先生在第二届社会学人类学高级研讨班上提出了"文化自觉"的概念，认为"文化自觉"是指生活在一定文化中的人对其文化有"自知之明"，明白它的来历、形成的过程、具有的特色和它的发展趋向，自知之明是为了加强对文化转型的自主能力，取得决定适应新环境、新时代文化选择的自主地位。[2] 后来，他将对"他人文明"的反思也纳入"文化自觉"的概念中，认为"文化自觉"的含义应该包括对自身文明和他人文明的反思，对自身的反思往往有助于理解不同文明之间的关系。因为世界上无论哪种文明，无不由多个族群的不同文化融会而成。[3]

围绕着"文化自觉"的概念，国内其他学者也提出了各种看法，可以说是对费孝通先生文化自觉理论的阐发和补充，从而形成一股文化自觉思潮和系统理论。例如，封海清认为，文化自觉是民族的自我意识，是对自身文化的自知、自省和自我超越的意识。[4] 乐黛云指出，认知、理解和诠释自己的民族文化历史，联系现实，尊重并吸收他种文化的经验和长处，与他种文化共同建构新的文化语境，这就是我们所说的文化自觉。[5] 可见，学者们一致认为，"文化自觉"首先是对文化的一种认识、思考、反思和反省。其次，"文化自觉"应包含对他族文化的反思和反省，将其作为"参照物"进一步认识和思考本民族文化。因为"多元一体"的思想也是中国式文化的表现，包含了各美其美和美人之美，要能够从别人和自己不同的东西中发现出美的地方，才能真正美人之美，形成一个发自内心、感情深处的认知和欣赏，而不是为了一个短期的目的或某种利益。只有这样才能相互容纳，产生凝聚力，做到民族间和国家间的"和而不同"的和平共处、共存共荣的结合。[6]

如何文化自觉？学者们也给出了不同的答案。封海清认为，文化自觉的内涵包括三个层次。第一，文化认同，即认同自身文化。第二，文化反思。在与世界其他文化比较的过

❶ 李超德,等.设计的文化立场 [M].南京:江苏凤凰美术出版社,2015:13.
❷ 费孝通.关于"文化自觉"的一些自白 [J].学术研究,2003(7):7.
❸ 费孝通.费孝通集 [M].北京:中国社会科学出版社,2005:71.
❹ 封海清.从文化自卑到文化自觉——20世纪20~30年代中国文化走向的转变 [J].云南社会科学,2006(5):35.
❺ 乐黛云.和谐社会与文化自觉 [C]//2006年第四届亚洲传媒论坛——大众传媒与和谐社会论文集,2006:51.
❻ 费孝通.关于"文化自觉"的一些自白 [J].学术研究,2003(7):7.

程中对自身文化进行反思。第三，文化超越。在文化反思的基础上形成文化变革与发展的意识，从而超越旧有文化。❶乐黛云提出，"首先要自觉到自身文化的优势和弱点，懂得发扬优势，克服弱点；其次要对在过去条件下形成的旧文化，即传统文化进行新的现代诠释，使其得到更新，有益于今天；还要审时度势，了解世界文化语境，使自己的文化为世界所用，成为世界文化新建构不可或缺的重要组成部分。"❷方李莉认为，"文化自觉"包含两个重要方面，一方面是如何重新认识我们的传统，认识我们的历史文化，以确立我们民族的主体意识，增强我们民族文化的认同感；另一方面是如何更新我们的文化，从传统向现代转化，将自己的民族文化融入世界文化体系中，并在这里找到自己文化的位置与坐标。❸

（三）文化功能和变迁理论

"功能"最初是生物科学中的词汇，后来被引入社会科学中。法国社会学派大师涂尔干（Emile Durkheim）是重要的功能思想研究先驱，被称为"功能主义之父"。在《社会学方法论》中，涂尔干提出了系统化的功能理论，认为一种社会制度的功能在于使这种制度与"社会有机体"之间相互整合，形成一致关系。然而，关于文化功能的概念和定义，学术界并未达成共识。著名的人类功能学派代表马林诺夫斯基认为，文化功能就是满足人类生理上的基本需要，以及衍生的各种社会需要和精神需要。很显然，马林诺夫斯基的理论受到美国心理学家马斯洛的影响，后者将人的需要或动机分为五个层次：生理需要、安全需要、归属和爱的需要、尊重的需要和自我实现的需要。人的需要和动机是一个由低到高逐级形成和实现的过程。❹

在前人研究基础上，我国学者何星亮将文化的性质和功能做了进一步阐释，认为人类文化一般表现为人与自然、人与社会、人与自我（心灵）的关系，在人与自然关系基础上创造的文化是物质文化，在人与社会关系基础上形成的文化是制度文化，人与自我（或"心灵"）关系基础上形成的文化是精神文化。三类文化分别满足三个不同层次的需要，即物质文化满足生理性需求，制度文化满足社会性需求，精神文化满足心理性需求。因此，从文化性质的角度而言，应把文化的功能分为三大类：生物性功能、社会性功能和心

---

❶ 封海清. 从文化自卑到文化自觉——20 世纪 20～30 年代中国文化走向的转变 [J]. 云南社会科学，2006(5)：35.

❷ 乐黛云. 文化自觉与文明冲突 [J]. 文史哲，2003(3)：18-19.

❸ 方李莉. "文化自觉"与"全球化"发展——费孝通"文化自觉"思想的再阐释 [J]. 民族艺术，2007(1)：81.

❹ 惠嘉. 马林诺夫斯基的文化功能理论及其完善路向 [J]. 内蒙古师范大学学报(哲学社会科学版)，2015，44(6)：89-94.

理性功能。❶其中，文化的社会性功能包括教化功能、规范功能、整合功能、凝聚功能和适应功能；心理性功能能够满足人类的艺术需求、尊重需求、认知需求、自我实现需求和信仰需求。

随着社会的变迁，某些文化要素的功能也随之发生质或量的变化。一般而言，文化功能变迁包括功能转换、功能扩大、功能缩小和功能丧失。

所谓功能转换，是指在新的环境下，某种文化元素原有的功能被稀释，但该文化元素并未消失，而是转换为另一种功能，以满足人们的新需求。例如，传统的纺纱机和织布机，原本是农耕文明时代最为重要的物质资料生产工具，但在以机器生产为主的工业社会里，它们的主要功能被稀释，成为博物馆里的文物，或者旅游景点的陈列品，其功能已然发生明显变化，从最初的生理性功能转换为心理性或社会性功能，满足人们的怀旧需求、认知需求，承担教化功能和凝聚功能。

所谓功能扩大，是指某种文化元素在新的环境下，不仅保留了原有的文化功能，而且增加了其他功能，从而使其具有多种功能。最为典型的案例是牛仔裤的流行。牛仔裤原本是意大利热那亚水手穿的一种粗帆布制作的裤子。在1849年美国西部淘金热潮中，淘金工人们发现用热那亚帆布制作的工装裤更加耐磨。后来，这种矿工工装逐渐被美国西部普遍接受，尤其受到西部青年的喜爱，于是演变为牛仔裤。随着大众文化的兴起，牛仔服饰审美得到主流社会认可，成为西方服饰文化经典元素，并传播至世界各地。如今，牛仔布的制作工艺也越来越先进，逐渐用于制作外套、背包、首饰、室内软装等，是服装设计界长盛不衰的时尚灵感源泉。从这个层面上看，牛仔裤和牛仔服饰的传播反映了文化功能的扩大。

所谓功能缩小，是由于社会分化促使某种文化元素的功能逐渐退化。中国古代的深衣、肚兜等服饰曾是日常生活服装。西方宫廷服饰中的紧身胸衣、裙撑等曾在标识身份等级、塑造阶层权威方面扮演着重要角色。在现代社会，这些服饰文化失去了存在的土壤，只能成为博物馆的文物、婚仪服饰或古装爱好者的道具，这些反映了服饰文化功能的降低。

所谓功能丧失，是文化变迁中较为常见的现象。随着社会的变迁，农耕社会中的某些文化元素在新的社会中逐渐消失。在男尊女卑的时代，中国古代女性多缠足，由此衍生出多姿多彩的弓鞋文化。到了清末民初，在维新人士和政府的倡导下，"天足运动"开展起来，女性逐渐放足，相应地没有了对三寸金莲的崇尚，繁复精致的弓鞋文化也逐渐消失。

楚文化是中华民族优秀文化的重要组成部分，其内涵丰富，历史悠久，传承与应用

❶ 何星亮. 文化功能及其变迁 [J]. 中南民族大学学报(人文社会科学版),2013(5):34.

的前提是分析其文化结构，充分而深刻地对它进行"文化自觉"，进而探究如何在服装设计领域对其进行文化功能的转换，上述理论对本书提供了坚实的理论基础和明晰的实践方向。

（四）符号学理论和传播学理论

符号学（semiotics）一词来自古希腊语中的"semiotikos"，作为研究符号本质及运作规律的学科，在跨学科、跨领域的层面上对于设计理论研究和实践具有重要意义和价值。现代符号学主要源于以下三种领域的探索：一是索绪尔在语言学领域的研究，以结构主义的方法对语言系统展开研究，是欧洲符号学研究的基础概念；二是与索绪尔齐名的符号学先驱皮尔斯（Charles Sanders Peirce，1839—1914）在逻辑学基础上将符号构成要素概括为媒介物、对象指涉和解释；三是美国哲学家C.W.莫里斯（Charles William Morris，1901—1979）从逻辑学和语义学角度将研究分为语构学、语义学、语用学三种理论分支，此为广义上的符号学。[1]以上提出的三种符号学理论涵盖了人类在认知和思维方面的不同类型，也使符号学为语言学、设计学等领域提供理论基础。

书中所讨论的符号源于索绪尔的语言学理论，即由"所指"和"能指"组成的符号，能指构成表达方面，所指构成内容方面。基于语言学的发展，索绪尔选定能指（signifier）和所指（signified）两者结合构成符号，其所涉及的是双面的现实。叶尔姆斯列夫认为，这每个方面又包含形式和实体两个层次，即实体在功能和意义上的双重理解。[2]作为人类文明中最早的物化形态，服装是一种记录人类文明、承载文化意蕴的重要物质，也具备实用功能和意义传达双重特质。美国管理学家切斯特·巴纳德（Chester Irving Barnard，1886—1961）则认为："人们总是相信不同的时装蕴含着不同的意义，或者能传达不同的信息，这是人们选择时装时的标准。"[3]服装具有某种表意的功能，已然成为一种共识。

法国符号学家罗兰·巴特（Roland Barthes）以符号为工具，对流行体系中服饰符码进行研究，并形成一套完整的理论体系，主要分为语言与言语、能指与所指、组合与系统、外延与内涵四大部分，其重点在于意指系统的理论阐释，从而构建服饰符号的理论框架。[4]在这里，意指（significant）可以被理解为一个过程，即将能指与所指集成一体的行为，其产物为符号。[2]也就是说，服饰流行实际上就是各种符码传播的过程。

❶ 徐恒醇. 设计符号学 [M]. 北京:清华大学出版社,2008:6-8.
❷ 罗兰·巴特. 符号学原理 [M]. 黄天源,译. 南宁:广西民族出版社,1992:25-30,39.
❸ 廖茹菡. 结构与互动:时尚符号学研究的两条路径 [J]. 符号与传媒,2017(2):138-150.
❹ 罗兰·巴特. 流行体系——符号学与服饰符码 [M]. 敖军,译. 上海:上海人民出版社,2000.

符码的传播离不开服装设计过程，设计师运用形、色、质、图等要素构成各种记号或符号，从而向人们传达设计者想要表述的文化信息或语义。可以说，服装设计是文化传播的载体或媒介，当我们将楚文化元素融入服装设计，将其转化为丰富多彩、"有意味"的设计符号，形成具有楚文化语义特征的设计语言，从而实现文化传播，而文化传播是文化传承的有效手段之一。

卡西尔以符号建构起的文化哲学也是本研究的重要理论基石。卡西尔认为，人运用符号创造文化，在这里，人——符号——文化成了三位一体的东西。人就是符号，就是文化——作为活动的主体，他就是"符号活动""符号功能"，作为这种活动的实现就是"文化""文化世界"。❶同样，文化无非是人的外化、对象化，无非是符号活动的现实化和具体化；而关键的关键，核心的核心，则是符号。因为正是"符号功能"建立起了人之为人的"主体性"；正是"符号现象"构成了一个康德意义上的"现象界"——文化的世界；正是"符号活动"在人与文化之间架起了桥梁。文化作为人的符号活动的"产品"成为人的所有物，而人本身作为他自身符号活动的"结果"则成为文化的主人。❶因此，当我们将楚文化元素凝练成文化符号、设计符号，用于指导服装设计实践的过程，实际上是对楚文化进行当代转换和再造的过程。

四、概念界定

（一）楚文化

何为楚文化？

可以说，楚文化中的"楚"所包含的内容是丰富的。苏秉琦在中国考古学第二次年会上着重指出，"这个'楚'有四个互相关联又互相区别的概念：第一，是地域概念；第二，是国家概念；第三，是民族概念；第四，是文化概念……我们不能简单地说，楚地、楚国、楚族的文化就是楚文化，因为前三者是因时而异的"。❷因此，楚文化的概念因学科特点不同而有所差异。张正明先生认为，所谓楚文化不是一个单一的概念，而是两个大小套合的概念。考古学上的楚文化，以体现在考古遗物上的为限，主要是物质文化。历史学上的楚文化，则是物质文化和精神文化的总和。在《楚文化史》中，张正明先生从历史学视野观察楚文化，他指出，楚文化有六个要素：其一，是青铜冶铸工艺；其二，是丝织工艺和刺绣工艺；其三，是髹漆工艺；其四，是老子和庄子的哲学；其五，是屈原的诗歌和庄

❶ 恩斯特·卡西尔. 人论 [M]. 甘阳，译. 上海：上海译文出版社，2004:7-8.
❷ 苏秉琦. 苏秉琦考古学论述选集 [M]. 北京：文物出版社，1984:218.

子的散文；其六，是美术和乐舞。假使把六个要素比作六根支柱，那么楚文化美轮美奂的高堂邃宇，正是凭借着它的六根支柱营造成功的。❶

也有学者将两个维度上的意义进行综合，将楚国文化的前后源流，乃至后世楚文化的发展均包括在内，时间跨度从古到今，将其定义为自原始社会至东汉之前的以现今湖北、湖南地区为中心的楚地物质文化和精神文化的综合。❷本研究汲取考古学和历史学的楚文化概念，但从艺术学角度观照楚文化，侧重于研究楚人器物、丝织、刺绣、髹漆等艺术形态及其所蕴含的审美观念和文化内涵。同时，用发展的眼光考量楚文化，凡是出自楚人、楚地的古今艺术形态，都可以纳入楚文化的研究范畴，以丰富和拓宽楚文化的内涵和外延。

（二）楚文化元素

在化学和数学领域，"元素"指的是构成世界上所有物质的最基本实体。当我们将"元素"概念引入楚文化，那么楚文化元素指的是基于楚地文化之上的，具有一定文化内涵或象征意义的符号，它们既是楚人从自然界和社会生活中撷取素材提炼而成，表达审美、社会交往和抒发情感的工具，也是体现荆楚地域传统文化、风俗习惯、人文历史的典型形象、技艺或艺术图式，更凝结着荆楚人民的精神信仰、独特个性和气质情调。

从载体形式上看，楚文化元素分为物质的和非物质的两种，前者表现为一种可视、可感的物质形态。楚地出土的各种类型的文物，如楚漆器、楚青铜器造型纤巧优美，呈现鲜明的南方地域文化特色，可视为楚器物文化元素。从图像纹样上看，在现今多地楚墓出土的漆器、丝织品上，可以看到千姿百态、精致飞扬的楚纹样，如蟠龙飞凤纹样、龙凤虎纹样、漆铜镜纹样等，从中可以看出，众多飞凤、蟠龙、猛虎追逐奔跑于云气、花草之中，构图或繁复，或简洁，线条流畅细腻，呈现一幅幅生动、鲜活的画卷，可视为楚图像文化元素。从色彩配置上看，贵赤重黑、五彩杂陈是典型的楚色彩文化元素。从技艺上来看，先秦时期的失蜡工艺、髹漆工艺、刺绣工艺等造就了当时独具特色的楚青铜器、楚漆器和丝织品。从艺术审美上看，它们源于楚人所特有的不碍于物，不滞于心，无拘束，无挂碍的"流观"审美观照方式，体现着一种富于想象、充满生命激情、发扬踔厉的民族气质和文化精神。❸

❶ 张正明. 楚文化史 [M]. 上海：上海人民出版社, 1987:3.
❷ 田云飞, 童彦婷, 徐锦. 楚造物艺术文化的符号表达 [J]. 设计艺术研究, 2011(4) :87.
❸ 皮道坚. 楚艺术史 [M]. 武汉：湖北美术出版社, 2012:13.

非物质的楚文化元素则是指楚文化精神元素，它们"形之于巫，依之于神，据之于道，游之于骚"。●具体而言，非物质的楚文化元素是指楚人特有的巫之玄想，神之泛化，道之壮阔，以及骚之艳丽。换句话说，非物质的楚文化元素是抽象的，深深植根于楚人生活的，并在楚艺术品中被生动形象地表现出来，如狂放潇洒的楚辞情怀，楚漆器中具有抽象形式的美感风格，楚人对凤鸟的图腾崇拜，丧葬帛画体现的对逝者魂魄归属的关切等。

（三）现代服装设计

对中国人来说，"设计"是一个舶来词，其对应的英文为"design"。从词源学上看，"design"最早可以追溯到拉丁文designave，最初的含义是"徽章、记号"。15世纪的意大利语汇中，"设计"一词对应的是disegno，有狭义和广义之分。狭义是"描绘"，如弗朗西斯科·兰西罗蒂（Francesco Lancilotti）认为，绘画四要素包括描绘（disegno）、色彩、构图和创意。广义的disegno指的是创作理念。17世纪，佛罗伦萨艺术史家巴尔迪努奇（Balldinucci）将"设计"定义为以线条的手段来具体说明那些早先在人的心中有所构思，后经想象力使其成形，并可借着熟练的技巧使其现身的事物。●18世纪，"设计"一词仍旧囿于艺术领域，与"构成"具有相同含义，多指平面、立体、色彩、结构、轮廓等方面的创意理论。

工业革命后，"设计"的现代意义才得以确立。在《剑桥英语词典》和《牛津英语词典》中，"设计"是为实施某个计划或为某种目的、系统或可预测的人类互动关系而进行的创造活动，如建筑蓝图、工程图、业务流程、电路图及缝纫模式等。●在不同的语境下，"设计"一词所表达的意思又有所区别。约翰·沃克（John Walker）提醒我们，"它指一个过程（设计的行为和活动）；或那个过程的结果（一件设计、一张草图、一个计划和一个模型）；或含有设计元素的产品（设计商品）；或产品的外观或式样（我喜欢那件衣服的设计）"。著名的评论家维克多·帕帕内克（Victor Papanek）更提出了一个富有煽动性的观念，认为"人人都是设计师"，因为"在向往和预期的目标下，任何行为的计划和构想都形成设计过程"。●显然，上述解释属于广义的设计概念。本书所讨论的"服装设计"是广义"设计"的一个分支，是以人为对象，具有一定的功能性、艺术性、科技性和一定的经济意义的设计，既涉及服装与人之间的关系，又涉及服装与环境的关系，服装构成中的形、色、质、图等要素也是研究的重点。

● 王祖龙. 楚艺术图式与精神 [M]. 武汉:湖北人民出版社,2003:49.
❷ 诸葛铠. 设计艺术学十讲 [M]. 济南:山东美术出版社,2009:6–7.
❸ https://en.wikipedia.org/wiki/Design.
❹ 盖伊·朱利耶. 设计的文化 [M]. 钱凤根,译. 南京:译林出版社,2015:34.

根据不同的标准，可以将服装设计划分为不同种类。当以时间为标准划分，服装设计可以分为远古服装设计、古代服装设计和现代服装设计三个阶段。

自从有了服装，就有了服装设计，因此，服装设计的起源应该追溯到人类着装的起源。远古时代可以称为人类的童年，人类祖先常常以一种纯净的目光看待世界。远古服装设计艺术特点可以概括为"简单"。从结构上看，服装尚未形成平面和立体的构成概念，倾向于单纯的结构或款式，但是，他们十分重视"量"的概念。在色彩构成上，尽可能将能够利用的色彩运用在服装上。在图案或装饰上，单个或多个图案装饰重复出现或堆积。当然，囿于自然条件和技术水平，原始社会的服装工艺和面料十分粗糙，呈现出质朴或粗犷的美感。

古代服装设计指的是从原始社会解体到现代工业文明之前的一段历史。这个时期的服装设计可以用"繁复"来概括。繁复的首要表现是要素种类增加。从造型上看，服装的外廓型和内结构日益丰富，随着服装材料、服装工艺水平的提高，远古的粗糙设计发展为精细设计，装饰元素越加多样，细节工艺越发细致，甚至达到高度夸张的地步。东方服饰虽然以平面剪裁为主，但注重在装饰细节上做文章，其代表时期是明清时期的女装，犹如工笔花鸟。西方服饰以结构见长，其服装部件和工艺细节也以繁复堆砌为特色，集中表现在巴洛克和洛可可时期的服装设计，衣领、衣袖、裙撑、花边、褶皱、缎带、刺绣、羽毛、宝石等要素复杂多变。

另外，当人类进入古代社会，服装设计的社会功能逐渐上升至重要地位。统治阶层一般垄断着工艺复杂的服装，或者某类难以获得的服装材料，以彰显其身份等级。在周代的冠服制度中，天子、诸侯、士大夫的服装分别有特定的款式、色彩、花纹规定。就裘服而言，天子的裘服是用难以得到的白狐裘，诸侯以下则依次用青狐、黄狐、鹿皮、犬羊皮等。清代帝王家族也通过服装来确立权威，对龙纹、明黄色等独享便是生动的例证。在西方古代社会，紫色服装总是权贵的象征。原因在于紫色染料来自腓尼基的贝紫，在古代地中海国家制作贝紫染料，每提取1克染料需要消耗约2000个染色海贝。因此，在大量的历史文献中出现"帝王紫"的记载，指的就是这种贝紫染成的紫色。除此之外，文艺复兴时期流行起来的为贵族男性设计的拉夫领、切口装、南瓜裤、宝石、珍珠等装饰，为贵族女性设计的紧身胸衣、裙撑等并不利于身体健康和活动，但这恰恰表明了他们属于有闲阶级，切口装饰则显示出这个阶层对珍贵面料和高超缝纫技术的拥有。巴洛克和洛可可时期的服装设计将服装的社会功能体现得更加淋漓尽致。高耸入云的假发、对羽毛装饰的狂热喜爱、夸张的服装造型、层层叠叠的衬裙等成为法国大革命前夕讽刺漫画的主要抨击对象。

现代服装设计指的是工业革命至今的服装设计。工业革命对世界带来的影响是巨大的，服装的设计与制作逐渐分离，出现了设计师职业，现代意义上的服装设计应运而生。现代服装设计受到政治、经济、艺术思潮等社会因素影响，因而出现了众多风格和流派，诸如极简主义、装饰主义、后现代主义、朋克风、街头风格、淑女风、森女风等，不一而足。总之，在设计师、艺术家、美学家的创作实践和理论探讨下，形成了现代服装设计的核心要素、比例、色彩等美学原则，其核心要素包括形、色、质、图。同时，服装设计师还要掌握服装的"TOP三原则"，即根据着装主体、着装时间和着装环境进行创作设计，实现人、环境和服装的高度和谐。

如今，21世纪的人类社会进入信息化、智能化及消费时代，巴黎、米兰、伦敦、纽约时尚中心仍旧掌握着服装设计领域的话语权，但世界的扁平化和审美趣味的国际化产生一些新的问题或危机。近年来，我们越来越感受到，世界范围内，服装设计理念、风格和品类也随着装者的趣味不同而丰富多元。人们对设计背后蕴含的文化认同、身份意识、价值理念等软性因素更加重视，对民族的、地域的文化挖掘能够丰富服装设计语义，而多样性的设计文化碰撞更能打动着装者，这也是本书的讨论主旨。

第一章

中国服装设计的文化自觉历程与责任担当

长期以来，学界常常以广义的视角来研究设计与文化之间的关系，其研究侧重点多集中在建筑设计、工业设计门类，服装设计理论研究并未引起足够重视，甚至被认为是肤浅而不值得过多关注的领域，这引起至少两种后果。首先，在全球化语境中，服装设计领域西方中心主义现象仍然存在。其次，对中国本土服装设计实践缺乏系统总结与检视，以及适时地批判和指导。作为时尚产业的核心竞争力，服装设计坚持的文化立场和价值观念对本民族或国家的文化传承与创新有着不容忽视的影响力。对此，李超德在《设计的文化立场》中做出了深刻思考，他指出：面对西方设计文化的渗透，人们往往从文化本位主义的立场出发，捍卫民族文化传统和审美价值，而没有从话语权这个根本问题上着眼。❶换句话说，西方中心主义现象背后是话语权问题，而话语权的核心则是文化影响力问题。文化影响力即文化体系或升华方式加于或可能加之于人类行为许多方面的一种具有决定性的影响力。❷

如今，信息技术的发达使整个世界变得日益扁平化，全球化浪潮也带来了设计和服装的民主化，不同国家或民族都试图通过服装向世界提升本土文化影响力。例如，来自韩国、印度等国家的服装设计师们不断从本民族文化中汲取营养，向世界传递不同的声音。因此，适时地对中国本土服装设计的文化自觉历程进行系统梳理和总结，并对其未来发展方向和责任提出指导，是具有理论价值和指导意义的。

第一节　中国服装设计的文化自觉历程

文化自觉强调人们对自身所处的文化历史具有自知之明，并对其发展历程和未来走向有着清醒而充分的认识。正如费孝通所言："文化自觉是一个艰巨的过程，只有在认识自己的文化，理解并接触到多种文化的基建上，才有条件在这个正在形成的多元文化的世界里确立自己的位置，然后经过自主的适应，和其他文化一起，取长补短，共同建立一个有共同认可的基本秩序和一套多种文化都能和平共处、各抒所长、联手发展的共处原则。"结合中国服装设计发展状况，可以将其文化自觉历程分为文化觉醒、文化反省和文化超越三个阶段。

❶ 李超德. 设计的文化立场 [M]. 南京:江苏凤凰美术出版社,2015:44.
❷ 瞿光广. 文化学词典 [M]. 北京:中央民族学院出版社,1988:176.

一、文化觉醒阶段——去"中国化"与表现"中国"

中国服装设计师对本土文化的觉醒意识是在欧美目光关注下被动进行的。最早将目光投向中国文化元素的是皮尔·卡丹，他来中国访问时，故宫的飞檐翘角给他留下了深刻印象，于是他将其运用于服装肩部造型和大檐帽设计；而后的伊夫·圣·洛朗在1977/1978秋冬高级定制系列中，将清代服饰文化中的祥云图案、清朝官服元素、冠帽等融入服装设计（图1-1）。到20世纪90年代，随着国际格局变化，国际社会开始以新的目光看待中国。1994年纽约大都会艺术博物馆的主题是"东方主义：西方服装中的东方印象"（Orientalism: Visions of the East in Western Dress）；1999年春，纽约科技时尚中心博物馆举行以"中国风"（China Chic）为主题的展览。在服装设计领域，1992/1993秋冬系列中，克里斯汀·拉克鲁瓦（Christian Lacroix）从凤鸟、花草、棉衣中汲取灵感，设计出裹身刺绣上衣搭配包臀长裙、带有三寸金莲鞋面元素的高跟鞋，整体风格华丽夸张，戏剧感十足（图1-2）。在1997年春夏系列中，德莱斯·凡·诺（Dries Van Noten）将中式军装元素与中式大衣元素结合起来设计出收腰紧身长衬衫，衬衫图案是经过抽象和夸张变形的莲花（图1-3）。西方设计师对中国文化的好奇与探索逐渐使中国服装设计师的文化意识逐渐觉醒。随着国门的打开，西方服装潮流时尚的涌入使人们的着装理念产生变化，对服装的审美需求逐渐觉醒、提高。1980年，第一本中国时尚杂志《时装》创刊，该杂志的出版引起外国媒体报道，后者认为中国人不再满足于单调而毫无个性特色的棉袄、工装或军装。1985年，《时装》杂志社与日本文化服装学院合作，创办了中国第一个服装文化函授中心，以日本服装教材为中心，培养了中国第一批具有专业素养的时装设计师。梁燕、吴海燕、王新元等最初的服装设计工作者为服装产业注入了本土活力，但是，中国服装设计理念的先天不足和停滞使本土服装设计工作者满怀自卑，此时的设计多以欧美风格为主，如西装、喇叭裤的流行和西式连衣裙的流行等，对本土文化的挖掘尚未开始。王新元设计的宽肩西装半裙套装（图1-4），配以

图1-1 伊夫·圣·洛朗作品❶

---

❶ 图片来源：缤趣网（Pinterest），大都会艺术博物馆主页，伊夫·圣·洛朗作品。

宽腰带，勾勒出宽肩细腰的身体轮廓，这种身体审美和服装设计风格很明显来自当时的西方社会。有人评论道，中国本土的服装设计在20世纪80年代中期以来就命中注定地沉浸于这种传达且身不由己。于是出现了一种追随与模仿，在变换更迭的服饰舞台上流露出滞后的世界潮流，而服饰本体所表达的意象和精神捉襟见肘地加入西方的形式感与意识。❶

为了进一步提升本土服装设计的国际影响力，早期服装设计师和服装品牌往往采用西方设计语言，也有一些设计师和服装品牌从异国情调本质中发现其中国身份所具有的商业和文化价值。在商业上和国际上获得成功的当属华裔设计师薇薇安·谭（谭燕玉），谭的设计策略建立在20世纪90年代西方社会对中国文化情调的好奇之上，他们通过异质文化情调来建立自信，以融入国际时尚体系。在1997年的春夏系列中，谭陆续将中国符号"观音"融入服装设计［图1-5（a）］，并在纽约SOHO区开设专卖店。在1998年的秋冬系列中，谭将中国古代人物花鸟融入服装设计，同年，谭获得CFDA奖项提名［图1-5（b）］。1999年伦敦维多利亚和艾尔伯特博物馆永久收藏了谭的时装，并为她举办了时装展览。

图1-2　拉克鲁瓦作品❷　　　图1-3　德莱斯·凡·诺作品❸　　　图1-4　王新元作品❹

---

❶ 车滟.中国服装设计的后殖民情绪[J].北方美术(天津美术学院学报),1997(4):58-59.
❷ 图片来源:缤趣网(Pinterest),布鲁诺·弗雷(Bruno Fray)主页,拉克鲁瓦作品。
❸ 图片来源:缤趣网(Pinterest),泽纳塞夫湖(Xénasève Laguérria)主页,德莱斯·凡·诺作品。
❹ 图片来源:新浪专栏·风向标,王新元作品。

除此之外，创立于我国香港地区的服装品牌"上海滩"（Shanghai Tang）也将其服装设计建立在"中国特色"之上。1994年创办的上海滩服装品牌以怀旧为特色，展现20世纪30年代上海时尚风貌。它的品牌商标"中国创造"而非具有消极意义的"中国制造"。上海滩的目标消费者并非中国香港人，而是外籍人士或游客，因此

（a）　　　　　　　　（b）

图1-5　谭燕玉作品 ❶

"东方主义"和"怀旧"精神是它的设计特点，服装元素的符号象征性比较突出。它将改良式旗袍、唐装、马褂等中国服饰元素与现代波普艺术、解构主义设计手法结合起来，色彩明亮、热闹，向西方人展示充满异域风情的中国文化符号。1997年上海滩在纽约开设店铺，开业时请来舞狮团队，用烤乳猪等中国传统仪式来祈求好运。《纽约时报》和《财经杂志》都对此作了报道。《财经杂志》认为，"纽约的上海滩品牌将会像拉夫·劳伦代表美国那样代表中国"。随着亚洲金融危机的到来，香港回归带来的东方主义热潮逐渐消退，该品牌服装设计与纽约唐人街的服装差异性不大，在西方消费者眼中，并不具备足够强大的设计认同，❷ 于是，其品牌经营陷入瓶颈，2000年被瑞士顶级品牌集团历峰（Rechemont）收购。总体来看，20世纪90年代以谭燕玉和上海滩为代表的服装设计是以他者目光观照本土文化的，即以西方人作为隐含或潜在的读者，无意识或刻意地迎合西方的审美趣味或需求，满足其想象和期待。

总之，从1978年开始到20世纪末的二十多年中，在看西方模式和西方观看模式中，本土服装设计开启了文化觉醒之路，这个阶段的设计以"去中国化"和表现"中国"为主要特色，前者以内地设计师为主，后者以香港设计师为主。究其原因，此时中国经济发展尚处于追赶阶段，服装产业发展相对落后，缺乏设计和创新，中国本土文化自信尚未建立起来，服装设计作品也多以欧美为蓝本，以抄袭和模仿为主，大部分服装品牌也借助西方名称以融入国际化潮流。当然，这种现象并非中国独有，在亚洲其他国家也有类似情况。

❶ 图片来源：第一视角网(firstVIEW)，谭燕玉作品。

❷ EUGENIA Paulicelli, HAZEL Clark, et al. The Fabric of Cultures, Fashion, Identity, and Globalization[M]. London：Routledge, 2009.

二、文化反省阶段——"再现中国"

进入21世纪，中国设计师逐渐意识到，以"西方"视角为主的服装设计从本质上与本土文化割裂，失去了文化的给养，犹如失去了灵魂的躯体，只是行尸走肉。另外，中国经济的飞速发展使本土服装设计师的自信心得到了提升，不再盲目追随西方服饰文化，而是重新回到本土文化立场，从民族性出发，力图将中国文化元素与时尚完美结合，向世界推广中国服饰的内在精神。在文化元素种类上，除了西方世界发现的龙、凤、祥云、京剧、脸谱等典型文化元素外，一些设计师开始将山水画、地方民俗文化、传统工艺元素等融入服装设计，丰富设计界对中国文化的认知。在这一方面，郭培及其玫瑰坊服装品牌擅长将中国传统服饰与现代设计思潮相结合，注重传统手工艺和装饰手段的应用，其重工细作的制衣方式和夸张到极致的中国文化元素设计获得了社会关注，如"轮回"系列、"中国嫁衣"系列、"一千零二夜"系列、"龙的传说"系列、"庭院"系列等，逐渐得到国际时尚中心认可，被称为"中国高级定制第一人"。另外一位设计师张志峰曾以唐、宋、元、明、清文化为灵感举行时装展览。如图1-6（a）所示，这款中式婚礼服"凤衣"选用的是"无价之宝"云锦和昂贵的意大利织锦缎，同时用金丝线演绎"四大名绣"技艺，并且点缀以顶级施华洛世奇水晶。古朴的传统面料顿时焕然一新，立体感和时尚感十足。如图1-6（b）所示为"唐·境"高级定制华服系列中的一款服装，设计师将刺有牡丹的中国真丝薄纱与天鹅绒不规则地拼接在一起。异质材料的透与实、薄与厚、动与静、艳丽与深沉的鲜明对比增强了服装的视觉冲击力，再配以别致、流畅的曲线剪裁，使整套服装充满了律动之美。

在2013年的"华·宋"系列中，设计师将宋人崇尚自然、简洁、素雅、婉约的审美文化融入服装设计（图1-7）。这场服装发布会将《瑞鹤图》中的飞檐建筑搬到了秀场，背景音乐有妙音天女敬善媛的天籁之音，有古琴大师李祥霆弹奏八百年前音乐家姜夔的作品。秀场中的模特画上了宋朝流行的红眉，在图案上用到了宋代建筑元素，也关注到宋人爱花的习俗，服装上运用了大量的梅花、荷花等象征品行的图案，服装色彩选用的是清新淡雅的藕粉色、白色，以及深沉内敛的黑色和蓝色，体现了宋朝崇尚简约、优雅的服饰风格以及程朱理学对人们思想观念的影响。在这样的视觉和听觉氛围中，观众如同穿越时空，重回宋代，只见清丽淡雅的模特倚墙而立，姿态典雅，向我们缓缓走来，将宋代简洁而优雅的服饰审美展示得淋漓尽致。

总之，全球化带来的技术革新和经济共享使不同国家和民族之间相互依存日益紧密，而中国在国际社会的地位也逐渐提升，其历史文化积淀形成的文化元素经过提取、重构、衍生也日益被异质文化群体认识与理解。但本土服装设计在文化反省过程中出现了一系列问题。有的设计师仍旧以西方设计思潮为主要导向，对本土着装文化的挖掘和思考不够深

（a）"凤衣"系列　　（b）唐·境系列

图1-6　NE·TIGER高级定制系列❶

（a）　　　　　　　　（b）

图1-7　华·宋系列❷

入，对本土文化元素的应用多流于浅表，缺乏对本土文化哲学与现代服装设计思潮的检视和批判，从而呈现鱼龙混杂、娱乐化、同质化的设计生态环境。有的服装设计师以借鉴或致敬为名，抄袭西方服装设计作品；有的急功近利，以创意之名推出离奇或无厘头的服装，却毫无设计内涵；有的以文化传承为名，复制、粘贴中国文化元素；有的以国际化为名，将东西方文化元素强硬拼贴在一起。可以说，要想走出一条富有民族文化特色的设计之路，本土服装设计师还需继续努力。

三、文化超越阶段——世界中的"中国"

　　所谓文化超越，指的是以世界人的目光观照某个民族或国家的文化，在关注人类共同命运的基础上，寻找本土文化与世界文化之间的沟通方式，最终实现不同文化之间的和谐相处和交流互鉴。我们经常说，本土服装设计要走向世界，实际上忽略了一个问题，我们本身就置身于世界之中，因此，新时代对服装设计师提出了新的要求，即转变思维，更新理念，通过具有中国文化特色的服装设计来体现世界文化共性，解决人类社会共同关注的问题，此乃服装设计领域的文化超越。具体表现在两个方面，其一为设计元素层面的文化

❶ 图片来源：百度百科词条，NE·TIGER。
❷ 图片来源：轻博客网(Tumblr)，裁缝的冒险(Sartorial Adventure)主页，NE·TIGER 高级定制。

超越，其二为设计理念层面的文化超越。换句话说，服装设计中的文化超越既包括对自我文化的超越和完善，也包括对异质文化的检视和借鉴。

目前，中西方设计师基本能够做到第一个层次的文化超越，因为互联网技术将世界缩小为一个真正的地球村，特别是对于年轻一代的设计师而言，异质文化的触碰和深入了解不再是十分困难的事情，其设计思想也变得更加包容开放。因此，21世纪的中国新生代设计师已经可以做到设计元素层面的文化超越。在本土文化基础之上，他们会借鉴来自非洲、阿拉伯、欧美等的异域文化元素。在设计师上官喆的服装设计中，既有中国文字，也有嘻哈文化元素；设计师王陶在2015年纽约时装周发布会上展示的作品，其灵感则完全来自非洲文化。但是，服装设计是艺术设计的重要组成部分，而作为艺术创作和表达手段，其设计语言要素本身具有局限性，因此，服装设计对中国文化的再现，不能仅停留在有限的视觉要素上，而是要追求"意"的境界。正所谓"大音无声，大象无形"，视觉要素只是写"意"的手段而已，古有器以藏礼、器以载道，服装设计也是承载"道"、通往"意"的工具和路径，因此，设计理念方面的文化超越更为重要，也是文化自觉的最高境界。日本设计大师三宅一生是文化超越的典型。在西方传统观念中，服装是依据人体曲线进行收腰、翘臀、丰胸等处理，追求服装与身体之间空间的缩小。然而，三宅一生的"一块布"服装设计用东方的二维结构消解了西方三维服装概念，着装者甚至需要按照"一块布"上的虚线进行剪裁折叠，体现了日本文化中的"间性"审美，即强调物与物之间的关系，人与物之间的关系，而不是制作一套定型的、毫无生命而言的时装。从三宅一生的服装作品中，既可以看到日本文化影子，又可以窥出西方文化对身体的关注，从本质上来看，他的设计是超越民族文化根性的设计。

反观中国服装设计界，也有一批服装设计师正在从文化反省向文化超越方向艰难探索。从品牌名称上看，有传播中国文化和谐价值观的"和平""宁静""祥和"的"天意·梁子"；有传播道家或禅意文化的"无用""素然""形上"等。在具体设计实践中，本土服装设计师试图摆脱对中国文化元素具象式表现，转向中国衣生活文化，以含蓄、内敛及象征性方式表现中国文化中的意象式审美。2006年，"源"（Blanc de China）品牌女装系列主题为"道"，灵感源于中国传统男装、女装和童装所体现出的包裹式穿衣文化。受到中国传统文化的影响，"源"提倡宽衣文化，而不是窄衣文化，不是追求廉价和速度，而是追求质量和使用寿命。设计师马可走得更远，其设计理念源于传统文化中的老庄思想，但在服装设计中，又不排斥西式服装结构。2007年，马可携带"无用之土地"系列参加巴黎时装周，向观者展示自己对天地自然的敬畏，对衣物及其体现出来的情感的珍视。2016年，郭培在巴黎时装周展演的"庭院"系列（图1-8）体现出对传统与现代、中国与西方文化的反省和超越。总体来看，这个系列灵感来自中西方宫廷文化，既有中国宫廷所推崇的神鸟凤凰元素，也有西方宫廷文化中的卷草纹。在设计理念上，凤被分解为各种造型，与西式宫廷纹饰相互生发，相得益彰。

换句话说，当本土服装设计走向文化超越阶段时，设计师应该具备全球化视野和本土文化自信，利用创意设计手段将本土文化与某些人类共同关心的话题建立连接。目前，受过中西服装专业训练的新生代设计师大多具有全球化视野，试图在对自我文化进行反省的基础上实现文化超越。例如，周翔宇擅长将他对街头文化、

（a）　　　　　　　（b）

图1-8　郭培"庭院"系列 ❶

性别文化的思考用本土文化元素和西方文化元素表达出来。他的设计对象虽然是年轻男性，但打破了传统男装的性别桎梏，中性化或无性别化色彩十分明显。2019年秋冬"新多样化"系列设计旨在预测未来衣生活方式（图1-9），从中可以看到时髦的星战人物楚巴卡、PVC版暴风兵的趣味设计；护士服元素；复古未来范儿的拼色单品；仿生机械高跷、登山或是潜水风格的运动造型；中国风的对襟、斜襟上衣元素等。这说明，新生代本土服装设计的视野更开阔，但同时不忘对本土文化的挖掘和表现。

图1-9　周翔宇2019秋冬系列作品 ❷

第二节　中国服装设计师的责任担当

21世纪以来，随着世界各国经济的发展和信息科技水平的提高，全球化浪潮席卷了各个行业或领域，服装设计领域也呈现多元中心格局。除巴黎、米兰、纽约、伦敦外，东京、首尔、北京、上海也逐渐成为新兴的国际时尚中心。对此，如何构建具有中国特色的设计话语体系，提升其国际地位是当下中国服装设计师应当考虑的问题和担负的责任。

一、提升文化自信防范服装设计文化假晶现象

"假晶现象"是矿物学术语，是指在地壳运动中，新的熔岩流入已形成的岩石裂缝或空洞中形成结晶体，然而，由于密度不同或受力不均而导致结晶体的内部结构与外部形状相冲突。文化学领域的假晶现象是指某一文化受到外来文化影响后，其文化内容与外形相抵触的现象。斯宾格勒在《西方的没落》中提出了文化假晶概念，用以化解西方文化没落危机。❶目前，西方设计话语体系对非西方地区的渗透和影响导致一系列文化假晶现象，这一方面有助于后者积极融入世界文化，但另一方面导致本民族文化的独特性被削弱，面临退化、消逝的境地。因此，我们应防范本土服装设计被异质设计话语或文化包裹、侵蚀甚至终结，即设计文化假晶现象。在这方面，日本设计师一直保持着清醒的认识，在谈到日本设计文化时，原研哉指出，无论经济或文化都会走入成熟期，处于成熟期的人们应该清楚地意识到：人类的幸福并不是只能在持续增长的经济中找到。我们应该对"异国文化""经济""科技"等因素进行冷静的思考，认识自身文化的长处，争取生成一种成熟文化应该具有的典雅气质。❷在服装设计实践中，早些年出现的"去中国化"和表现"中国"现象均是设计文化假晶现象所带来的焦虑和迷茫情绪。对此，周玉梅指出，中国的文化自信能有效防范中国出现文化闭塞和文化无根基的假晶现象。首先，有助于积极应对世界诸多文化思潮对中国文化的毁灭性冲击。其次，能支撑中华文化"走出去"，并积极完善相关机制。最后，有助于摆脱一部分人对中国文化作后殖民东方学式偏颇的解读和诠释。❸

❶ 斯宾格勒. 西方的没落：第二卷 [M]. 吴琼，译. 北京：生活·读书·新知三联书店，2006:173.
❷ 原研哉. 设计中的设计 [M]. 朱锷，译. 济南：山东人民出版社，2017:154.
❸ 周玉梅. 文化自信对文化假晶现象的防范及意义 [J]. 人民论坛·学术前沿，2017(22):105.

换言之，在服装设计领域，设计的文化自觉和文化自信是推动设计走向世界的重要内涵，而文化认知是服装设计文化自信的前提和基础。只有在对本民族文化深入了解和认识的基础上，才能立足于本土文化元素以应对来自"他者"文化的影响或渗透，进而开展设计对话，并转向以本民族文化为基础的文化融合和文化超越。现阶段设计师肩负着双重任务，一是作为记录者，二是了解民族性和地域文化，因为理解它们是发展视觉交互媒介以重建本土信心必不可少的第一步。❶如今，在政府的倡导和扶持下，许多曾被忽视的非物质文化遗产或地方民俗文化重新得到保护，本土服装设计师也日益关注古老文化的现代审美属性。楚文化作为中华民族优秀文化的重要组成部分，它具有独特而鲜明的南方地域文化特性。楚文化元素渗透着楚人浪漫主义精神，充满了绚烂鲜丽的炽烈情感，反映了中华民族追求自由创新的生命体验。康定斯基将精神（灵魂）归为世界的本原，物质只是蒙在精神世界之上的一层面纱，凡是内在需要的，发源于心灵的，就是美的。❷对人类来说，美可以穿越时空，达到精神上的共鸣。楚地器物文化在形、色、质层面形成的美学特征及其精神文化内涵与现代服饰时尚审美之间具有共通性，从而使其借助服装设计进行传播更具可行性。因此，在文化认知的过程中建立文化自信，逐步构建起东方设计话语体系和民族文化认同，是本土服装设计的未来前景和责任担当。设计师应从提高文化自信的高度来审视楚文化在服装设计中的传承和应用问题，以防止设计文化假晶现象。

二、挖掘本土文化优秀基因增强服装设计文化身份认同

服装既有公共属性，又有私人属性，既是物质的，又有象征意义，包含个人体验。从宏观上看，服装是构建国家或民族文化身份和文化认同的工具。以中山装为例，其产生之初便与当时的政治文化情境紧密联系在一起，其设计要素背后的政治文化内涵赋予其鲜明的时代特征和文化符号寓意。随着社会文化的变迁，中山装又成为具有中华民族文化特征的符号元素，出现在中西服装设计师的作品之中，根据其使用情境的不同，它既可以作为多元文化交融的视觉要素，又可以作为强化中华民族文化身份认同的设计元素。从微观上看，服装是体现个体综合素质和修养的视觉要素，人们倾向于通过服装来建构自身的身份或文化归属，或判断他人的身份或文化归属。文化认同的建构依赖于各种符号，将文化符

❶ 史蒂芬·海勒. 公民设计师:论设计的责任 [M]. 滕晓铂,等,译. 南京:江苏凤凰美术出版社, 2017:288.
❷ 康定斯基. 艺术中的精神 [M]. 李政文,等,译. 北京:中国人民大学出版社,2003:2-3.

号融入服装设计，通过购买、穿着、评价等一系列活动，从而在自我和他者的"符号互动"过程中建构起自我文化认同或身份认同。设计师在构思其服装造型、色彩、材质等设计要素过程中，选择何种造型符号，采用何种元素，一般会考虑到符号即将带来的身份内涵或文化内涵。通过服装设计实践活动，设计者想要传达的文化意涵被呈现出来，在与他者互动过程中，形成设计身份，建构起文化认同。

现代服装设计是时尚创意产业的核心力量，也是塑造和引领衣生活方式的重要工具，同时，从人文角度来看，服装设计在塑造民族精神和文化认同建构方面也能发挥积极作用。因为，中国要想真正从一个经济大国走向经济强国，必须要有强大的主体文化支撑，一个真正意义上的大国，是能够以自身的文化典范和制度典范去影响世界的。❶约瑟夫·奈认为："文化是为社会创造意义的一整套价值观和实践的总和。"❷举例来说，在全球化和信息化时代，不同国家或民族在重要外交场合或特殊节庆时段，十分注重通过服饰活动建构本民族文化认同，展示和传播本土文化精神。以APEC会议与会国领导人及其家属礼服设计为例，由于着装者所处的场合、政治身份及其特殊传播示范效应，此时的服装设计一般要体现本民族服饰文化精髓，彰显礼仪文化特征，表达本民族精神品格、文化特质，实际上也是本民族文化身份认同的强化和体现。

总之，服装作为生动直接的视觉语言，其设计要素中的型、色、质、图等可以体现出设计者的文化、心理、气质，进而体现出其价值取向、审美情趣、生活方式和文化认同。换句话说，服装设计实践中文化元素所生成的符号直接意指可以将个体知觉引向客观事实，其间接意指则在想象或联想的作用下引向象征意涵，不但彰显出美感韵味，而且有助于文化认同的建构，甚至上升为时代话语表征的重要组成部分。这就需要本土服装设计师在与他者文化交流互鉴和辩证使用过程中，彰显中国服装设计文化的思想特色，增强中国服装设计文化的凝聚力和感召力，赢得新时期服装设计文化转型和创新的自主地位。

三、采取新的观照方式重视本土文化的多样性

20世纪的西方设计师对中国文化的关注和应用是建立在文化优越感基础上的，在语境上发生了各种"错位"，这种错位源于对中国文化的浅表认识和观看方式。究其原因，西方设计师没有深入了解中国文化的意愿，只是将其作为异国风情元素，以猎奇的心态欣赏。不可否认的是，这种错位在一定程度上将中国文化作了更大范围的推广和普及。反过来，

左侧竖排书名：衣以载道 楚文化在现代服装设计中的传承与应用研究

---

❶ 吴洪. 试析全球化语境下中国服装设计的主体性话语 [J]. 美术观察, 2013(2): 15-16.
❷ 约瑟夫·奈. 软实力 [M]. 马娟娟, 译. 北京: 中信出版社, 2013: 16.

早期中国本土服装设计师对本土文化的观看方式也存在一定的偏差和盲目性，将中国与世界剥离开来，或者说并置于世界的前提下来看待中国本土文化，因此容易陷入他者视角。

如今，中国的全球化认同以各种形式呈现出来，并不仅仅表现为世界时装生产的廉价劳动力中心。举例来说，上海成为可以与巴黎、米兰、纽约等地在商品生产质量、风格和名望上相媲美的全球时尚中心，并以此吸引着日益成长的中国中产阶级。然而，尽管人们日益了解当代中国，它仍旧是他者关于东方主义印象的异国情调和神秘之地。因此，要想消除文化交流中的"贸易逆差"，摆脱西方社会文化优越感，本土服装设计师需要"新的观照方式"，重新利用传统和"民族结构"以形成时尚和设计观念。而这个过程要求设计者重新审视和阅读本民族的历史文化，挖掘本土文化中的优秀基因，方能在服装设计实践中建构起文化认同感。

在看待中国本土服装设计未来前景这一问题上，应该摒弃"世界与中国"这一二元对立结构，秉持"世界的中国"这一立足点，按照这种思维方法，中国不是在世界之外，而是在世界中，是世界的重要组成部分，那么中国的问题就是世界的问题。一方面，我们要突出文化的"民族意识"和"主体意识"，提高文化自觉，否则就会跟着西方亦步亦趋，走向文化殖民。另一方面，我们应该自觉地对传统进行现代性的调适和转换。这种转换与调适的关键就在于文化整合。当然，文化整合的主体绝不是西方文化，而只能是自己的民族文化，也还只能是基于现时代的文化整合。也就是说，要以中国人的现代生存为基础，它既是中国的，又是属于现代生活的。坚持文化的民族性，还在于民族性本身就含有世界文化的规定。在此，实际上是一个将世界的东西民族化、把民族的东西世界化双向并进的过程。❶

当然，我们还要警惕狭隘的民族主义情绪。这就要求我们在审视中国服装设计的时候具备第三者立场。因为，当中国人看待本土服装设计和本土文化的时候，由于情感偏见和敝帚自珍的本能，容易强调自己的优点而忽略自己的缺点。外国人在看待中国服装设计的时候则属于第二者视角，容易看出文化之间的差异，而缺乏理解与同情。如果局限于第一者和第二者视角之间的颉颃，就容易陷入二元对立的思维定式。要全面、辩证地认识自我和他者的话，则需要跳出对立项之间的紧张关系，获得当局者迷旁观者清的整合视角，这种视角可以称为第三者的视角，借此可以看清中国和外国的问题，同时具备一种世界主义的立场。

另外，需要重视本土文化多样性和服装设计的在地化。服装设计元素的多样化是建立在对不同文化的认识和运用基础上的，但在地化是指要重视本民族或本地域文化的传承与应用。因为，服装设计的灵魂和基础是设计中的文化质感和文化身份，就设计师而言，全球化

❶ 齐志家. 时装设计师的文化担当 [J]. 服饰导刊, 2013(3): 93.

与地方化并非矛盾对立的双方，而是相互影响、相互生发的关系，只有植根于本土文化，服装设计才能焕发出"独创性"光芒。忽视本土文化的民族是可悲的。马可一直强调，设计师有责任深入发掘本民族的文化精髓。因为我们生活在一个充满着前人的智慧和创造的世界，这些文化的积淀使我们受益匪浅，我们有责任对这些财富加以保护、传承和再创造，留给未来的人类，而不是在我们的时代中断。最好的传承不应仅仅在博物馆，而应该是贯穿于我们的生活中，通过创造力令这些传统焕发新的生命力，使之为当下生活带来高品质的实用性及高尚的情趣。❶如前所述，服装不仅具有物质属性，还有激发人们情感的文化属性和艺术属性，就此而言，服装设计师的责任不应局限于满足消费者的物质需求或视觉上的赏心悦目，而应警惕消费文化对人们身心的消极影响、商品化及旅游产业化对民族文化内涵的消解等，着力于服装设计的情感功能，激活传统文化的生命活力，唤起人们对本民族文化的激情，从而进一步引发着装者对环境、自身、文化等方面的思考与行动。

从服装品牌建设层面来看，立足于本民族文化，挖掘具有共同价值和特色的区域文化，有助于形成具有个性化和差异性的服装品牌文化和价值理念，从而在全球化浪潮中形成文化凝聚力和影响力。举例来说，关于服装中性化趋势的设计叙事或解读有很多，但采用何种方式、依托哪些元素则仁者见仁智者见智。我国台湾地区新生代设计师江奕勋2015年于伦敦成立设计师品牌Angus Chiang，每季灵感皆取自故乡文化特色，将台湾公路边常见的槟榔摊、水果摊，或机车文化和著名的珍珠奶茶等元素以诙谐幽默的方式融入中性服装设计理念，表达青年一代对性别观念的前卫态度。中国地域广阔，中国文化博大精深，包含着丰富多样的地域或民族文化群体，而中国本土文化的多样性要想被"看见"就需要对地域文化进行深入挖掘。服装设计中的创新和创造不是凭空臆想，而是必须站在对本土文化历史有足够了解的基础之上，方能进行多维度、多层次的呈现。就楚文化而言，翻开历史画卷，远古悠扬的编钟古曲、镂金错彩的色彩、龙飞凤舞的图案、精雕细刻的钟鼎器皿器物、写满历史的陶器竹简等都能化为有意义的符号。因此，发挥服装设计强大的文化表意和传播功能，实现在地化设计表达是中国服装设计师的责任所在。

总体看来，作为一个能够做到文化传承数千年而不间断的文明古国，在服装设计领域盲目照搬西方模式并不可取，如何在博采众长的基础上，最终回归到自身的文化特点之中，构建由内而外散发着民族自信和文化自信的服装设计体系，是当下需要研究的重要课题。一个有责任感的服装设计工作者，应该有宽广的胸怀和文化超越的决心，扎根于本土文化，不断批判，不断跨界，不断"解域"，将本民族最为优秀的文化基因融入设计实践，奉献给世界。

❶ http://www.wuyonguseless.com/Uploads/ArtFile/20171114/20171114100522_6536.pdf.

第二章

楚文化在现代服装设计中的传承与应用价值

目前，服装设计领域话语权的争夺越来越激烈，因为今日的服装设计师较之以往更为主动。即便在西方世界，服装设计领域也并非铁板一块。调查显示，非时尚中心的欧洲城市或国家更希望自己是某个亚文化群体的一部分，或者说更地方化的群体，而非时尚赋予的宏大叙事语境下的群体。譬如，20世纪50年代，爱尔兰的服装设计师也以进入伦敦、纽约等时尚中心而自豪，如今，爱尔兰民众对本土文化的认同需求并未消失。爱尔兰地方时装周和独立精品店的经验显示，在时尚话语浪潮中，人们利用地方网络建立起自己的"文化身份认同"，并以此为基础展开宏大叙事。2008年爱尔兰戈尔韦时装周的宣传口号是"伦敦让开……看看戈尔韦时装周"。这表明爱尔兰人对地方时尚盛事的重视，也反映了他们的地方化意识。

五千年的中华文化博大精深、历史悠久，由于自然环境和社会文化的差异，中华文化表现出多样的区域文化特征。作为中华民族摇篮的黄河流域与长江流域，孕育了中华民族文化的两大源头——北方黄河流域的中原文化与南方长江流域的楚文化，后者在统一的多民族国家形成过程中发挥了重要作用。当下，楚文化仍具有鲜明的地域特色和时代价值，但是鲜有人从设计角度梳理楚文化精神的启示意义、探讨楚人造物理念与现代服装设计之间的共通之处，以及楚文化元素在服装设计中的应用价值，正是提升本土服装设计的文化自信、传承和弘扬楚文化的重要前提。

第一节　楚文化精神及其对本土服装设计的启示意义

所谓楚文化精神，指的是楚文化在其起源和传承过程中逐步形成的看待人与社会的思维模式和价值取向，以及楚人的行为规范、造物理念、审美心理等。考察楚文化的精神特质离不开其自然地理环境，因为后者是影响民族思维方法、生活态度、审美心理等方面的重要因素。丹纳曾经从地理环境入手，分析希腊艺术特征和民族文化之间的关系。黑格尔也曾经将古希腊作为海洋文明的典范和西方文明独特品质的代表，指出海洋民族善于变化，而大陆民族则相对保守。他的观点一度成为学界看待中华文明的主要理论依据。近年来，黑格尔的观点遭到质疑。❶中国是一个幅员辽阔、江河湖海众多的国家，其文化特点也因地域不同而呈现多样化的样貌。

❶ 毛明. 论黑格尔海洋文明论对中国海洋文化和文学研究的影响 [J]. 中华文化论坛,2017(10):172–178.

一、楚文化精神历史溯源

（一）地理环境

由于南北地理位置悬殊，自然环境差异极大，人们的生活方式、行为准则和审美取向都存在很大差别。关于中华文化的南北差异，刘师培做过经典评论："大抵北方之地土厚水深，民生其间，多尚实际；南方之地水势浩洋，民生其地，多尚虚无。民崇实际，故所著之文，不外记事、析理二端；民尚虚无，故所作之文，或为言志、抒情之体。"❶北方文化以黄河中下游为中心，这里的气候寒冷干燥，黄土广泛，适宜种植农作物。由于土地是民生之根本，故北方民众多崇拜高山厚土，对此给予深情。《诗经》赞美中岳嵩山说："嵩高维岳，峻及于天。维岳降神，生甫及申。"北方王朝统治者多以祭祀名山为重要政治活动。《周礼·春官·大宗伯》所载："以血祭社稷、五祀、五岳。"北方文化品格秉性以厚重、质朴、庄严为特征。从审美心理上看，北方中原人崇尚沉静和朴实，从先秦时期中原地区的青铜艺术，会发现其造型多厚重质朴，纹饰庄严肃穆，十分刚毅。

南方文化以长江中下游为中心，这里湖泊众多，鱼虾丰沛，花草树木繁盛。先秦时期，以楚文化为代表的南方文化崇尚自然，祭祀的神祇多为自然神，《九歌》中描绘了巫觋们盛装打扮，舒喉高歌，在喧闹的器乐声中拂袖长舞、迎接神灵的场景。从审美心理上看，南方楚人崇尚纤巧轻盈、热烈奔放和奇特诡谲，这在楚地出土的器物造型、纹样和色彩配置中得到了生动体现。

（二）楚文化的起源

1. 楚人的发端

从自然环境角度进行笼统归纳不足以科学、客观地把握楚文化精神特质。楚文化精神不仅与自然环境、气候特征密切相关，更源于楚文化的起源和发展历程。张正明先生将楚文化的发展分为滥觞期、茁壮期、鼎盛期、滞缓期和转化期。❷从历史角度看，楚文化的源头可追溯到祝融部落。史料记载，祝融部落最初活动在今河南新郑市一带。这说明，楚人发端于中原地区。《国语·郑语》记载，祝融生有八子，其中芈姓季连一族是楚人祖先。《史记·楚世家》记载，芈姓季连一族"其后中微，或在中国，或在蛮夷，弗能纪其世"。也就是说，季连一族又分为多支，其中一支被迫南迁。据研究，季连一族分支的南迁时间大约在商末周

---

❶ 刘师培. 南北文化不同论 [M]// 北京大学中国传统文化研究中心. 北京大学百年国学文粹·文学卷. 北京：北京大学出版社, 1998：38.

❷ 张正明. 楚文化史 [M]. 上海：上海人民出版社, 1987.

初，《诗经·商颂·殷武》记载，"维女荆楚，居国南乡"，商王武丁曾"奋伐荆楚"。这说明，至少在商代，居住在"南乡"即江汉流域的楚人已经势力壮大到足以威慑中原了。此后，芈姓后人又迁徙到丹阳一带，其部落酋长为鬻熊，据记载，鬻熊背弃商朝，亲附兴起的周朝。

2. 楚人的发愤图强

滥觞期的楚文化始自西周早期，迄于楚国将盛之际，历时近三个世纪，其间，楚文化呈现筚路蓝缕、以启山林的开拓进取精神。《史记·楚世家》记载："周文王时，季连之裔鬻熊，鬻熊事文王。"《左传·昭公十二年》也记载："昔我先王熊绎，辟在荆山，筚路蓝缕，以处草莽。跋山涉水，以事天子。"据记载，周人灭商之时曾得到楚人的大力支持，但周文王并未给予楚人很高的礼遇，仍将其视为蛮夷部落。周成王时，熊绎被封爵位于楚蛮之地，仅得子男之田50里，"楚"便是正式的国号和族名。

长期生活在"土不过同"，即方圆百里的狭小天地中，为了摆脱自然环境和来自中原的歧视，楚人发愤图强，锐意进取。经过300年的发展，楚人趁着中原动乱无暇南顾，不断征讨相邻的蛮夷庸和鄂，从而疆土大增。从楚国不断发展壮大的过程来看，楚人牢记先祖筚路蓝缕、开疆辟土的奋斗精神，这种冒险精神甚至闻名于中原诸侯。《左传·宣公十二年》中记载了晋人对于楚国的描述和评价："楚自克庸以来，其君无日不讨国人而训之于民生之不易，祸至之无日，戒惧之不可以怠。在军，无日不讨军实而申儆之于胜之不可保，纣之百克，而卒无后。训以若敖、蚡冒，筚路蓝缕，以启山林。"

确实，与中原一些诸侯国依靠分封或继承而来的国土不同，楚人的祖业是靠着自己的热血奋斗得来的。正是在这种跋山涉林、开拓进取的文化精神和尚武刚毅的文化性格的推动下，楚人才能够在公元前8世纪到公元前3世纪时崛起于荆楚大地，问鼎中原。当然，楚人意气风发的冒险精神建立在丰富的兵器材料资源之上。《资治通鉴》记载，"云梦之竹，天下之劲也"。《国语·楚语》中也说："金木竹箭之所生也，龟、珠、角、齿、皮、革、羽、毛所以备赋，以戒不虞者也。"历代楚王都以云梦狩猎的形式大举练兵，守护荆楚大地。《战国策·楚策》曾记载，"楚王游于云梦，结驷千乘，旌旗蔽天。野火之起也若云蜺，兕虎之嗥声若雷霆。有狂兕样车依轮而至，王亲引弓而射，一发而殪，王抽旃旄而抑兕首，仰天而笑曰：'乐矣，今日之游……'"

3. 楚文化追随中原文化

楚人先祖曾生息于中原地区，与夏、商、周都有着密切关系，面对高势能的中原文化，楚人尽可能地为己所用。据记载，周景王的儿子在争夺王位失败后，携带周朝典籍来到楚国，于是，楚国"观射父、倚相皆通古训，以华其国，以得典籍故也"。可以说，在春秋中期以前，楚文化基本上追随着中原周文化。以龙文化为例，楚人虽然崇凤，但在出土的文物资料中龙的形象也很多。中原文化对龙的崇拜由来已久，夏朝以黄龙为图腾。据考证，甲骨文和金文中的"龙"字源于东宫苍龙七宿星象。正如后世《说文》所解释的那样，龙乃"鳞虫之长，能幽能明，能细能巨，能长能短，春分登天，秋分而潜渊"。在商周青铜器、玉器中，可以看到变化多端的龙形象，如玉猪龙纹、虺龙纹、夔龙纹、蟠龙纹、蟠虺纹等。受到中原文化的影响，楚器物中也出现大量龙的形象。刘向在《新序》中记载，春秋晚期的楚国贵族叶公子高"好龙，钩以写龙，凿以写龙，屋室雕文以写龙"。可以想象，他的服饰、居室中均可见龙飞凤舞之景象。但是，当真龙飞至的时候，子高却十分害怕，即"叶公好龙"的故事。楚人的青铜器上各种龙纹装饰随处可见，楚丝织刺绣上龙飞凤舞、龙凤相蟠、龙凤虎相斗的纹饰比比皆是，有意思的是，还有一些类似扬子鳄的爬行动物也是龙的形象之一。❶

4. 楚文化中的兼容并蓄

茁壮期的楚文化始于熊通继位，即春秋中期，迄于吴师入郢，即春秋晚期中叶，学界一般将其归入春秋时期，此时的楚文化表现出兼收并蓄、多元共存的精神特质。在此时的北方中原文明眼中，楚国不过是江泽之间的一个边缘小国，这点从《诗经·小雅·采芑》中的"蠢尔蛮荆，大邦为仇"可见一斑。故而在当时，中原文明多自持一种受礼制教化的文明人姿态，蔑视远离中原的楚国。但在当时的南方蛮夷文明眼中，楚国又是接受中原礼制教化最多的国家。这样的认知，造就了"楚人被中原看成蛮夷，被蛮夷看成华夏"的微妙定位，楚国则在这两种认知中寻找平衡，希望能促使彼此交融"混一夷夏"。❷因此，面对荆楚本地及其周边的巴蜀文化和百越文化，有着蛮夷文化底色的楚人没有表现出中原文化的优越感，在开疆拓土的过程中，采取"抚有蛮夷，以属诸夏"的民族政策，既与地方土著、相邻民族交好，又积极接纳、吸收土著和邻族的文化艺术成就。例如，楚式陶器中的楚式鬲，实际上是夷夏相融的结果。在农业文化上，楚人也广泛吸收南北农业经验，因地制宜，实行火耕水耨种植方式，并创建了筑陂灌田的水利工程，兼收南稻北粟之利。

在政治制度和人才战略上，楚王表现出多元开放的气度。在东进灭掉曾、随等中小国家后，楚王采取"内先于亲"和"外适于旧"的双重策略，一般只迁其公室，将被灭国家设为县，变成楚国的一部分，以保证那些处于社会底层的众多技术工匠、普通百姓们仍能安居乐业，从事创造与劳动。在用人方面，楚王不拘一格，重用列国游士。春申君的客卿养士、晋人田基、卫人吴起、楚俘观丁父、彭仲爽、越人庄舄等人都曾得到楚王重用。从

---

❶ 古脊椎动物学家认为濮阳蚌塑龙的原型是扬子鳄。商代至西周前期，中原地区仍是温暖湿润的亚热带气候，扬子鳄也是常见的动物。因此，楚丝织品上类似于扬子鳄的爬行动物应归于中原龙形象之一。牛倩.商周青铜器上龙纹原型的区域性特征与文化意义考源[J].信阳师范学院学报(哲学社会科学版),2009,29(6):136-138.
❷ 胡雨潼.楚漆器中的造物思想[J].湖北职业技术学院学报,2018,21(4):71.

物质文化形态来看，这种多元开放的文化精神也体现得淋漓尽致。荆门出土的巴蜀铜戈、宜昌南津关以西出土的柳叶剑、巴式矛等；楚国的青铜开采技术和冶炼技术师法杨越。据研究，长沙出土的"黥面"女俑很明显受到百越民族文身黥面习俗的影响；信阳长台关楚墓出土的女俑发式与越人的"椎髻"十分类似。公元前589年，楚共王准备进攻鲁国，后者为了求和，将几百名各具特长的能工巧匠作为礼物赠予了楚国，其中便有一百多名"冠带衣履天下"的"织纴"工匠。因此，楚地丝织服饰工艺也具有多样化特征。可以说，正是这种大象无形的开放气度推动楚人在基于本民族神话传说、原始宗教思维、巫风歌舞形态之上，积极吸收中原诸子理性智慧、艺术文化，结合荆楚土著的苗蛮文化，从而创造了一种雄奇绮丽、惊采绝艳、充满浪漫激情和生命骚动的文化。

5. 楚文化逐渐形成

随着鼎盛期的到来，楚文化在丝织刺绣、髹漆铜铸、城市建筑、文学艺术、哲学理念等方面，表现出一鸣惊人的创新精神。事实上，一开始，楚文化对他族文化的态度不是亦步亦趋、全盘接受，而是吸收与疏离并存，传承与创新共举。春秋中期以前的楚文化产品处于模仿他族、继而改造的阶段，也是文化积累和蛰伏时期，如果套用楚庄王所言，楚文化"不飞则已，飞将冲天；不鸣则已，鸣将惊人"。春秋中期以后，楚人开始在吸取中原文化和土著文化的基础上逐步创新，并形成独特审美的文化体系。以青铜铸造工艺文化为例，此前的楚国青铜器无论从样式还是纹饰上多仿照周人，随着能工巧匠的涌入，经济发展日趋稳定，楚人用失蜡法工艺铸造的曾侯乙墓楚式樽盘使同时期其他青铜器物相形见绌。楚漆器最初胎厚纹粗，后来楚匠们创造了夹纻胎技术，在漆器色彩上突破红、黑、黄三色，加入金、银、蓝等色彩。在建筑风格上，北方地区流行土筑结构，敦实厚重，且以高为美，南方树木众多，流行木筑结构，主张轻盈。楚人吸收北方的宫殿园林特色，结合南方自然环境和气候条件，创造出层台累榭的营造法式，其中以楚灵王的章华台为最，此台曾被喻为"天下第一台"，以台高、装饰繁华和造型轻灵而著称。贾谊《新书》记载："翟王使使楚，楚王夸使者以章华之台。台甚高，三休乃止。"此台也是后世文人骚客咏叹的著名建筑之一。楚人独具特色的楚式鬲更能体现楚文化对中原华夏文化和土著蛮夷文化的融合与创新。据研究，楚式鬲产生和形成过程可以分为三个阶段：第一阶段是用夏变夷，即华夏先民创造的鬲类器为蛮夷所接受；第二阶段是用夷变夏，即蛮夷从自己的罐形鼎的传统出发，改变了鬲的形态，造出了萌芽型的楚式鬲；第三阶段是熔夷夏于一炉而治之，即楚人和楚蛮对华夏的鬲和蛮夷的鬲的形态、工艺、性能融会贯通，造出了非此非彼、小此小彼的成熟型的楚式鬲。❶

❶ 张正明. 楚文化史 [M]. 上海：上海人民出版社，1987:44.

6. 楚文化的流播和转化

从楚顷襄王开始，楚国势力江河日下，在此后约半个世纪中，经历了三次迁都，大片国土的沦丧，致使楚国经济受到严重冲击，丝织刺绣业和髹漆业也从此一蹶不振，楚文化走向滞缓期。但楚国贵族随着王室迁至淮水中游，仍旧保持着奢华的生活方式，在今河南、安徽境内发现的楚国服饰玉器、青铜剑饰等制作精美，装饰豪华。宋玉传承了屈原的骚体，并将其发扬光大。与此同时，楚辞、楚音、楚器所承载的楚文化也越过国界向南北方传播。荆轲是卫国人，刺秦前在易水河畔歌曰："风萧萧兮易水寒，壮士一去兮不复还。"卫国邻近楚国，荆轲应常听闻楚音，故能娴熟作楚歌。今江西、广东地区频频出现战国时期的楚式矛和楚式剑，可见，楚文化已流播至岭南地区。

负刍五年（公元前223年），楚亡于秦，从这个时期到汉武帝前期，是楚文化向汉文化的转化期。秦朝试图实现文化上的大一统，对楚文化采取排斥和摧毁的政策。但正所谓"楚虽三户，亡秦必楚"，秦末人民起义的主力军是楚人。汉朝建立者刘邦是楚人，因此爱楚服，喜楚歌，使用楚国历法，遵循楚人尚赤风俗。西楚霸王项羽设立鸿门宴时的座次安排也是按照楚俗而定。长沙马王堆1、2、3号墓属于西汉前期，其葬俗呈现浓郁的楚文化特征，出土的《黄帝书》四篇和《老子》甲本、乙本也传承自楚学。自从汉武帝采纳董仲舒"罢黜百家，独尊儒术"的建议后，其文化政策走向僵化。此后，楚文化中的一些个性特征与其他地域文化元素不断交流、互鉴，融汇转化成具有共性特征的汉文化。汉代漆器和丝织刺绣上那灵动秀美的凤纹，出土帛画中那想象奇特的神怪仙人形象无不散发着楚文化的瑰丽光芒。对楚文化来说，汇入范围更广、水平更高的汉文化，是符合历史发展规律的理想归宿。从此，中华民族真正进入了新时代。

（三）楚文化精神界定

目前学界对楚文化精神的概念界定有不同的论述。著名楚学家张正明先生将楚文化的基本精神总结为进取、开放和创造。王生铁将其拓展为四个要点：一是艰苦创业、自强不息的进取精神，二是锐意进取、不断开拓的创新精神，三是融汇南北、海纳百川的开放精神，四是崇尚武装、热爱祖国的爱国精神。[1] 罗运环教授将其总结为开放性和兼容性、自强进取精神、浪漫主义特色和多元价值取向四个方面。[2] 荆楚文化的精神也被总结为卓然不屈的自强进取精神、广采博纳的开放精神、多元价值取向的兼收并蓄精神、不拘礼法的

---

[1] 王生铁. 楚文化的六大支柱及其精神特质 [N]. 光明日报,2006-4-20.
[2] 罗运环. 论荆楚文化的基本精神及其特点 [J]. 武汉大学学报(人文科学版),2003(2):194-197.

开拓创新精神、好勇斗狠的拼斗精神。❶刘玉堂则将楚人的奋斗历程和文化气质结合起来，将其归纳为筚路蓝缕的进取精神、大象无形的开放气度、一鸣惊人的创新意识、上善若水的和谐理念、九死未悔的爱国精神、一诺千金的诚信品格。❷刘玉堂的归纳和总结更具时代意义。当聚焦于楚文化对本土服装设计的启示意义时，楚文化中的筚路蓝缕、开拓创新的进取精神，兼收并蓄、多元共存的开放精神，自尊自爱的爱国精神显得尤为重要。

二、楚文化精神对本土服装设计的启示意义

（一）筚路蓝缕、开拓创新，提升中国服装设计话语权

"筚路蓝缕"作为一种传统，已经融入楚民族乃至而后的汉民族的血液之中；作为一种精神象征，激励着一代又一代的楚人乃至而后的汉人。❸中国本土服装设计起步较晚，发展之路十分艰辛，1978年，法国设计师皮尔·卡丹（Pierre Cardin）来到中国时，中国企业对该服装品牌和服装设计还知之甚少，但外国服装品牌的到访刺激了中国本土服装产业。此前的中国服装产业仅仅停留在为国外服装品牌承担加工任务，缺乏整体的服装设计概念。20世纪80年代初，中国高校陆续在染织专业基础上开设"服装设计"专业，中国的服装设计才开始慢慢起步。随着中国逐渐成为世界服装品牌加工重地，中国本土服装设计师的视野也逐渐开阔。1988年，法国高端女性时装杂志《世界时装之苑》（ELLE）入驻中国，为无数追求时髦的年轻人打开了时尚之门。随后，日本时尚杂志《装苑》也进入中国。来自欧美和日本的时尚信息为中国服装设计专业教育提供了丰富素材。1988年8月，大连市政府举办了大连时装周，这是中国第一次时装周，持续8天，内容包括交易会、时尚秀、时装设计比赛和娱乐活动。此后，该时装周更名为大连国际时装周，参与者延伸到海外，成为国内最早的时装盛事。1993年，中国服装设计师协会成立，其会员多是时尚业界设计师，以及服装品牌、时尚媒体等领域内的专业人士。同年，中国服装研究设计中心和日本兄弟工业株式会社联合创办"兄弟杯"中国国际青年服装设计师大赛，吴海燕老师在比赛中获得金奖，至此，中国服装设计开始崭露头角。1997年，中国服装设计师协会开始举办中国国际时装周，每年三月下旬发布品牌、设计师当年秋冬系列服装流行趋势，十月下旬发布品牌、设计师来年春夏系列服装流行趋势。一些中国服装集团和服装企业逐渐开始意识到服装设计在产业中的重要作用，一些企业聘请外国设计师，一些企

❶ 汪平. 荆楚文化的特点与构建和谐社会 [J]. 华中农业大学学报（社会科学版），2009(4)：104-107.
❷ 刘玉堂. 楚民族精神略议 [J]. 华中科技大学学报（社会科学版），2004(5)：12-16.
❸ 刘玉堂. 楚人精神与"支点"构建 [J]. 世纪行，2012(5)：39.

业则挖掘本国设计力量。例如，中国服装集团聘请吴海燕作为设计总监，雅戈尔聘请刘洋，杉杉则请来王新元、张肇达。在实践与理论结合的过程中，中国服装设计师不断吸取国外先进的设计理念，厚积薄发，期待有一天能够一鸣惊人。

进入21世纪后，中国对外开放的步伐日益加快，在服装设计领域，中国与日本、欧美之间的交流日益增多，也涌现出一批具有开拓精神的服装品牌或设计师，诸如与设计师马可联系在一起的例外和无用品牌、郭培的玫瑰坊品牌等，但真正得到国际社会认可的服装品牌或服装设计师并不多。究其原因，大致有两点：

其一，本土服装设计对传统文化的观照不够深入。我们知道，真正好的设计是植根于本土文化，并且能够直指人心的设计。西方设计大师之所以能够闻名世界，其本质离不开对本土文化的深入挖掘。以服装设计界的"朋克教母"薇薇安·韦斯特伍德（Vivienne Westwood）为例，她是土生土长的英国人，她的服装设计虽然以"反叛""解构传统"闻名于世，但仍然携带着英国传统服饰文化基因，苏格兰格纹元素、宫廷服饰中的紧身胸衣元素、传统英式服装结构和剪裁风格等在她的品牌服装中均有不同程度的表现。反观中国本土文化，其悠久的历史和多样性是本土服装设计取之不尽用之不竭的素材库。但是，文化觉醒阶段的本土服装设计大多局限于龙、凤、唐装、剪纸、青花瓷等元素的使用，而忽略了中国传统文化的地域性和多元性特征。我国有56个民族，每个民族都有其独特的文化样貌。我国地理有南北相分，即便是笼统的南方文化，也可分为楚文化、吴越文化、湖湘文化、云贵文化等。如何深入挖掘某个地域文化特色，形成独有的设计风格，是本土服装设计未来发展的关键点之一。

其二，服装设计的话语权仍旧掌握在欧美等服装时尚设计中心所在地，世界各地的服装设计师大多希望得到这些中心的认可。对此，我们应发挥楚人那种筚路蓝缕、开拓创新精神，打造本国的时尚设计之都。如今，我国政府日益认识到时尚创意产业的重要性，对服装产业的重视和扶持力度持续上升，提倡本土设计与本土文化的融合与推广。1997年在北京创立的中国国际时装周已成为国内顶级的时装、成衣、饰品、箱包、化妆造型等新产品、新设计、新技术的专业发布平台，每年两次的时装周活动成为中外知名品牌和设计师推广形象、展示创意、传播流行的国际化服务平台。除此之外，具有时尚历史文化底蕴的上海吸引众多国际服装品牌如香奈儿、迪奥等前来展示。上海时装周一直致力于打造本土设计师孵化基地，每年的服装发布会中，原创独立设计师品牌所占比例达到七成，助推本土设计走向国际。地处九省通衢的武汉国际时装周作为后起之秀，已经建立起时尚产业交流平台、转型升级平台和人才培育成长平台，致力于地域文化品牌的打造。

需要注意的是，政策的重视和扶持离不开设计工作者的开拓创新。就楚文化而言，对文化元素的传承与应用并不等同于元素的移植与拼凑，其重点在于对楚文化元素的再造与超越，其间开拓创新是重中之重。服装是身体的延伸，通过穿着打扮，可以提升自身的角色认同、文化认同或族群认同。可以说，服装不仅是物质文化建构的主体，更是文化意义上的身体建构主体。因此，如何激活楚文化元素的时尚活力，将楚文化基因符号借助服装设计传承下来，实现文化的延续和再造，构建身份认同和民族文化认同，是本土服装设计的着力点所在。

（二）兼收并蓄、多元共存，打造和谐开放的服装设计生态环境

楚人在不断发展壮大的过程中，对江汉地区的土著文化、南方少数民族文化及北方地区的中原文化都保持着拿来主义、为我所用的态度，体现出大象无形的开放气度、上善若水的和谐理念，从而构成楚文化多元融合的种族记忆投影。时至今日，这种精神仍旧具有时代价值，在全球化浪潮中，不同民族、地区或国家的文化都可以通过日新月异的通信技术瞬时共享，设计师们不再局限于本土文化元素，而是热衷于不同文化元素的碰撞或融合。曾经的迪奥品牌设计师约翰·加利亚诺在2003年春夏高定系列中将中国、日本与西方宫廷服饰文化元素融合在一起，既可以看到中国武术文化、京剧文化、中国的图案、色彩及服饰元素对设计师的影响，又可以看到日本纺织面料元素的呈现。然而，设计师在服装体积、色彩和材质上追求夸张、膨胀、对比或矛盾的视觉效果，因此应用了羽毛元素，融入了18世纪裙撑元素，则彰显了设计师西方文化基因。也就是说，在日益开放多元的设计环境中，服装设计师即使有意识地兼收并蓄，引用异质文化元素，其本土文化基因不会轻易改变。

就中国服装设计而言，信息技术的发展和文化环境的开放为其发展带来了机遇，也面临着一系列挑战。一方面，设计师可以接触到形形色色的文化，学习服装设计大师的经验，了解最新的设计思潮。另一方面，探索不同文化之间的异同，在设计过程中构建设计张力的同时，凸显本土设计文化之美是难点所在。因此，本土服装设计师应该发挥楚人那种"上善若水""虚怀若谷"的和谐开放胸怀，在检视历史文化基础上进行创新和创意，以人类共同命运为己任，审视诸如环保问题、未来科技发展问题等，引导人们思考服装设计与人类自身、社会、自然之间的关系，以世界人的姿态接纳不同文化，并融会贯通，才能最终实现文化共享和共融。

（三）发扬自尊自爱的爱国精神，增强本土服装设计的文化自信

据记载，楚人逐渐发展壮大后，楚武王曾经向周王室要封号，结果遭到拒绝，武王大怒道："王不加位，我自尊耳。"于是自立为王，其名分高于中原诸侯之上。《史记·楚世家》记载："熊渠曰：'我蛮夷也，不与中国之号谥。'"除此之外，武王还将先祖鬻熊追溯为"文王之师"，以提升其地位。此后，楚人不断厉兵秣马，野心勃勃。春秋中期至战国中期的三四百年间，楚国国力日益强盛，逐渐吞并周边小国，楚庄王时期更是观兵周

郊，问鼎中原。在《楚辞》中，屈原自比鸾凤，又以香草自喻，表现自己性情高洁及对楚国的热爱，经过历史的沉淀，他那"上下求索""九死未悔"的爱国精神已经从楚人扩散至整个中华民族，时至今日，仍颇具时代意义。在平民阶层，楚人的爱国事迹也令人感佩。《淮南子·泰族训》记载，当年吴师入郢，昭王奔走，楚人"相率而为致勇之寇，皆方命，奋臂而为之斗。当此之时，无将，卒以行列之，各致其死，却吴兵，复楚地"。

在服装设计领域，中国本土的设计力量和服装品牌也传承了楚人自尊自爱的精神。举例来说，多年活跃在欧洲市场上的爱缔生（BASIC EDITIONS）服装品牌一直以楚文化精神砥砺前行。2007年，该品牌发布了"楚魂"秋冬系列服装作品，其设计灵感源于中国东周楚国束腰动感的青铜器、绚丽多姿的漆木器、纹彩绮丽的丝织品、神奇瑰异的缣帛画等，设计师将楚器物造型、楚图案元素、色彩元素等与现代服装审美结合起来，塑造出神秘、内敛、中性、硬朗的女装审美。极具标识性的云雷图案、古朴的楚国龙形图案、饕餮纹等与质感鲜明的现代科技面料、华丽高贵的皮草等有机融合在一起，在古朴与华丽、硬朗与飘柔的对比中凸显设计张力（图2-1）。2008年，该品牌又发布了"楚韵·霓裳"成衣系列，通过100多件风格独特、质地精良的成衣作品，传递其品牌文化内涵：硬朗、奢华、进取、创新。正如品牌创始人李建国所说："我们带着研究的心态做设计，在传统文化与现代时尚之间寻找契合点。另外，市场的反馈也在不断给我启示，只有符合消费者需求，并给消费者以更高引导的设计才是好的设计。这是设计者的责任，也是企业家的使命。楚文化中'筚路蓝缕'的创业精神、'融汇夷夏'的开放精神、'一鸣惊人'的创新精神、'深固难徙'的爱国精神、'止戈为武'的和合精神……为企业拓展了思路。中国的传统文化是爱缔生品牌设计创作的源泉"。❶

目前，随着中国国家实力的提升，国际社会对中国的关注日益增多。2010年，华裔设计师许建树为中国演员设计的龙袍礼服在戛纳红毯上引起国际社会关注，该礼服后来被伦敦维多利亚与艾尔伯特博物馆永久收藏。2015年，纽约大都会艺术博物馆的慈善舞会（Met Gala）以"中国：镜花水月"为主题，从红毯明星礼服设计来看，龙、凤、仙鹤、梅花、京剧图案等元素是国际社会公认的中国元素。其中，中国设计师郭培为美国明星蕾哈娜（Rihanna）设

（a）　　　　　　　　（b）

图2-1　"楚魂"系列❷

❶ http：//www.eeff.net/forum.php?mod=viewthread&tid=295080.
❷ 图片来源：时尚网（YOKA），"楚魂"系列。

计的礼服在国外社交媒体平台推特（Twitter）和Instagram上引起广泛关注和热烈讨论。然而，总体来看，在国际服装设计舞台上，中国服装设计的力量和话语权仍然亟待提高，这需要本土服装设计师的共同努力。在这方面，日本服装设计力量的崛起经验值得借鉴。20世纪80年代开始，高田贤三、森英惠、三宅一生、川久保玲、山本耀司等日本设计师崛起于欧美设计领域，成为得到国际设计领域认可的日本服装设计师群体，日本东京也成为继四大时尚中心之后的第五时尚中心。他们虽然风格各异，但日本文化基因已然融入其血液，不自觉地从服装设计实践中表现出来。以山本耀司为例，1983年，他的黑色设计系列震惊了西方设计圈。在此之前，欧洲时装界流行的服装造型硬朗立体，多在人体模型上进行从上至下的立体裁剪，而山本耀司以和服元素为基础，从两维的直线出发，形成一种非对称的外观造型，采用层叠、包裹、披搭手段处理轻薄飘逸的面料，塑造出自然流畅的设计风格，传达一种非固定结构的着装理念，而这种设计源于日本服装美学思想。

值得欣慰的是，中国本土设计力量也在不断发展壮大，以马可、郭培、曾凤飞、张志峰、熊英等为代表的设计师群体不断从中国传统文化中汲取灵感，或探索传统服饰文化之美，或思考老庄文化哲学对服装设计的启示意义，或考察传统丝织、刺绣艺术、瓷器、建筑、绘画艺术等在服装设计中的应用方式，但是仍未形成设计合力。因此，我们应该发扬楚文化自尊自爱的爱国精神，在吸收他族优秀设计经验的同时，立足本土文化，提升本土服装设计的文化自信。

第二节　楚人造物思想与现代服装设计思潮之间的共通性

现代意义上的"设计"是人类有目的、有计划的创造活动。中国古代没有"设计"一词，但有"造物"之说。《庄子·大宗师》："伟哉夫造物者，将以予为此拘拘也！"这里，造物者为天地，所造之物是自然界的存在物。相应地，人类也有造物活动。在古代社会，人们为了满足功能需求或精神需求而进行的有目的、有价值的造物活动实际上就是现代意义上的设计实践活动，其产物被称为"器"，即各种用具、器具。学界关于中国古代造物思想的研究已经有很多，❶ 兰芳提出了造物学理论研究，认为造物学视阈的研究是通过还原古代器物的历史情境，以中国古代造物美学思想为理论依据，探究物在历史语境中的文

❶ 郭亮亮,胡书可.从《天工开物》看我国古代造物思想中的生态观[J].包装工程,2018,39(20):310-314.

化意义，它是沟通设计学与物质文化研究的桥梁。基于这个特征，造物学研究应该从中国古代丰富的文化资源中寻找造物的历史、文化脉络，为现代设计服务。❶但是，很少有人从艺术设计学角度系统探讨楚人造物思想及其与现代服装设计之间的共通之处。

一、楚人造物思想

（一）象思维模式

人类的一切造物活动都是源于某种意象或观念。《周易》中有"仰则观象于天，俯则观法于地，观鸟兽之文与地之宜，近取诸身，远取诸物""制器者，尚其象"。实际上，早在原始社会，人们已经学会仰天俯地，观物取象，从事造物活动。先秦时期，《周易》将其系统概括，明确器物与象之间的关系，这里的"象"既有卦象之意，也有实际器物之象。王树人将这种造物思维称为"象思维"，它是中国传统思维的本质内涵与基本特征，乃是区别于概念思维或逻辑思维的一种思维。❷楚人造物思想脱胎于传统造物思想，是个性与共性的集体体现，因此，在造物过程中也遵循着象思维模式。

1. 楚人尚象

楚人采用比拟或比象手法，根据现实世界中的自然物象制成器物，于是传承下来大量写实或拟形器物，实现观物取象、制器尚象和立象尽意的造物立象。在漆器造物实践中，楚人主要模拟的动物有蛇、虎、鹿、蛙、鸳鸯、仙鹤等。望山一号楚墓发掘的彩绘木雕座屏长度为51.8厘米、高度为15厘米、座宽为12厘米、屏的厚度达到3厘米，在这个有限的空间里，工匠们使用了圆雕、透雕和浮雕等多种手法一共雕刻了55个动物的造型，其中有26条盘结缠绕的蟒蛇、15条小蛇、4只凤、4只鸟、4头鹿、2只蛙，这些动物禽鸟形态逼真，交错穿插、彼此争斗，让观者仿佛看到现实中鸟兽相争的生动场景（图2-2）。荆州雨台山出土的彩绘鸳鸯豆和曾侯乙墓出土的鸳鸯盒则是典型的拟形器物。如图2-3所示，鸳鸯豆

图2-2 彩绘木雕漆座屏

图2-3 彩绘鸳鸯漆豆

❶ 兰芳. 论造物学视阈下艺术设计研究的新理念 [J]. 南京艺术学院学报（美术与设计版），2018(2)：132.

❷ 王树人. 回归原创之思："象思维"视域下的中国智慧 [M]. 南京：江苏人民出版社，2005.

图2-4　蟠蛇卮

图2-5　彩绘猪形盒（荆州博物馆）

图2-6　虎座凤架鼓（湖北省博物馆）

的整体造型单纯洗练，在具象写实的基础上进行头部简化和腿部的抽象拉长，将盖和盘合成一个缩头侧目的鸳鸯形象。

楚地多蛇，故楚造物中经常出现蛇的形象。江陵雨台山出土的蟠蛇卮是一件饮酒器具（图2-4），该器为筒状造型，木胎髹漆，盖弧形，与器身以子母口扣合，三矮蹄足，器外表浮雕20条相互盘绕的蛇作为装饰。其中盖上8条相蟠的蛇，4条髹红色，头部向上朝向盖顶正中；4条髹黄色，头部向下朝向盖沿四周。卮身浮雕12条黄蛇，其中有4条对称的黄蛇，另外有8条粗而短的黄蛇相蟠其间。同墓出土的彩绘猪形盒是酒具盒（图2-5），呈长方状，内空挖制，两端都雕成猪首。每只小猪都顺风耳朝后，微微张口、面露微笑，憨态可掬且灵气十足，周身用红漆绘成变形云龙纹，下有四足屈膝各朝两端。从整体看来，楚人的拟形造器遵循取象—比类—造物的设计过程，尽可能在仿生的基础上与器的特征和功用相结合，以实现审美与实用的理想境界。

将形式、功能和意象完美融合统一的当属虎座凤架鼓。如图2-6所示，两只凤鸟背向而立，昂首挺胸，凤口微张，似在引吭高歌；虎首昂扬，仿佛仰天长啸。该器物的主要功能是在乐舞时用以击打生成鼓声。制作工匠选取凤鸟和老虎作为支撑固定架鼓的物象本身就饱含寓意。凤鸟善歌舞，《山海经·海内经》曰："西南黑水之间，有都广之野，后稷葬焉……鸾鸟自歌，凤鸟自舞，灵寿实华，草木所聚。"《吕氏春秋·古乐》记载："昔黄帝令伶伦作为律。伶伦……听凤皇之鸣，以别十二律。"老虎乃山中之王，擅长啸，将凤、虎与鼓组合在一起，当奏乐者敲鼓之时很容易联想起凤鸣虎啸，增添乐舞气氛和审美意味。

2. 象形寓意

楚人在现实物象的基础上展开丰富联想，创造出奇诡怪异的人心营构之象，具体表现为造型上的营构、图案上的营构和内涵上的营构，即《周易》所讲的"象形寓意"造物思想。

造型上的营构多表现在楚墓出土的镇墓兽中。《礼记·郊特牲》记载："魂气归于天，形魄归于地。"先秦时期，人们普遍相信人是由魂魄构成，人死后其形魄被埋葬于地下，其灵魂不死，而是升天，只有这样，人们才能在另一个世界继续存在。楚人尚巫，更加相信魂魄、鬼神之说。在《楚辞》中《招魂》《九歌》章节描述了巫觋下阳神，接阴鬼，或以香草美人取悦神灵的情景，可以看到楚人对死者灵魂的关切。因此，楚人多用镇墓兽来守护魂灵不受鬼魅叨扰侵害。由于地方性差异，出土的镇墓兽形象略有不同，但大多蹲伏于梯形方座之上，头插鹿角，有的呈现圆头方脸，圆眼外凸，利牙外露，长舌下垂的骇人情状。也有一类镇墓兽模仿人身，头插鹿角，下设方座，面部近似人脸，鼻子扁平，大眼阔嘴，无牙无舌。在这里，带有鹿角的镇墓兽具有强烈的象征意味，学界对此多有讨论，有人认为是山神的象征，用以辟邪，以及为墓主招魂；❶有人认为是龙的象征符号，因为楚人有骑龙乘凤灵魂升天的风俗；❷有人认为鹿角象征吉祥和喜庆，因为鹿角上的纹饰多为云纹、蟠螭纹、涡纹、麟纹。❸笔者认为，就镇墓兽和鹿角的使用情境来看，它兼具辟邪和引魂升天两种功能。先秦时期，楚地多鹿。《墨子·公输》记载："荆有云梦，犀兕麋鹿满之。"一方面，鹿角尖锐锋利又多权，是与其他动物搏斗的有力武器。巫师作法时，常头戴鹿角帽，山神与恶鬼搏斗时也会借助这一武器，鹿角上各种神兽、鱼鳞和云纹装饰则为佩戴者增添了巨大的神秘力量。另一方面，《楚辞·离骚》说道，"前望舒使先驱兮，后飞廉使奔属"，这里的"飞廉"有说是凤鸟，但也有说其身形似鹿，因为鹿善奔跑，能够帮助巫师远游于天国，《楚辞·哀时命》就有"浮云雾而入冥合，骑白鹿而容与"的说法。在现实生活中，楚人熟知鹿角季节性脱落并再生的自然现象，将其与再生理想联系起来，成为引魂升天的神器。

在图案创造过程中，楚人也表现出象形取意、立象寓意的造物理念，幻化出具有通天达地、驱鬼祈福的神怪形象。楚文化是一种巫文化，也是一种多神崇拜的宗教信仰文化。在楚人的世界里，到处都是神灵，他们的生活处处需要神灵，因此，即便是在日常生活用具上，都可以看到龙、凤等想象神兽的身影。通过祭祀，楚人认为可以和天地山川的神灵生活在一起，得到他们的赐福和帮助，也借此仪式对神灵表达感恩和爱慕。❹但是，神灵鬼怪的具体样貌并不确定，楚文化圈流传甚广的《山海经》中描绘了样貌各异的山神形象，有的"状如人而二首"，有的"人首蛇身"，有的"鸟身人面"，有的"鸟身龙首"。于是，在造物活动中，受到神话传说影响的楚人在观物取象的基础上，通过想象和联想，将

❶ 王瑞明."镇墓兽"考 [J]. 文物,1979(6):85-87.

❷ 彭浩."镇墓兽"新解 [J]. 江汉考古,1988(2):66-68.

❸ 李文龙. 楚式镇墓兽鹿角文化内涵与楚国巫文化的关系探讨 [D]. 武汉:中南民族大学,2013:32.

❹ 梅广. 从楚文化的特色试论老庄自然哲学 [J]. 台大文史哲学报,2007(11):10.

自然界的物象组合在一起，创造出具有超能力的神灵鬼怪，加以崇拜，讨其欢心，以期得到他们的庇护。

（二）复合思维模式

"复"乃"复合"，用现代设计语言来看，可以称为"混搭"，是指将两个或两个以上不同系统的元素综合在一起，构成新的物象或艺术形象。实际上，早在原始社会，人类祖先就喜欢将不同的自然物象复合混搭，并赋予其特定内涵。在楚人的精神世界里，集体表象占有非常重要的地位，原始思维中的互渗律使他们的知觉带上了神秘的性质，因此，在造物活动中习惯将他们认为具有超能力的物象复合在一起，以期实现超能力量的互渗和强化。❶ 在这种复合造物理念支配下，楚人所创造的器物造型或图像往往迥异于同时代的中原地区，表现出"浪漫奇特"或"恢诡谲怪"的审美气息。具体而言，楚人的复合造物理念大体可分为同质复合和异质复合两种。

1. 同质复合

首先，同质复合指的是同一个系统的形体元素以整体形象或局部形象进行复合，这种分解、打散并重新组合的过程使原有的图像或空间关系发生了根本变化，这不是简单的拆散或拼凑过程，而是从内容到形式的更新或升华。如图2-7所示，在虎座飞凤造型中，工匠脱离了对自然物象的写实摹写，而是撷取鸟、鹿、鹤的局部特征与蹲伏的虎形象进行复合处理。曾侯乙墓出土的鹿角立鹤造型简洁流畅，匠人将一对呈圆弧环抱状的鹿角拼接于鹤头部，似乎要拥抱广阔无垠的苍天。其怪诞之处在于长长的鹤颈打破了自然界的正常比例，突出一种向上延伸的飞升之感；体量很小的鹤头与空间体量夸张的鹿角形成强烈对比，平展的双翅和微微弓起的鹤背则维持着视觉的平衡，整体看来，纤巧之中凸显怪异趣味（图2-8）。除此之外，同墓出土的漆棺内壁上，有一个神秘的复合图像，如图2-9所示，该图像鸟首龟背，背上饰有鱼鳞纹，四肢似足似羽，鸟尾很明显，创造者将自然界的鸟类和爬行类动物的局部特征融合起来，创造出一个似鸟非鸟、似鱼非鱼、似龟非龟的奇特怪物。学界大多将其释读为凤的形象，笔者认为，以图案的使用情境来看，更可能是保护墓主灵魂的不知名辟邪怪物。

---

❶ 原始社会的人们没有抽象思维的习惯，而是受到集体神秘表象互渗律的支配和影响。集体中世代相传的表象在集体中每个成员身上留下深刻烙印，在某种情况下能够引起集体成员对有关客体产生尊敬、恐惧、崇拜等感情。由于一切存在着的东西都具有神秘的属性，由于这些神秘属性就其本性而言要比我们靠感觉认识的那些属性更为重要，所以，原始人的思维不像我们的思维那样对存在物和客体的区别感兴趣。所谓"互渗律"，即事物和现象没有确定的性质，它们既是自身，同时又是其他东西，它们可以发出自身的神秘力量，又可以接受外来的神秘力量。

列维·布留尔.原始思维 [M].丁由，译.北京：商务印书馆，1985.

图2-7　虎座飞凤　　　　图2-8　鹿角立鹤　　　　图2-9　曾侯乙墓漆棺神怪画像
（湖北省博物馆）　　　　（湖北省博物馆）　　　　　（湖北省博物馆）

2. 异质复合

异质复合指的是将不同物象系统元素进行分解组合，形成新的艺术形象过程。楚地出土的漆俎、漆盆、漆豆、漆瑟图案，常常以龙、虎、马、鹿等局部形象组合在一起。从曾侯乙墓出土的漆内棺上可以看到一系列典型的异质复合神怪形象，如图2-10（a）所示，人面鸟身，头长尖角，似羊非羊，方面阔耳，形似人面，同时又身披羽毛，拖着长尾，下肢健壮有力仿佛人形，应该是能够沟通人间与天界的羽人。图2-10（b）乃楚地神话传说中的土伯。《楚辞·招魂》中，"土伯九约，其角觺觺些；敦脄血拇，逐人驱驱些；参目虎首，其身若牛些"。王逸注曰："土伯，后土之侯伯也。约，屈也。觺觺，犹猲猲；角利貌也。"图中可见，其头上的两角类似羊角，脸有长须，貌似老虎，四肢发达，体格健壮，与牛类似。图2-10（c）是漆棺左右侧板上的方相士形象，在巫风盛行的楚地，方相士一般是巫傩礼仪中的首领，往往头戴面具，执戈扬盾，装扮成狰狞恐怖的神兽，带领巫师力士驱鬼辟邪。漆棺的方相士脚下仿佛踩着一群小蛇，足以证明其具有强大的巫术力量。

在立体的漆器造型中，楚人的异质复合理念也体现得淋漓尽致。从荆州大星观二号楚墓出土的羽人飞鸟漆木雕中可以看到，其上部为羽人，中部为凤鸟，下部为蟾蜍（图2-11）。实际上，羽人头顶有孔，很可能上面还有其他物象。具体来看，羽人上身为人，但人的口部是鸟喙形状，下身似人的双腿，却又有鸟的羽毛纹饰和鸟的足部，身后拖着长长的鸟尾。在这里，羽人很可能象征仙界神人，蟾蜍是月中形象，凤鸟则是翱翔于天地之间的神鸟，通过复合造物形象，楚人也许在表达对神人仙鸟的崇拜和祈求，试图帮助死者精魂能够顺利抵达天界。

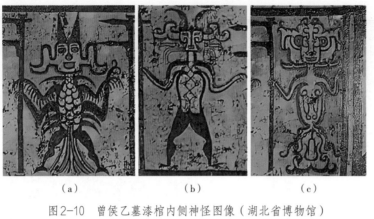

（a）　　　　　　（b）　　　　　　（c）　　　　　　图2-11　髹漆羽人

图2-10　曾侯乙墓漆棺内侧神怪图像（湖北省博物馆）　　　　（荆州博物馆）

（三）大道至简

《道德经》曰："万物之始，大道至简，衍化至繁。"其意为最初的事物往往是简单的，随着社会发展，慢慢衍化为繁复冗杂的局面。楚人造物理念恰恰遵循了这一演化过程。在楚人造物中，最初的器物往往是简约质朴的，随着经济和技术的发展，器物的造型和装饰逐渐繁缛富丽起来。楚人造物的简约体现在两个方面：造型简约和图式简约。

1.楚器物造型简约

所谓造型，一般是基于设计目的，运用物质材料创造出的具有三维空间的物质实体。楚人在造物过程中，一般从实际生活需要出发，以功能为主要目的，将简约质朴的造型与功能完美结合在一起。其中，楚地出土的俎和凭几是造型简单扼要的典型代表。河南淅川下寺出土的春秋时期青铜俎，长约40厘米，宽21厘米，高22厘米，整体造型简洁，俎面两端微微上翘，中间部分下凹，形成斜面，在云雷纹的地子上雕镂矩形纹孔，其实用功能为滤去肉汁。很明显，楚人在长期的生产实践中，已经不满足于让各种器具仅仅停留在实用功能的层面，而是开始向着审美化和艺术化的方向发展。❶

楚地凭几的实用功能也通过简约造型完美实现。在中国古代社会，人们常常席地而坐，是为踞坐，但这种近乎跪的姿势容易让人疲劳，于是出现了用于凭倚身体的凭几。《说文》记载："踞几也，象形。"段注："古人坐而凭几。"《孟子·公子丑下》："隐几而卧。"庄子曰："南国子綦，隐几而坐。"据统计研究，楚墓出土的家具早在春秋早期就有相当基础和规模，发展至战国时期已经形成了独特的艺术风格。春秋时期的漆几以造型厚重古拙为主，发展至战国时期，又出现了轻巧多变的楚式漆几，其中较为典型的有长沙浏城桥

❶ 余介方.对江汉地区楚式俎美学结构及其内涵的探讨 [J].江汉考古,2003(3):58-62.

漆几和信阳雕花漆几。❶长沙浏城桥楚墓出土的凭几高47厘米，几面由整木制成，长56厘米，中间最宽处23.8厘米，两端起翘，整体弯出一个很柔和的弧度，下接栅足。❷而信阳长台关一号墓出土的雕花凭几也是如此，中间宽博，两头慢慢收窄向下微作弯曲，显然是为了隐伏时的舒适。楚式凭几上窄下宽，很可能是模仿犬马的腿股形状而加以变化的，合乎力学原理又美观耐看。

2. 楚器物图案追求简约抽象

自然界中的物象一般不存在线，但在造物活动中，人们可以用点、线、面或体来模仿或创造物象。楚人在吸收商周纹饰传统过程中，学会了以点和线形式将复杂的三维物象简化为二维构图。在楚地鉴缶上、铜镜上，可以看到方折勾连的云雷纹和呈斜势出现的减地山字纹。仔细观察楚铜镜上的山字纹，其旋转的势头让人联想起无限苍穹，构成"圆"的意象，而"山"字的横着端正则使人想到地的"方"，于是，圆中有方，静中有动，仿佛旋动不息的宇宙缩影。再以卷云纹为例，从形态学上看，楚器物上这类抽象的卷云纹显示了"简化"和"打散"两种变化趋势。前者表现为多重回转的旋线被简化成洗练、单纯的勾卷形纹，后者的结构模式既保持"S"形的回旋盘曲精神，又呈现不拘一格的多样性。❸再如，楚器物上的磬形纹形状似磬，实际上是用两种菱形纹叠加表示；正反相对的弓形纹来自十二章纹中的黼纹；杯形纹则是楚漆器中双耳杯的俯视平面造型；涡卷纹很可能是蟠螭纹及其简化变形的结果，如此种种，不一而足。总之，线形造型是楚人在简化造物过程中十分擅长也十分喜爱的手段，具有动感的圆形、涡卷或曲线是楚地器物中常见的图式。

（四）衍化至繁

正所谓"衍化至繁"，这一点在器物图像元素种类方面、制造工艺和纹饰方面表现得淋漓尽致。尤其在楚文化鼎盛时期，楚人十分重视尘世间的享乐，对神界的虔敬之心减弱。因此，礼器上的纹饰由繁至简，日用器物上则追求精巧的形制和繁华的纹饰。❹

1. 工艺繁复

楚式青铜器中的钟、樽、盘、筒往往采用多种工艺手法制作、装饰；漆木器中的座屏或箭箙等，则是圆雕、浮雕、透雕工艺并用，点、线、面、体、色等相互交融，相互生发。在曾侯乙墓出土的青铜器中，楚人全面继承了商周以来的工艺传统，并有所创新，其技艺的复杂娴熟让人惊叹。在被称为"中国古代失蜡铸造史上里程碑"的楚式樽盘上，可

❶ 聂菲. 楚墓出土漆几艺术略论 [J]. 南方文物, 1992(3) : 81.
❷ 扬之水. 古典的记忆——两周家具概说(上)[J]. 紫禁城, 2010(5) : 51.
❸ 王祖龙. 楚艺术图式与精神 [M]. 武汉: 湖北人民出版社, 2003.
❹ 张正明. 楚文化史 [M]. 上海: 上海人民出版社, 1987.

以看到分铸法、浑铸法、范铸法、铸接法、失蜡法、透雕法等工艺融于一体，创造出繁缛富丽的三层镂空立体的纹饰（图2-12）。有人统计，樽体上装饰着28条蟠龙和32条蟠螭，铜盘盘体上装饰了56条蟠龙和40条蟠螭。如此繁多的龙纹附着在樽盘的口沿，它们高低参差错落，结构复杂，形态不一却有条不紊，繁缛中又玲珑剔透，堪称绝世佳作。从雨台山楚墓出土的铜壶上也可以看到衔环铺首、结状套链、蛇形提梁，壶身上饰满变形云纹、S形纹、蟠螭纹、三角形纹、鳞纹等。战国中期擂鼓墩十三号墓出土的铜敦由两个半球体相合而成（图2-13），造型现代简约，有对称的双环耳和三龙形钮、足，但其纹饰却纷繁中见工整，主要由三角形、勾连云纹、几何纹等构成，线条柔和多变，构图对称，堪称图案艺术的上乘作品。

图2-12　曾侯乙墓樽盘（湖北省博物馆）

图2-13　楚墓铜敦（湖北省博物馆）

图2-14　蟠龙飞凤刺绣
（熊畅绘）

2. 纹饰繁满

楚式器物纹饰、图案的多样化、元素的繁杂在丝织刺绣上表现得尤为明显。湖北江陵马山一号楚墓出土的丝织刺绣实物多达数百件，被称为"丝绸宝库"，是研究楚人造物理念的重要资源。其中，龙凤、花草、人物是主要纹饰图案，从构图上看，楚人喜欢满、多、繁。楚墓出土的蟠龙飞凤浅黄面衾上（图2-14），龙、凤、花、草、藤蔓相互缠绕共生，你中有我，我中有你，纷繁复杂中又有隐约可见的菱形骨架。同墓出土的织锦上，可以看到一派巫风巫舞的欢快场景（图2-15），织锦纹饰由七组不同的动物和舞人构成，整体纹样由连续的三角形骨架支撑起来，每个三角形内都以对称方式织出对舞人物、凤鸟、猛虎、翼龙，主要图案的周边则饰以爬行的怪蛇或变形龙纹。从舞人动物纹饰织锦中可以看到，凤鸟振翅欲飞，猛虎作

图2-15 舞人动物纹饰织锦（高琪云绘）

相对嘶吼状，怪蛇蜿蜒爬行，龙尾卷曲成涡形，相对而舞的两人头上戴冠，腰间系带，长袖飘飘，图像配置满而不挤，繁而不乱。

通过对楚地器物造型、纹饰、色彩等方面的透视，发现楚人造物在象思维模式和复合思维模式引领下，简与繁并存，朴与华同在，看似矛盾，实则合理。简与朴来源于老庄的道家思想，而繁与华则可以从屈骚的浪漫绮丽中找到渊源。正如张正明先生所说，楚艺术有朴与华双源并注，这是它的幸运，也是中华艺术的幸运。❶与此同时，楚文化既有原始社会的天真与单纯，又传承殷商、苗蛮巫文化中强调的自在、自意、自性、自为等理念，同时又积淀了周人器以载道，器以藏礼的理性主义精神，从而形成具象与想象、复合又繁复的造物思想，创造出一朵朵艺术奇葩。

二、现代服装设计思潮

（一）现代服装设计中的象思维模式

在现代服装设计中，楚人那种制器尚象、观物取象和象形寓意的造物理念也处处可见，服装中的造型设计和图案设计离不开象思维，具体分为具象设计和抽象设计。具象设计理念是以模拟对象外形为组合原则；以情感运动、会意、功能结构为组合原则的则是抽象设计理念。在服装造型设计上，有模仿花朵的花苞裙，有仿照鱼类的鱼尾裙。在图案设计中，设计师或者直接移用自然物象，或者对其进行艺术加工，以平面或立体的方式融入服装图案设计，或者抽取其色彩、线条元素形成全新的图案。

作为创新创意实践活动，服装设计离不开想象，亦即楚人造物中的人心营构之象思维。在现代服装设计中，想象指的是打乱记忆中的表象，重新组织造型要素，并从多方向去思考和探索某种创造性的形态，即创造性想象，而不是空穴来风式的想象。很多设计师

---

❶ 张正明. 楚艺术散论 [J]. 华中建筑,1992(12):21.

图2-16 艾里斯·范·荷本作品❶

擅长从个人经历、社会现象或历史知识中展开丰富想象，形成极具创新意义的服装设计。以荷兰设计师艾利斯·范·荷本（Iris van Herpen）的作品为例。如图2-16所示，该系列灵感来自美国艺术家安东尼·豪（Anthony Howe）的《催眠》，后者从大自然中寻找各种催眠形态物象制作成3D动力学旋转雕塑，在服装秀场上，设计师将森罗万象的雕塑艺术与服装设计融合起来。在面料设计中，代表传统的天然丝绸波纹、手缝丝织欧根纱与代表未来高科技的激光打印、3D打印、激光切割技术综合运用，将自然物象幻化为抽象蒙眬的图案或富有韵律的图案，向人们展示作者对未来服装形态的想象。该服装造型则来自日本清水流墨的艺术，将激光切割的染色丝线粘合到透明的薄纱面料上，随着模特走动的步伐，显现出墨线在皮肤上流动的视觉效果。由此可见，正如楚人以物象或幻想来表达或象征某种精神追求一样，现代服装设计中所有的想象思维也具有预测未来、传递艺术理念的功能。

（二）现代服装设计中的复合混搭思潮

在服装设计艺术中，观念的创新往往体现在不同性质的视觉资源的拼撞、解构与重组上。❷实际上，楚人造物中的复合理念与现代服装中的混搭潮流有诸多耦合之处。所谓混搭，指的是将同类性质不同的资源和素材，或者异类性质相同的资源和素材，借助拼贴、透叠、组合等现代设计手法融合在一起，形成或强或弱对比艺术效果的设计潮流。这实际上就是楚人造物思想中的复合思维。目前，在后现代主义思潮的影响下，服装设计与其他姐妹艺术之间的界限被打破，当下的着装者日益追求标新立异的独特感受，服装设计中的跨界、复合、混搭潮流十分盛行。总体看来，服装设计中的复合混搭表现为异质元素复合混搭、异质文化复合混搭、异质风格复合混搭。

1. 异质元素复合混搭

艺术可以分为绘画艺术、建筑艺术、设计艺术、音乐艺术、文化艺术等，服装设计只是设计艺术中的一个分支。许多著名的服装设计大师常常受到姐妹艺术的启发，将不同艺术领域中的元素并置，以产生新的视觉艺术效果。1965年，伊夫·圣·洛朗开创性地将

❶ 图片来源：时尚网（vogue），艾里斯·范·荷本作品。
❷ 梁明玉.服装设计中的异质资源与创意空间 [J].装饰,2014(1):90.

绘画艺术元素引入时装设计，他曾经从蒙德里安的《红黄蓝构图》中汲取灵感，设计出"蒙德里安裙"；后又将毕加索绘画元素融入服装设计，被称为"毕加索系列服装"。1984年，让·查尔斯·得卡斯德勒巴加克（Jean-Charles de Castelbajac）把安迪·沃霍尔（Andy）的波普艺术绘画作品《金宝汤罐头》搬上了时装秀；1991年，范思哲将沃霍尔的《玛丽莲·梦露》融入服装设计（图2-17），此后，服装设计与波普艺术的融合混搭不断上演，逐渐形成波普风格服装潮流。

2. 异质文化复合混搭

服装设计是一种创意、创新为主要特点的工作。随着全球化时代的到来，人们对异质文化的兴趣和了解愈加深入，服装设计工作者常常将不同地域或不同时空文化元素综合运用到设计实践中，形成强烈的视觉效果和设计叙事张力。这一点与楚人那种兼收并蓄、多元开放的文化精神有异曲同工之处，任何文化要想长久绵延下去，都需要与异质文化进行交流、互鉴，方能得到创新发展。

在古驰2018秋冬系列中，设计师以"赛博格"为灵感，用设计来思考未来时代着装者身份多样性可能。如图2-18所示，在这个系列服装中，有中国古代侠客文化和宝塔艺术元素，也有古希腊服饰文化元素、现代休闲文化、棒球文化等，整体设计风格为休闲中体现灵动飘逸，既有中式复古元素，又有现代西方服饰元素，新奇古怪却在色彩上将不同文化元素和谐统一地融合在一起。这很容易让人联想起楚艺术品中象征巴人的老虎，象征楚人的凤鸟，象征越人的蛇，三者也经常出现在漆器和纺织服饰纹样中。

图2-17 范思哲服装作品 ❶

图2-18 古驰2018秋冬系列作品 ❷

❶ 图片来源：搜狐网周末画报主页，范思哲服装作品。
❷ 图片来源：搜狐网，古驰2018秋冬系列作品。

3. 异质风格复合混搭

在多元文化生态和开放的服装设计生态环境中，反时尚、反传统、反季节的风格复合混搭层出不穷。在服装面料设计方面，温暖厚实的毛线与凉爽轻薄的丝绸进行拼接复合，代表休闲风格的牛仔面料与精致优雅风格的蕾丝面料混搭，具有未来科技感的PVC面料与代表传统手工艺的纺织面料的复合等。从着装场景看，西装与运动鞋的混搭、毛皮大衣与丝绸长裙的混搭、旗袍元素与军装元素的混搭等。20世纪60年代的"孔雀革命"引领了现代男装设计中不同性别元素的复合混搭潮流，如今，"无性别""跨性别"服装设计时尚越演越烈，在2020年川久保玲春夏男装秀场上，层层叠叠的蛋糕裙与宽松西装混搭在一起，欧式宫廷褶皱衬衫与女性吊带裙混搭，粉色长外套上的褶皱领、欧洲宫廷女装的飞袖元素、粉色长裤等具有男女性别隐喻的元素复合在一起，不仅传递出设计者对服装与性别关系的认识，而且也预示着未来男女服装设计界限的模糊（图2-19）。

图2-19　川久保玲2020春夏系列男装设计❶

❶ 图片来源：搜狐网，川久保玲2020春夏系列男装设计。

（三）现代服装设计中的简约思潮

20世纪20年代，欧洲一批先进的设计家、建筑家形成一个强力集团，在建筑领域掀起一场被称为"包豪斯主义"的新建筑设计运动，这场运动反对任何装饰的简单几何形状，推崇功能主义。现代主义大师密斯·凡·德罗（Mies van der Rohe）提出"少即是多"（Less is more）思想，指出设计作品应该简约而不简单。1996年，约翰·伯森（John Pawson）出版了《极简主义》（*Mninimum*）一书，对极简主义下了定义，他指出，极简思想并非停留在对装饰的删减，而是对设计词汇的搜集归纳。服装设计领域也受到该运动的影响，出现了极简主义设计思潮。卡尔文·克莱恩（Calvin Klein）、唐娜·卡伦（Donna Karen）和拉夫·劳伦（Ralph Lauren）是美式极简主义服装设计师代表。简洁的造型、严谨的结构、精致的剪裁和实穿的舒适成为极简主义服装设计的主要特征。

正如克莱夫·贝尔所指出的，艺术设计中"简"是非常重要的着力点。因为没有简化，艺术不可能存在，因为艺术家创造的是有意味的形式，而只有简化才能把有意味的东西从大量无意味的东西中提取出来。❶因此，设计师会用抽象至简化的手法，摒弃对自然物象的细致描摹，撷取物象的某个局部特征，进行极度夸张或极度简化，从而形成简单洗练的艺术形象。以楚器物中的线条为例，从设计心理学角度看，不同的线条具有不同的性格特征，水平线给人的感觉是平衡，垂直线具有上升的趋势，曲线让人联想到轻盈灵动的水波，折线则给人撕裂的感觉。实际上，这些线条的性格均起源于楚人对大自然界的观察和感受，从而简化为形成有意味的形式。换句话说，楚人造物思想中的大道至简理念具有穿越时空、地域的普适性价值，可以与现代社会的极简主义思潮发生时空碰撞，所以说，它既是传统的，又是现代的，既是中国的，又是世界的。

（四）现代服装设计中的繁复之风

如今，服装设计领域盛行装饰主义潮流，主张以装饰手法来达到视觉上的丰富，提倡满足心理要求，而不仅仅是单调的功能主义中心。❷一些设计师反对米斯·凡德罗"少即多"的极简主义风格，反对包豪斯主义过度强调服装的功能性，而忽视服装与人之间的情感维系，强调装饰对服装与着装者的重要性，这与楚人造物过程中的繁复思想具有耦合之处。

在高级定制秀场上，设计师尤其注重服装细节的精致、工艺的多样性及装饰的繁复绚丽。在古驰2020春夏系列中，设计师将粉红、紫红、大红、枣红、姜黄、宝蓝、浅蓝、

❶ 克莱夫·贝尔. 艺术 [M]. 马钟元,周金环,译. 北京:中国文联出版社 2015:15.
❷ 王受之. 世界现代设计史 [M]. 广州:新世纪出版社,2001.

图2-20 古驰服装产品❶

图2-21 雅莹品牌成衣设计❷

涂金、果绿、炫紫等对比色和互补色相互组合冲撞。如图2-20所示，设计师以红、黄蓝为主色，设计出二方连续的蓝黄菱形纹样作为前襟装饰，以大块面积的菱形复合纹样作为前片装饰，肩部和袖片也用线条分割出红蓝块面，并以适当纹样填充装饰，创造出视觉冲突感十分强烈的图案美感，力图打破男装设计沉稳肃静的传统形象。

在大众成衣设计中，楚人追求繁而满的造物理念也被传承下来。以雅莹女装品牌设计为例，在2017年春夏系列中，设计师从盛唐时期皇太后的凤袍中汲取灵感，并以此为主要创作原型，将凤凰、牡丹、祥云的纹样进行组合图案设计。如图2-21所示，是此系列中的一款桑蚕丝印花连衣裙，在款式造型设计上采用简洁大方的A字型轮廓；在图案设计上，设计者以几何条纹组成的海水江崖图案作为袖口和裙摆装饰，采用非对称的满铺设置，花朵、祥云、凤尾等布满全身，看似随意不羁，实则繁中有序，根据胸、腰、肩的位置不同，装饰纹样的密集程度略有差异。

《庄子·德充符》曰："自其异者视之，肝胆楚越也；自其同者视之，万物皆一也。"意思是，从形而下之"器"的视角来看，物因各有其性而差别巨大，犹如肝和胆、楚和越之差别，但是，从形而上之"道"来看，万物都是道的不同表现，都是永恒、绝对、无限而大全的宇宙本体生发而来，因此万物可归一。就此而言，不难理解楚人造物理念与现代服装设计思潮的诸多共通之处。例如，将自然界的花鸟虫鱼以具象或抽象的方式融入服装设计，或赋予其某种象征意涵，或直接宣扬设计者的某种精神追求，或满足设计对象的精神需求；在造型、图案和色彩设计中，极简主义与装饰主义并存，在复合混搭、跨界融合的设计潮流中总能窥探出楚人造物的一鳞半爪。

❶ 图片来源：搜狐网，古驰服装产品。
❷ 图片来源：双氙灯网，雅莹品牌成衣设计。

衣以载道 楚文化在现代服装设计中的传承与应用研究

第三节　楚文化元素在现代服装设计中的应用价值

从先秦时期开始，楚人就将其造物思想、审美趣味通过写实或幻想的造型、神秘或精致的线条、绚烂或拙朴的色彩、怪离或奇伟的纹样凝结在楚地器物之中，形成独具特色的南方文化，与北方美术一起，共同构成中华经典视觉语言和视觉文化。除此之外，楚人那种尚玄思适的老庄文化哲学、骚情艳丽的屈宋文化、奇诡多变的巫风巫俗也汇入中华文化历史长河之中，传承至今。然而，在工业化浪潮和全球化的冲击下，楚文化的地域特色逐渐被淡化，楚地器物逐渐沦为博物馆中的陈列品。在非中华文化圈中，楚文化的独特性被遮蔽于中华文化的共同性之中。服装是视觉化的物质文化，是文化语境和实用功能的承载物，而着装是人类最基本的物质需求，因此，提取和凝练具有典型意义的楚文化元素，将其融入现代服装设计，有助于构建服装与身体、服装与社会文化之间的关系，重新审视传统和文化归属；通过装饰细节引起视觉刺激，唤醒着装者对中国多元文化意识的记忆与想象。

一、有助于满足文化消费需求

文化创意产业的发展促使人们将视角转向传统文化资源的再阐释、再利用和再创造，在服装设计领域，"元素"用来描述构成服装形态的具体细节，诸如造型、色彩、纹样、面料等，用以传达设计者的设计思想或价值追求。楚文化元素所具有的设计价值、审美价值和人文价值使它具备从文化资源向文化资本转化的可能性。从物质层面来看，楚地出土的青铜器物、纺织服装、髹漆器物、玉器制品等是楚人生活实践和经验的产物，可以为现代服装设计提供灵感来源；从精神层面来看，楚文化的精神特质、楚文化哲学、楚器物体现出的匠人精神和造物理念与现代服装设计思想和潮流具有共通之处。我们知道，服装设计不仅是创意活动，而且是文化和艺术实践，更是能够创造经济价值的文化创意产业的主要环节。

在当下服装消费领域，文化消费需求日益突出，这里的文化消费需求指的是服装带来的审美愉悦感、身份归属感、文化认同感等精神需求。马斯洛曾将人的需要分为五个层次，其中生理需要、安全需要、归属需要属于低级需要，尊重需要和自我实现需要属于高级需要。目前，我国社会主要矛盾已经转化为人民日益增长的美好生活需要和不平衡、不充分的发展之间的矛盾。在服装消费领域，人们购买或穿着服装，不仅是为了满足生理需要，而且注重服装所体现的设计美学价值和文化价值。创意与文化越来越受到关注而成为决定设计竞争成败的关键因素。不难发现，越是能体现地域文化、吸纳传统特色元素的产品，越是能在市场竞争中赢得本土消费者的青睐。❶楚人那种筚路蓝缕的进取精神、大象无形的开放气度、一鸣惊人的创新意识、上善若水的和谐理念决定了楚文化可以与时俱进、开拓创新，通过服装设计进行时代转换。从符号学角度看，可以将典型的楚文化元素转换为可视可感的、富有文化意义的设计符号，融入服装设计实践，激活楚文化的时尚生命力，通过理解和使用以达到传播的目的，满足消费者的精神文化需求。以青铜鼎器为例，楚式鼎器在造型和审美特色方面与中原鼎器形成鲜明对比。前者束腰、平底、高足、外撇口，器身内收，威武雄壮之中显得轻盈灵动，后者圆腹、袋底、矮足、附耳稍撇、器身呈球状，显得庄严厚重。❷在服装设计中，可以参照楚式鼎器造型，设计出清秀、挺拔、轻盈灵动的服装廓型，满足着装者以瘦为美的心理需求。

从社会心理层面看，现代社会经济、科技的快速发展为人们带来了便捷的生活，同时也引起各种社会和心理问题。快节奏的工作和生活方式容易让25～40岁的消费者产生烦躁、乏味的精神压力。一些消费者在购买服装过程中，除了考虑服装的功能性和舒适性外，还会关注服装所蕴含的文化内涵，如是否能带来良好的社会评价或社会角色认同，是否能弥补其身体缺陷、缓解心理焦虑或压力等。楚文化中的老庄哲学规劝人们信守自然，追求"天人合一"、无为而治，可以为那些被各种符号、信息轰炸的人们提供心灵慰藉，因此以自然朴素为核心美学的服装设计得到消费者的青睐。另外，楚物质文化中的形、色、质、图等元素具有设计转化的巨大价值，旋转不息的卷涡纹、飞化舒卷的云气纹、昂首挺胸的凤鸟，以及繁复交错的藤蔓、花草等体现了楚人生生不息、热情奔放、浪漫绮丽的精神，可以激发人们拥抱自然、追寻自由和生命价值的情怀。如果将这些元素融入服装设计，进行创造性转化，经过本土化、国际化、现代化、产业化，内外双修，坚持民族特色与全球视野兼顾、地域文化元素与时代审美并重，既有助于缓解此类消费者的心理压力，满足人民群众的文化消费需求，又能够实现楚文化资源到文化产业资本的转化，推动本土服装产业不断纵深发展，提升本土服装设计在世界舞台中的自信心和话语权。

二、有助于满足求新求异的着装需求

麦肯锡管理咨询公司2018年发布的《中国消费者调查报告》中有一段结论性的话："在今年的调查中，我们访谈了近一万名18岁至65岁的中国消费者，他们来自44个城

❶ 张明. 东西方造物方式的"源"与"元"研究 [J]. 南京艺术学院学报（美术与设计版），2018(4)：169.
❷ 高崇文. 东周楚式鼎形态分析 [J]. 江汉考古，1983(4)：1-19.

市、7个乡镇和农村。在过去十几年我们对中国消费者的所有观察中，有一点变化在今年的调查中非常突出，即中国消费者作为整齐划一的群体已经不复存在，而是形成了鲜明的多样性。以'90后''00后'为代表的新生代迅速崛起，开始成为新一代的主要消费群体。"伴随互联网成长起来的"90后""00后"，目前虽然不是社会财富创造的主力，但在特殊的社会背景中，他们已成为消费的主要群体，他们的消费观念更加开放，对娱乐内容的需求更加多元化、个性化。❶而在服装消费市场上，时装设计师的角色也逐渐发展转变，他们不再是提供整体形象设计，而是提供符号学元素。据调查研究，针对年轻消费群体的快时尚品牌以款式多、快而出名，Zara每年设计制作1.2万款服装，❷其目的就是满足消费者对多样化和个性化着装的需求。21世纪的年轻人更注重服装对自我概念的塑造和表达，他们希望自己的着装能够获得肯定和赞赏，最忌讳的便是撞衫。❸究其原因，现代社会的服饰产品日益丰富多样，服装不仅仅是满足生理需求的物质资料，从社会心理学角度来看，服装是人类表达自我意识的工具和媒介，良好的服装形象和社会评价有助于形成健康的自我概念。在全球化浪潮中，多元化和个性化成为一种审美潮流，消费者一方面处于从众心理，追逐时尚，另一方面又追求新奇和差异，以区别于他人。

以楚地巫觋文化为例，它虽然源于人类早期对自然界、人类社会现象不能科学解释而进行的主观解读，具有迷信色彩。但如今，这种迷信色彩逐渐被消解，现代人常常带着好奇和审美的眼光去欣赏它们，试图深入了解过去的历史文化。以玄幻、神魔为特色的手机游戏、小说和影视作品在年轻人中颇受欢迎，楚地巫觋、神话传说素材如此丰富，将其融入服装设计很可能引起消费者情感共鸣。曾侯乙墓棺内漆画属于构图对称的方格形画面，在相对独立的方形或矩形画面中分别放置不同类型的神怪、龙凤形象。这种神异图像源于楚地久远的巫觋文化，神怪一般正面肃立，手持造型写实的"二戈戟"兵器。有人认为它们是护卫死者灵魂的卫士，也有人认为它们是引魂升天的羽人、驱鬼逐疫的"方相士"，以及由百隶扮演的神兽。❹从设计学角度看，神秘的图像可以激发观者探索的欲望，如果用现代设计手法表现出来，可以催生新的时尚。正如本雅明所说，时尚，是将新事物的梦想具体化。它有能力可以一次又一次地更新自己，但它所带来的新，其实是老调重弹。时尚是从过去挑选出的基本图案与形式，然后让它像新事物般被重新使用。❺在武汉地铁站的室内设计中，设计者将楚漆棺内部

❶ 吴静寅. 文化消费的影响因素及其促进机制 [J]. 山东社会科学,2019(6):96.
❷ 郭丰秋,黄李勇."快时尚"现象的社会心理因素分析及其前景展望 [J]. 美与时代(上旬),2014(6):30.
❸ 郎咸平. 模式 [M]. 上海:东方出版社,2006:9.
❹ 祝建华,汤池. 曾侯墓漆画初探 [J]. 美术研究,1980(2):76-84.
❺ 娜达·凡·登·伯格,等. 时尚的力量 [M]. 韦晓强,等,译. 北京:科学出版社,2014:406.

图2-22 武汉地铁墙面装饰图案

的神怪图像进行图案再造，以镂空形式应用于墙面装饰，实现了传统图像到现代时尚审美的符号转换（图2-22）。正所谓"道通为一"，在服装设计领域内，楚地怪异而新奇的图像文化能满足消费者求新求异的着装心理，因此，截取诸如此类的漆画图案，或模仿其色彩配置方法，形成符合现代审美趣味的图案或色彩，或融入服装设计，无疑是对楚文化元素的有效传承手段之一。

三、有助于推动地方服装产业转型升级

将楚文化元素与汉派服装品牌建设结合起来，有利于提升其文化品位，助推地方服装产业转型升级。2011年的调查研究发现，武汉纺织服装企业缺少国际品牌、国家名牌和龙头企业，中小品牌多，产业发展面临诸多瓶颈，主要表现在三个方面：品牌定位模糊重复，自主设计能力差，品牌大多定位为中青年女装，在市场上急功近利，在抓时尚与潮流时，定位趋同导致生产相对过剩；不注重汉派服装区域品牌文化建设，多数企业以批量生产为导向，热衷抄袭热销产品，缺乏市场创新意识，企业同质化现象严重；现有国家级和省级品牌文化影响力不大，与销售渠道不对称。❶如今，消费者更青睐个性化、原创性服装设计，服装产业正在转型升级以满足新时代的消费特征。汉派服装想要做大、做强，必须做好市场细分，摆脱贴牌、仿版等传统思想，注重原创和知识产权的保护。同时，坚持差异化和国际化同时并存的设计理念和品牌经营理念，利用设计创新增强服装产品与消费者之间的亲和力。从这个角度来看，我们应该从杭派服装产业中汲取经验。杭州被认为是"最女性化的城市"，20世纪90年代中后期，以杭州地域文化为特色的女装品牌迅猛发展，"秋水伊人""浪漫一身""江南布衣"等将江南文化中的婉约、甜美融入服装设计，获得了社会经济效益。如今，无论时尚潮流如何变化，以中青年为主要消费群体的杭派女装，仍然以江南味作为品牌灵魂。❷如前所述，楚文化具有浓郁而独特的地域特色，其浪漫绮丽、新奇大胆的文化特征与现代服装潮流思想不谋而合，在汉派服装品牌中融入民族传统文化，特别是独具特色的荆楚文化内容，加强服装承载文化思想的意识，在技术创新和功能创新的同时，注重文化创新，将荆楚地区特有的生活习惯和审美情趣，通过文化元素

❶ 卢玮.武汉服装业调查实录 [J].中国纺织,2011(11):56-58.
❷ 徐四清."杭派"服装业现状与对策分析 [J].科技创业月刊,2007(1):108.

衣以载道 楚文化在现代服装设计中的传承与应用研究

的视觉符号化透视出来，❶形成特色鲜明的汉派服装产业文化，提升服装品牌的文化底蕴，形成能与其他地域品牌较量的核心竞争力。

总而言之，一个民族能否独辟蹊径、创造出别开生面的文化，取决于他们能否尽情地发挥文化独创性。这种文化独创性的实质就是历史独创性。它是个性，然而共性正是经由个性体现出来的。这种文化独创性发挥的程度，大致与社会生产力提高和民族自豪感增强的幅度相适应。❷服装设计亦是如此，人们呼唤有思想深度的设计师，被称为艺术家的服装设计师应该以时代为时间点，依此为中心"瞻前顾后"，时尚的设计要有预见性，也要有继承性。传统文化时常遭遇更新的挑战，但永远不会彻底覆灭。历史素材可以触发服装创作灵感，拨动设计师的构思，激活枕戈待旦的想象，面对同样的传统素材，别人只能"看见"，创造者却可以"发现"。❸在现代服装设计发展到了追求多元化、个性化和倡导设计回归自然、以人为本的今天，设计师不能只追求表面形式上的丰富，必须从深层次的设计理念出发，将楚文化元素进行重组整合，并运用到服装设计中，从而继承楚文化的精神实质。

当代的消费是"文化渗透"的消费。❹楚文化美学品格的形成，是因蓬勃发展的人文理性不断激发着现实的生活意绪和人生理想。而被激发的这一切思想文化因素，与根底深厚的、蕴含着自然崇拜和原始神话观念的远古传统交织互渗，化生出一种愉快、达观和积极的世俗情绪与生命活力的普遍浪漫精神。❺而这种对自然的崇拜、对世俗情趣及生命活力的追求与现代社会所提倡而宣扬的价值观是一致的，因此，将楚文化中最具代表性的元素提取出来，转化为具有艺术和文化内涵的服装产品，是传承和弘扬楚文化精神的有效途径。

---

❶ 彭晓艳."汉派服装"品牌的文化创新思考 [J]. 太原师范学院学报(社会科学版),2016,15(2):24.

❷ 张正明. 楚文化史 [M]. 上海:上海人民出版社,1987:38.

❸ 徐宏力,等. 服装美学 [M]. 北京:中国纺织出版社,2012:40.

❹ 迈克·费瑟斯通. 消费文化与后现代主义 [M]. 刘精明,译. 南京:译林出版社,2000:351.

❺ 王祖龙. 楚艺术图式与精神 [M]. 武汉:湖北人民出版社,2003:184.

第三章

老庄文化哲学元素与现代服装设计

在人类生活中，文化的存在不是困惑，而文化究竟应以怎样的方式、信念、品质、姿态和韵律存在，这才是问题。一个民族的生命与其文化生命是一种命运性的互养共生关系。凡所谓文化，必定有它"传统的历史意义"和"生命之绵延精神"。❶在消费主义盛行的时代，人们对物的崇拜，对生命价值的判断失去了方向，具体到服装设计领域，设计本质的偏离、设计风格泛娱乐化等现象促使我们从优秀文化资源中寻找指引，从而形成具有中华民族文化立场和格调的设计。老庄文化哲学携带着楚文化优秀基因，是中国传统文化中的宝贵资源，全面深入探赜、梳理其图谱、胞核和命脉，分析其在现代服装设计中的应用，是促进本土服装设计文化自觉和文化创新的重要前提。

第一节　消费语境下服装设计失控危机与文化救赎

服装，是人的第二层皮肤。人类能够生产出诸多剪裁合体、细节精美的服装，由于人的物质属性、精神属性和社会属性，服装也因此具有多重属性和功能。有些人购买和穿着服装仅仅是为了满足驱寒保暖等生理需求，有些人则是因为服装能够带给他们审美愉悦和感官享受，或者与某种身份地位、格调品位有关。著名的社会学家鲍德里亚指出，处在一个极度物化的消费社会，在我们周围存在着由不断增长的物、服务和物质财富构成的惊人的消费和丰盛现象。它构成了人类自然环境中的一种根本变化。❷就中国而言，经济体制和经济的快速发展、转型带来了消费者价值观念的深刻变化。服装、食品等日常生活必需品消费逐渐转向符号消费，人们逐渐通过消费来展示自己的身份、地位，甚至通过消费塑造自身价值和意识。"网购"已经成为中国"新四大发明"之一，"双11购物狂欢节"也成为一种几乎全民参与的独特文化现象。公众号上频繁出现的鸡汤文打着女权的旗号，鼓励女性通过消费来实现自我价值，同时用精英理论号召男性通过消费管理或提升自身形象。虽然促进消费是推动经济发展的强大动力，但过度消费无疑会引发消费的异化，从而导致设计失控。所谓设计失控，是指设计偏了原初本质和意义，丧失了设计的价值和责任，成为异化物或变态思想的产物。就服装设计而言，失控现象主要表现在功利化、符号化和娱乐化三个方面。

❶ 祖国华. 文化反思与文化自觉 [N]. 光明日报, 2017-6-19.

❷ 鲍德里亚. 消费社会 [M]. 刘成富, 等, 译. 南京: 南京大学出版社, 2008: 1.

一、服装设计功利化倾向

在消费语境下，服装设计中资本效用原则盛行。资本效用原则来源于马克思的资本逻辑，在资本逻辑中，一切关系都可以解读为金钱关系。在该原则的推动下，服装设计成为资本的"有用物"，异化为资本赚钱的工具和手段。虽然服装设计的价值只有通过消费才能实现，然而，当消费主义背后的资本逻辑过分干预服装设计的全部过程时，后者将陷入功利化的危险境地，其主要表现为服装设计平庸和同质化。

在资本效用主导下，服装设计成为激发消费欲望、商家牟取暴利的工具。自设计诞生以来的历史进程中，服装设计功能指向更大程度上围绕"实用"和"适用"展开❶。在物质材料缺乏的古代社会中，服装设计和制作过程遵循节约，甚至零浪费的原则。然而时过境迁，肆意消费几乎成为现代社会的主要特征，为了激发人们的消费热情，商家与设计师、媒体共同制造出一桩桩消费神话，创造出花样翻新的消费场景或体验空间，从而致使消费者和服装之间的关系异化。就某些快时尚消费品牌而言，其设计者一般采用简单、粗暴的复制、粘贴式设计方法，将潮流元素植入产品设计，利用"平价""迅速""时尚"三要素抓住目标消费者，并利用明星或知名设计师进行宣传营销。服装设计种类和数量的丰富，让消费者选择空间日益增大。但是，大量缺乏创意的平庸设计对消费者和设计生态环境造成了不良影响。随着其他服装品牌的模仿和跟风，大量同质化设计产品的涌现令消费者感到审美疲劳。时间证明，这种设计方法和营销模式引起的后果是触目惊心的。服装设计数量的丰裕曾经是消费者的福音，但设计失度则造成资源浪费和环境污染。对消费者而言，他们被动接受日渐平庸的服装设计审美，而高水平的审美需求遭到忽视。

二、服装设计符号化倾向

在当代消费语境中，人们购买和穿着服装不仅仅是为了它的使用价值或某种符号意义，更是为了寻找某种感觉、体验某种意境。在消费和市场的推动下，服装设计逐渐沦为符号逻辑和资本逻辑的"帮凶"。符号逻辑是指符号作为支配和组织社会生产和生活的过程。符号逻辑是资本逻辑的当代出场，是资本逻辑内在属性的时代要求，表现出资本逻辑向经济、政治、文化等领域的全面进攻。符号逻辑造成了人、消费、设计的异化。在符号逻辑的强势运作下，人们被囚禁于符号所构建的虚假理想之中。环顾身边，人们乐此不疲

❶ 丛志强. 失度、异化与丧失：消费逻辑主导下的中国设计危机 [J]. 浙江艺术职业学院学报,2017,15(3):112.

地游荡在由资本操控的设计所创造的虚假意义中，进行着貌似主动的选择与占有。人们已习惯于将"虚假意义"的占有对等于幸福、地位、个体价值的实现，而将真正的伦理、道德、情感、正义与责任束之高阁，逐渐陷入了符号逻辑所编织的囚笼❶。

由于人们购买、消费服装，并非仅仅在意它的使用价值，而是服装所隐喻的符号价值，并通过服装将这些符号转移至着装者自身。富裕的人不再像过去那样受到人的包围，而是受到物的包围。人们从来不消费物的本身（使用价值）——人们总是把物（从广义的角度）当作能够突出自己的符号，或让自己加入视为理想的团体，或参考一个地位更高的团体来摆脱本团体。❷令人不安的是，在消费主义语境下，服装设计中的资本效用原则盛行，服装设计价值被异化，服装设计责任逐渐丢失，服装设计民主被曲解。其中，权钱交易和文化失衡是较为明显的特征。为了使资本增值，服装设计师与商家、传媒一起无止境地创造符号体系，无休止地巧妙利用设计，从而导致设计失控现象丛生。在网络社交平台上，用名牌服饰炫富的现象十分常见，而设计师们也乐于用"高端""奢华""艺术""品位"等词语来形容或解读自己的服装设计，或者讲述其设计过程所花费的人力、物力来暗示服装所代表的符号意义。

服装设计所使用的某些符号元素具有强大的表意功能和教化功能，当带有不良趣味导向或文化内涵的符号通过消费行为传播开来，有可能造成设计生态或衣生活环境的污染。例如，某些设计师将香奈儿品牌标志作为服装图案设计构成的主要元素，很明显是利用该品牌符号所代表的时尚、奢侈、高端文化品位内涵，但设计手法属于简单的模仿。消费者也许了解服装上的双C标志背后所蕴含的文化信息，或许并不清楚，只是将其作为普通装饰图案来看待。但对于了解该品牌文化的观者来说，无疑是对香奈儿品牌的侵害和着装环境的破坏。因此，服装设计工作者忽略着装者精神和审美需求，简单、过度使用符号元素，是不负责任的行为。

三、服装设计泛娱乐化倾向

现代服装设计常使用戏谑与反讽的表现手法，这也是后现代思潮下的创作观念。有时是为了与传统对抗，有时是为了与某种刻板印象对抗，服装设计师用黑色幽默的方式戏谑和嘲讽对抗对象。在使用某个对象对抗另一个对象时，服装设计采用即兴、偶发的手法，多样、通俗、戏剧性的设计语言都可以运用其中，创造出不连贯、语言模糊或随意性的感觉。因此，现代服装设计中的戏谑和反讽带有"游戏"特性。然而，当服装设计中的"游

❶ 丛志强. 消费主义语境下中国设计生态失衡研究 [J]. 文艺争鸣,2017(5)：190-194.
❷ 鲍德里亚. 消费社会 [M]. 刘成富,等,译. 南京:南京大学出版社,2008:61.

戏"特性与消费语境中的泛娱乐思潮碰撞到一起，前者在资本效用原则推动下，成为泛娱乐化现象的产物。所谓"泛娱乐化"现象，指的是一股以消费主义、享受主义为核心，以现代媒介（电视、戏剧、网络、电影等）为主要载体，以搞怪、戏谑的方式，通过戏剧化的表演，放松人们的紧张神经，从而达到快感的一种文化现象。随着信息的迅疾传播和信息全球化，服装设计及其市场竞争压力越来越大，设计师和品牌经营者为了谋求更大的经济利益，开始千方百计迎合受众的各种需求。当然，服装设计中的泛娱乐化是对受众心理需求的一种积极回应，也是市场调节的结果。然而，在浓厚的娱乐氛围下，受众可能会对美丑善恶的概念或标准无法区分，而资本效用原则会促使低俗、滥情的服装设计或产品涌进市场，从而污染设计环境，形成恶性循环。

诞生于20世纪80年代的莫斯奇诺（Moschino）服装品牌就以戏谑的游戏感和对时尚的幽默讽刺而闻名时装界。品牌创立者莫斯奇诺早期曾将优雅的香奈儿套装的边缘剪破，变成乞丐装，搭配上巨大的扣子，变得随意而夸张，颠覆人们对时尚的传统印象。如今，莫斯奇诺品牌创意总监更加熟谙消费者追求娱乐的心理需求，并擅长利用跨界手法将不同领域的潮流元素融合起来，进行嘲讽。在2014年的秋冬系列中，设计师将"快餐食品"文化——麦当劳融入服装设计；在2017年的春夏系列中，又将立体服装打造成平面服装的错觉，在纸娃娃服装上绘出立体性感的比基尼身体造型，目的是讽刺主流社会对性感的评判标准。这些设计立意无疑是新鲜有趣、富有思想深度的。然而，在该品牌2018年的成衣产品中，设计师直接将具有讽刺意味的性感挑逗漫画放在服装上，虽然延续了戏谑的设计特征，但对于价值观尚未成型或稳定的观者而言，容易形成错误或不良影响（图3-1）。莫斯奇诺的女包设计也引领了"跨界融合"潮流，将不同领域的元素融合在一起，激发着装者新鲜有趣的视觉体验，图3-2所示的女包适用于炫耀性、装饰性搭配，在日常生活中并不

图3-1　莫斯奇诺成衣产品❶　　　图3-2　莫斯奇诺女包❷

---

❶ 图片来源：速卖通网(aliexpress)，莫斯奇诺成衣产品。
❷ 图片来源：米尔米斯顿网(mirmidoni)，包袋栏目(BORSE)，莫斯奇诺女包。

实用。然而，由于品牌所代表的时尚、品位符号意义，仍有诸多消费者是该品牌服装设计的拥趸。我们知道，时尚传播的滴流模式及消费语境下的资本的逐利特征促使低端模仿设计不断涌现。服装与人之间的作用是相互的，这种交互作用形成了环境。我们不否认诸如莫斯奇诺之类诙谐戏谑的设计确实丰富了现代服装设计的语言，但要警惕其走向娱乐化的极端。因为，服装设计并非设计师个人的思想与情感的过度表达，浮华而夸张的表现性被无节制地放大后，容易走向另一个极端——服装的实用性被淹没，服装设计演变成一种追求感官刺激、宣泄主体化情趣冲动和臆造的游戏。

就中国而言，在每年举行的大学生时装周上，虽然不乏优秀的作品，但仍出现堪忧的娱乐化倾向，一些作品重视视觉刺激，为"眼睛而设计"，强调装饰性、形式性，却忽视了设计作品背后价值理念的建构和文化内涵建设。究其原因，处于时尚体系上游的国际时尚中心，如米兰、巴黎等以戏谑游戏为特征的后现代设计符合当下年轻人的娱乐嬉戏心理需求，但后者仅仅停留在感官上的快感满足，却缺乏深入的理性思考，这是设计教育者应该关注的重要问题。

自古至今，人类不断使用象征性符号累积生存经验，并世代相传，从而形成各种各样的符号象征体系，用于沟通、传达或反映意义。相应地，人类的行为便是承载意义的"社会学话语"，在互动过程中建构出意义，行动与行动之间的联结、交换、互动形成了一段段对话。人类按照自身的生物行为规律来设计，作为设计成果的人造环境反过来影响人的行为、态度和性情。人类的设计应该以行动者与其行动所负载的意义为核心。❶当下，消费主义与享乐主义横行于世，从而导致了虚无主义在社会上蔓延。❷一些服装设计师为了博得关注，其设计产品成了表达设计者自我情感的工具。着装者对服装异化审美和消费被打上"自由"和"文化"的标签，轻飘、浮躁、标新立异却毫无内涵。

综上所述，在消费时代，服装设计的失控和异化使人们越来越丧失作为主体的精神品质，缺乏对精神自由的探索，其思想或意志的独立性越来越弱。实际上，人类对更高层次发展的主体欲求一直存在，只是在消费主义的围攻下被压抑或遮蔽。当资本效用原则和符号逻辑盛行时，服装设计者和消费者极易走向"目盲"和"心盲"境地，从而丧失对设计本身的价值判断。如何让思想失灵的服装设计走出迷障，回归其位，引导着装者形成良好的审美趣味，如何处理好人与物之间的关系，重建人类精神家园，这是设计师和研究者应当警醒和反思的重要课题。

❶ 李珊珊. 后现代语境中设计艺术的困境及发展路向 [J]. 江淮论坛,2017(4) :170.
❷ 张贤根. 设计的当代困境与生成超越 [J]. 美与时代,2010(8) :24—26.

第二节 老庄文化哲学对现代服装设计的启示意义

每个民族都有其可供借鉴的文化哲学，对人类与文化矛盾关系的反思是哲学的本分，中国五千年的优秀传统文化哲学足以为现代服装设计的困境提供反思和滋养。从本质上来说，要想摆脱资本逻辑、符号逻辑及游戏逻辑的控制，设计者应平衡好市场与资本之间的张力，时刻牢记服装设计的本质，善于从文化哲学角度观照设计实践，提升设计审美境界，引导消费者形成理性的消费观和良好的品位。对此，楚文化中的老庄哲学能够提供精神和实践层面的指导。

一、文化哲学概念

（一）文化哲学内涵

文化性问题是当今时代最为突出的问题之一。清华大学邹广文教授在《什么是文化哲学》一文中指出：文化哲学的产生正是现实人类实践的一种哲学表达，是时代精神的一种反映。[1]站在人类文化的高度上，文化哲学为研究文化与自然、文化与人、传统文化与现代文化的关系等问题提供了新的思路。德国浪漫派诗人诺瓦利斯曾指出："哲学，就是怀着一种乡愁的冲动到处去寻找家园。"在他看来，哲学是一种"怀着乡愁"的寻根式思考，是对古老、传统文化的珍视和留恋，包含人类精神思想和情感诉求。这种特殊的审美情愫被称为"怀旧"，在其发源到兴盛的历史中大致存在两种研究方向：一是由生理病症转变为文化情绪和心理诉求的研究方向，二是由病理学转向社会学的研究方向。[2]这两个研究方向的转变不仅是现代社会发展的产物，也在一定程度上受到了后现代主义思潮的影响。在现代社会进程中，人类活动拓展了更多生存或生活方式的可能性，开始出现许多"异化"现象。诸如在消费语境下，享乐主义促使人们对物质的盲目追求，造成精神文化缺失等后现代性问题。

一定程度上，文化与哲学之间存在千丝万缕的联系。正如英国文化批评家特里·伊格尔顿（Terry Eagleton）所说："文化涉及许多关于哲学的根本问题。"从本质上看，文化哲学所反映的是当今社会发展的普遍性问题，是具有批判意味的实践哲学。社会发展与变革引发种种关于文化性的问题，这种带有批判意识的思想不仅是关于文化性的反思，也

---

[1] 邹广文. 什么是文化哲学 [N]. 光明日报，2017-6-19.

[2] 周宪. 文化现代性与美学问题 [M]. 北京：中国人民大学出版社，2005:2-4.

逐渐成为哲学范畴内的问题。因此，越来越多的研究者怀着"怀旧"心理开始关注文化性问题，关注现代社会个体的发展，从精神关怀进而关注到人类文化成就和个体生活方式。在此基础上，文化哲学就成为一种新兴的哲学范式，在现代社会危机之时应运而生。文化哲学作为当代三大显学之一，重点关注文化、社会、人生的伦理价值，同时关注人的精神及其价值。

（二）西方文化哲学的发展历史

纵观西方哲学发展史，文化哲学的发展萌芽可追溯到古希腊时期。古希腊哲学为现代哲学与科学发展奠定了基础，早期哲学家对后世产生的影响从未间断。例如，苏格拉底、柏拉图、亚里士多德等人厘清了传统形而上学与非传统形而上学的区别，这可以视作一种以人自身的哲学、政治哲学、实践哲学为表现形式的文化哲学范式。由此表明，文化哲学并非在现代出现的哲学范式，而是在古希腊的哲学发展之中就已经存在。❶在西方现代哲学的发展过程中，文化哲学的演变大致分为两个阶段：一是19世纪末、20世纪上半叶开始兴起，现代性成为西方文化哲学的思想立场；二是当代西方后现代文化的崛起，即后现代文化对现代文化哲学的替代。❷从词源学上来看，德语中的文化哲学用"kulturphilosophie"表示，其中"kultur"意为"文化"，源于拉丁文中的"cultura"；"philosophie"意为哲学，即英语中的"philosophy"。由德国哲学家、新康德主义弗赖堡学派的创始人文德尔班（Windelband，Wilhelm，1848—1915）在1910年首倡，目的是挽救19世纪哲学从康德到尼采转变时所出现的唯意志论的哲学危机，以新的哲学范式对马克思主义进行"补充"。而后，文化哲学逐渐发展成为一个独立的研究领域，这要归功于对文化哲学系统发展做出重要贡献的哲学先驱——德国哲学家恩斯特·卡西尔（Ernst Cassirer，1874—1945），卡西尔不仅是语言哲学的重要先驱之一，还创立了"文化哲学体系"，以文化哲学的方式解答了康德的哲学问题，也是对传统哲学的整体性批判。他所主张的"人类文化哲学"就是以文化为本体，以探寻人的本质和发展规律的哲学，构建整体人类文化哲学体系，将认识论的探析诉诸"符号"，也就是人类特殊的表现形式。他认为，人类运用符号创造文化。人—符号—文化成了一种三位一体的东西。文化无非是人的外化、对象化，无非是符号活动的现实化和具体化，而关键的关键，核心的核心，则是符号。因为正是"符号功能"建立起了人之为人的"主体性"；正是"符号现象"构成了一个康德意义上的"现象界"——文化的世界；正是"符号活动"在人与文化之间架起了桥梁；文化作为人的符号

❶ 陈树林. 文化哲学范式的历史渊源和发展 [J]. 求是学刊,2011,38(5):33-38.
❷ 李小娟,付洪泉. 批判与反思:文化哲学研究十年 [M]. 哈尔滨:黑龙江大学出版社,2011:51.

活动的"产品"成为人的所有物，而人本身作为他自身符号活动的"结果"则成为文化的主人。[1]同时，卡西尔将人类的理性活动、神话、宗教、艺术、语言等视为文化形式，将其进行深刻地剖析并定义为"符号的形式"，在其著作《符号形式的哲学》中系统阐释了文化哲学体系。[2]可以说，卡西尔以符号功能为核心，将人的文化创造活动、意义的表达作为哲学的最高存在，改变了近代以来理性主义哲学的思维和提问方式，从而使哲学从理性批判转向了文化批判。[3]早期文化哲学相关研究的代表学者还有马克斯·韦伯（Max Weber，1864—1920），他以文化比较理论研究人类交往的理性化；胡塞尔（Edmund Gustav Albrecht Husserl，1859—1938）以现象学研究反映人的现实生活状态。总的来看，这些哲学研究在其方向上发生了明显的转变，即将关注点从"自然世界"转向"文化世界"，选择关注人类活动、关注人的精神世界和文化的实践性。

（三）让文化哲学为现实文化提供理论支撑和实践指导

发展至今，世界范围内的文化哲学研究涉及科学文化、艺术文化、时尚文化、民俗文化和宗教文化等多方面，且不断呈现上升发展的趋势。相较于西方，中国文化哲学研究相对滞后。作为20世纪中国哲学尤其是改革开放以来的主要问题之一，中国文化哲学研究开拓了中西哲学与文化的比较领域，对不同方向、不同问题的哲学思潮和文化思潮进行了整合。[4]早期相关研究学者包括梁漱溟、张岱年、熊十力、曾邦哲等。有学者提出，有必要开启"中国化的文化哲学"研究时代，以切实解决现实的文化问题。在社会转型时期，我国经济的快速发展带来了一系列精神文化问题，在此基础上，文化哲学的研究使命有了新的时代意义，站在现代性立场上重新审视、传承、弘扬和超越传统文化成为现阶段的重要课题。

简言之，从古希腊时期文化哲学发展萌芽不断发展成为一个独立的研究领域，西方哲学问题是关乎文化传统与现代性的分裂问题。而当代中国文化哲学的现代性问题就在于如何在新的语境中对文化传统进行阐释，所关注的也并非只是对古籍文本的转换性解释，而是更加关注人的现代化问题，即文化观念与生活方式相关，并在社会中形成一定影响。换句话说，现代语境下需要以文化哲学作为新的哲学基点为现代生活、文化、设计、艺术审美等众多方面提供理论支撑和实践指导。

---

[1] 恩斯特·卡西尔. 人论 [M]. 甘阳, 译. 上海: 上海人民出版社, 2004: 7-8.
[2] 李红霞. 德国文化哲学研究的新动向 [J]. 国外社会科学, 2012(3): 10-19.
[3] 何萍. 论卡西尔的符号形式哲学 [J]. 学海, 2010(4): 5-24.
[4] 洪晓楠. 文化哲学研究的回顾与展望 [J]. 哲学动态, 2000(12): 27-30.

二、老庄文化哲学核心观点

在现代社会，文化思想原则与生命价值判断之间"反思的平衡"应是文化哲学的核心课题。面对西方文化话语权的扩张，如何正确把握和传承中国传统文化，作出富有意义的回应，是当代中国文化哲学研究需要关注的重要问题。在中国哲学史上，老庄思想具有独特的思维方式和行为准则，是建设中国特色文化哲学的宝贵资源，在一定程度上为我们超越西方的现代化提供了方向。

（一）"自然"观

"自然"作为老庄文化哲学的思想内核，在老庄著作的文本中体现明显，《老子》中"自然"一词共出现了五次，《庄子》里"自然"一词共出现了六次。它是一种纯粹客观的唯物主义，不仅发展为后来中国古代哲学范畴里各种"自然观"共有的认识基础，而且在中国主流的传统文化中延续千年，是古代造物设计传统的思想奠基石之一。❶

在老子哲学的基本精神中，"道"纯任自然，无所法也。根据《老子》第二十五章记载："人法地，地法天，天法道，道法自然。"❷ 其中，"道法自然"一词作为全篇纲领，同样也是道家哲学、美学思想的宗旨，即纯任自然才能得"道"。第十七章中的"功成事遂，百姓皆谓：'我自然'。"❸这里描述了老子理想中的政治情境，如统治者不能轻易逼迫百姓。使用"自然"一词，并非指客观的自然界，而是表达一种由任自然的状态。庄子继承并进一步扩展了"自然"的深层意义，在他看来，凡事若能顺其自然，不强行妄为，社会则能趋于安定，这种模式在一定程度上更利于人性的自由伸展与人格的充分发展。❹《庄子·知北游》中写道："天地有大美而不言，四时有明法而不议，万物有成理而不说。事故圣人无为，大圣不作，观于天地之谓也。"❺表明道的本性是自然无为，美体现在朴素自然上。《庄子·应帝王》记载："顺物自然而无容私焉，而天下治矣"，强调要顺应事物自然的本性而不使用私意，天下才可以得到很好的治理效果。《庄子·缮性》中载道："莫之为而常自然"，这也与《老子》第五十一章中"夫莫之命而常自然"相对应，说明万物在无为自然状态中生长，世人行为合乎自然，这便合乎道家所追求的理想境界。

---

❶ 王琥. 设计史鉴:中国传统设计思想研究·思想篇 [M]. 南京:江苏美术出版社,2010:22-23.
❷ 陈鼓应. 老子今注今释 [M]. 北京:商务印书馆,2016:69.
❸ 同❷,第 141 页。
❹ 陈鼓应. 庄子浅说 [M]. 北京:生活·读书·新知三联书店,1998:65.
❺ 同❷,第 651 页。

（二）"有""无"论

《老子》第一章云："无，名天地之始也；有，名万物之母。"❶ 又在第四十章中继续阐释道："天下万物生于有，有生于无"❷，点明了"无"与"有"是形成天地万物的本始与根源，属于中国古代哲学本体论中的对立范畴。第十一章中说："故有之以为利，无之以为用"❸ 阐明"无"的性质，"有"给人以便利，而"无"发挥了作用，突出了物正是因为"无"（中空的地方）才使其发挥相应的用处。

老子不仅主张人的注意力不拘于现实中能见的具体形象，而且进一步说明了事物在对等关系中能够相互补充。在庄子的笔下，以"无"为美的思想得到了更为深入的阐释，《庄子·马蹄》篇中记载："同乎无欲，是谓素朴"❹，意为在盛德时代，人们都没有过多贪欲，纯真朴实，故而保持了人们的本性。《庄子·天地》篇中写道："古之畜天下者，无欲而天下足，无为而万物化，渊静而百姓定。"❺

可以说，"自然"是道家美学精神的终极追求，"无"作为"自然"的呈现形式，可以将其概括为：无名、无形、无声、无言、无味等。老子认为的美，渗透在一切具体的美的存在中，《老子》第四十一章中写道："大方无隅，大器晚成，大音希声，大象无形，道德无名。"❻ 正如"大象""大声"都是人们视听范围内所不能认识的，故而是一种自然天成的境界。

从"道"的性质来看，万物都应自然无为，自然化育。这里提出的"万物化"与《老子》第五十七章中"我无为而民自化，我好静而民自正，我无欲而民自朴"相互对照，"自化"即是"无为政治"，强调统治者不能进行强制，而应激励人民的自觉。同时，庄子进一步指出，"无为"是为了"复朴"，他认为只有返回朴素的状态，才能自由游于天地。《庄子·天地》篇中记载："治其内而不治其外。夫明白入素，无为复朴，体性抱神，以游世俗之间者，汝将固惊邪？"❼ 强调只有持守内心的纯一，心神不外分，力求做到修养内心，而不求治外在。因此，如果想要把握真正的美，就要超脱实用功利观，不能妄为。只有真正做到明澈纯素、自然真朴，才能体悟本性、自由地遨游于世俗间。

---

❶ 陈鼓应. 老子今注今释 [M]. 北京：商务印书馆，2016：73.
❷ 同❶，第 226 页。
❸ 同❶，第 115 页。
❹ 同❶，第 90 页。
❺ 同❶，第 347 页。
❻ 同❶，第 229 页。
❼ 同❶，第 313 页。

（三）"恬淡"理念

"恬淡"的理念最初由老子提出，后又得到庄子的深入阐释，经魏晋名士在生活践履中发挥到极致，对后世艺术创作产生了深远影响。

《老子》第三十五章中记载："道之出口，淡乎其无味"❶，表明"道"淡得没有味道。《老子》第三十一章中提出"恬淡为上"，表达了老子的反战思想，他认为战争中使用武力会给人们带来凶灾，只有在不得已的情况下才能使用，最好的应对方式是淡然处之。

庄子对老子"恬淡"理念做了深入探索，如人际关系的维护需秉持"君子之交淡若水"，"夫虚静恬淡寂寞无为者"规劝人们应超然物外，追求平淡人生。《庄子·刻意》篇中记载："淡然无极而众美从之"，"夫恬淡寂漠，虚无无为，此天地之平而道德之质也。"❷这里的"淡"表明恬淡、虚无、寂寞、无为，"淡然"才是天地的本原和道德的极致。在《庄子·应帝王》篇的寓言故事中，无名人回答恬淡"为天下"之道，曰："汝游心于淡，合气于漠，顺物自然而无容私焉，而天下治矣。"❶这则寓言故事则说明只有游心于恬淡之境、清净无为，顺着事物自然的本性而不用私意，天下才能治理得当；同理，人们对于事物无所偏私、摒弃浮华，才能在纷杂的世界中保持真朴。《庄子·知北游》中还记载："澹澹而静乎！漠而清乎！调而闲乎！"❶此处"澹澹"一词与恬淡同义，以描述东郭子向庄子问道的故事，借庄子的回答指出，道是没有穷尽的，也无处不在。道的本性是顺任自然，即要求恬淡而安静、漠然而清虚、调和而悠闲的状态。

老庄文化哲学中的"恬淡"理念为个体生命价值、社会管理原则、伦理道德、审美理想均提供了可供参考的框架。在艺术创作领域，"恬淡"理念衍生了一系列的审美文艺活动，如古代诗歌创作中提倡"浓尽必枯，淡者屡深"，这种诗歌创作的美学风格延伸并应用于其他文艺领域，如书法、绘画等，并在中国画艺术中突显出来。"淡"逐渐发展为中国山水画格调的组成元素，"浓淡得宜"成为中国传统水墨绘画的基本技法和要求。中国山水画的表现崇尚"迹简意淡而雅正"，强调画家处于自然交融感应的体验状态中，应以虚空、宁静的心态邀游宇宙，与天地生气合而为一。而后，这种风格逐渐演变成一种"淡墨美学"，所谓墨淡是象、意淡唯真。正是淡漠雅致、寂静空灵的气质使中国山水画进入了"由实返虚"的过程，发展成为一段至高品格的美的历程。❸这种绘画作品具有恬淡、悠远的风格，并与道家美学精神相契合，宗白华在论述"文艺的空灵与充实"时谈到，精神的淡泊才是艺术空灵化的基本条件，萧条淡泊、闲和严静才是艺术人格的心襟气象，这

❶ 陈鼓应. 老子今注今释 [M]. 北京：商务印书馆，2016：7，205.
❷ 陈鼓应. 老子今注今释 [M]. 北京：商务印书馆，2016：456-459，251，663.
❸ 王珊. 淡而有骨——中国山水画淡墨美学之探析 [J]，美术观察，2014(11)：94-95.

使艺术上的神韵油然而生。❶ "淡"的意蕴美正是通过营造艺术形式上的空灵，才使人获得精神层面上的充实。

三、老庄文化哲学对现代服装设计的启示

现代社会中，服装构成了人们存在的一种生活方式。人们需要在着装状态下生活，每天选择服装，购买服装，或者感受他人的着装状态。可以说，服装设计不仅是创造出功能性产品的技术手段，而且是沟通人与环境、人与社会之间关系的桥梁。需要注意的是，现代服装设计与技术、艺术密切相关，同时也包含了人们的欲望。随着科学技术的进步，以及社会经济的发展，消费成为人们展示或表达生活状态的手段，正前所未有地推动现代服装设计的发展，技术也在极大程度上被捆绑于满足人们欲望的设计活动中。换句话说，现代人的"衣生活"很大程度上受到商业逻辑的影响。在消费语境中，大部分服装设计师为了生存，不得不兼顾市场需求，或者受到设计对象的约束与检视，于是选择利用技术设计出符合大众审美需求的服装。对另外一部分服装设计师而言，设计过程本身就是艺术创作过程，为满足自己的艺术追求或幻想，其服装产品展示实践本身就是一场行为艺术。在观看者欲望与设计师展示欲望的共同作用下，服装设计的价值和意义发生了改变。对此，老庄文化哲学中的见素抱朴、道法自然和道技合一理念可以为现代服装设计提供丰富的思想素材，并能发挥强大的智慧引领作用。

（一）见素抱朴

《道德经》第十九章中提及："见素抱朴，少私寡欲。"其中，"素""朴"指不掺杂人为因素的自然属性，强调摆脱私欲才能达到自然、平和的状态，从而进入安然自得的境界。其中的"抱朴"后演变成为道教中一种重要的修炼方法，可以将其借鉴到现代设计实践和审美欣赏中。《道德经》第十二章中关于形式美的论述："五色令人目盲，五音令人耳聋，五味令人口爽，驰骋田猎令人心发狂，难得之货令人行妨。是以圣人为腹不为目，故去彼取此。"回溯到历史情境中，"五色、五音、五味"用于批判贵族阶层的奢靡生活，强调声色犬马的物欲享受会带给感官极大的刺激性，扰乱人的心智。故而老子倡导应该摒弃对物欲的过度追求，而保持内心的安定、无为的生活方式。《道德经》第二十二章中有："曲则全，枉则直，洼则盈，敝则新，少则多，多则惑。"此句常被释义为人生智慧，认为凡事有利弊两面，不要过多执着于选择，关注变化。在现代服装设计中，这种"少则

---

❶ 宗白华. 美学散步 [M]. 上海:上海人民出版社,1981:22.

多"的理念与极简主义设计思想具有一定的共通之处。再者，老子在《道德经》第七十章中提出"是以圣人被褐而怀玉"的服饰观，他认为圣人不应该被虚妄的需求所迷惑、一味追求外在的装扮。反之，朴素的着装才能带来真正心灵上的安定，应该重视人的气质和风度，体现的是去奢华、去繁杂的服饰审美观。

庄子同样崇尚朴素自然的服饰审美。《至乐》中说："夫天下之所尊者，富、贵、寿、善也；所乐者，身安、厚味、美服、好色、音声也……吾观夫俗之所乐，举群趣者，诬诬然如将不得已，而皆曰乐者，吾未之乐也，亦未之不乐也。果有乐无有哉？吾以无为诚乐矣，又俗之所大苦也。"在他看来，世俗生活中的美和乐是劳神伤身的东西，最终遮蔽了真正的美，而真正的乐事、美事是"无为"，即"至乐无乐，至誉无誉"。在服饰美中，不加装饰的朴素美才是真正的美。徐复观先生曾在其《中国艺术精神》一书中指出：庄子的精神，是艺术性的，可以用"纯素"或"朴素"两字加以概括。"朴素"二字在其著作中多次出现，如在《庄子·马蹄》篇中有"同乎无欲，是谓素朴"，在《庄子·天道》篇中有"朴素而天下莫能与之争美"，《庄子·天地》篇中有"夫明白入素，无为复朴"，《庄子·刻意》篇中有"纯素之道，唯神是守。守而勿失，与神为一"。"朴素"二字不仅是庄子对于人生的修养、境界的思考，同时，这种"朴素"观对后世的中国绘画、诗歌、园林、雕塑风格造成影响，形成了一种独特的艺术调性。❶

总的来看，老庄文化中的服饰观认为应减少外在的过度装饰，重视气韵与内在修养。在当下商业逻辑中，服装设计师和受众都应该尝试改变。美国经济学家凡勃仑（Thorstein B Veblen，1857—1929）在《有闲阶级论》中通过对于品位的财力规范探讨得出一个通则：任何贵重的客体要想引发我们的美感，必须符合美丽和昂贵这两项要求。此外，昂贵这一规范也影响着品位。❷在当下的资本逻辑中，不少消费者热衷于奢侈品消费，对于高端时尚十分推崇。这也促使时装行业中诸如高级定制这种高成本设计的流行，一方面消费者想要彰显其财力和个性追求；另一方面，设计师极尽材料和设计层叠手法使服装设计效果在形式上看起来"美丽和昂贵"。因此，这种"朴素"观对于现代服装消费的奢侈现象有所启发。对于服装消费者而言，这种"朴素"的精神指引可以对消费者进行一定程度的疏导，起到美化欲望的作用。尤其服装消费市场在经历了电商平台快时尚的冲击后，越来越多的消费者开始转向关注心灵的宁静，转向追求更为舒适和简洁的服饰时尚。由此可见，这种"朴素"观在一定程度上影响着人们的消费理念和着装理念，从而对服装设计产生影响。这种"朴素"观要求设计师应该区分开商业和设计的本质，应积极承

❶ 徐复观. 中国艺术精神 [M]. 沈阳:春风文艺出版社,1987:117 .
❷ 凡勃伦. 有闲阶级论 [M]. 李华夏,译. 北京:中央编译出版社,2012:99.

衣以载道 楚文化在现代服装设计中的传承与应用研究

担起设计师的责任，在设计中突出人文关怀，强调传统文化的传承与创新。

（二）道法自然

在老子那里，道是万物本源，正所谓"道生一，一生二，二生三，三生万物"。而道的本质是原始混沌，道生万物，道不具备意志和目的，道处于永恒的运动之中，且道是有与无的统一。❶但是，老子又指出人、天、道、自然之间的关系，"人法地，地法天，天法道，道法自然"。如此一来，天地乃至宇宙的规律概括出来，以道法自然解释宇宙的特性，强调万事万物应遵循"道"的自然规律，遵守自身的本性。就造物活动而言，老子认为最高的境界是天人合一。需要指出的是，先秦时期不同学派对天人合一的理解各不相同。儒家认为天之道始万物，地之道生万物，人之道成万物，天、地、人三者之间是不可分割的，只有做到有机统一才能和谐发展。墨家有着不同的思考，这是一种最为强悍的"天人合一"思路，即认为"主宰之天"，天彻底而全面制约人的生活。在儒、道、墨三家不同的"天人合一"追求中，儒家的范式是道德式的，墨家强调神性主宰，而道家则是自然式的。因此，在老子那里，美的最高境界就在于道，更为准确的表达则是：美在于自然。这里的"自然"一是指自然界的美，二是指自然而然的本性，合乎自然的本性。❷《老子》第四十五章中的"大巧若拙"同样是关于自然的探讨，后有王弼注解为："大巧因自然以成器；不造为异端；故若拙也。"强调的是质朴、纯然，浑然天成而随性的自然之美，这种美也是艺术的最高境界。

庄子在继承老子"道"的命题上提出新的见解，他将"无己、无功、无名的精神状态"总结为"心斋"和"坐忘"。在《庄子·人间世》篇中有"虚者，心斋也"，在《庄子·大宗师》篇中有"堕肢体，黜聪明，离形去知，同与大通，此谓坐忘"。分别解释为空虚的心境、剔除身体层面的欲望，庄子强调以此方式才能实现真正的自由，认为只有这样才能回归质朴、恬淡的境界。李泽厚先生将这种"自然"总结为"人的自然化"。与儒家认为"自然的人化"不同，儒家要求人的自然建立在符合、渗透社会性的基础上，而庄子是强调人必须舍弃社会性，使其"自然"地不受外界污染。可以说，庄子的自然思想成为儒家"自然的人化"的高级补充，表现在生活、思想情感、人格三个方面，即生活与自然亲近、思想与自然交流、人格与自然相互比拟，以此达到儒道互补的具体实现。❸庄子认为这种"自然"境界才能实现真正意义上的"天人合一"，达到"逍遥游"一般自由、自主、自觉的生活状态。

❶ 叶朗. 中国美学史大纲 [M]. 上海:上海人民出版社,1985:24-25.

❷ 彭富春. 哲学美学导论 [M]. 北京:人民出版社,2005:37.

❸ 李泽厚. 美学四讲 [M]. 北京:生活·读书·新知三联书店,2008:111.

老庄思想中"道法自然"观念在一定程度上奠定了中国诗歌、园林、雕塑的艺术基调，中国艺术风格的最高境界就是以朴拙为美，此观念不仅深刻影响了古代造物理念，在现代设计中同样焕发出新的审美价值。以现代服装设计为例，服装设计需要遵循设计美学原理，不同的美学风格以不同的美学理念为支撑。老庄"道法自然"观念重在讨论万物生命的生态规律，这种"道"属于本源论的概念，显示的是"道"的规律性、循环性、效能性。❶因此，老庄文化哲学影响下的服装设计多关注设计与自然、设计与人类之间的关系。

工业文明的发展带来的环保问题是现代服装设计不断讨论的话题。在绿色可持续发展思想的影响下，目前服装行业中已有不少的设计尝试，即现代服装设计中可持续思想的应用。例如，新型面料革新实验，如在建筑设计和工业设计中使用的激光切割技术在纺织品工艺品上的应用，不会产生废弃物的3D打印技术，对废旧材料二次处理得到新型纺织材料，以及近年纺织品行业中的热门话题——生物种植技术等。另外，不少设计类的院校开始注重培养可持续面料的设计研究，如开设未来面料、生物设计等课程，从生物科技的角度探索未来可持续面料的发展。不少设计师也注重在绿色可持续设计方向上进行探索，如简化设计手法、重视服装结构的装饰性与机能性结合，以还原真实、自然的人体形态表现。还有设计师试图通过研发科技面料减少自然资源的浪费，前文所述的艾利斯·范·荷本大胆探索合成生物学、有机和无机物质的研究，并率先将3D打印引入时装设计，其设计作品充满未来主义格调、独具科技魅力，更为现代服装可持续设计带来更多的可能。中央圣马丁艺术与设计学院的苏珊·李（Suzanne Lee）在红茶菌中培养出一种新型生物材料，以微生物学实验产生的纤维素作为服装面料，这种面料可塑性极强，可以自动地形成接缝，得到像植物纹理一样的服装效果。

（三）道技合一

彭富春将老庄著作进行了当代诠释，其在《论老子》《论儒道禅》等一系列的著作中对老庄文化进行现代性阐释，提出欲、技、道的游戏说。他认为当代世界的特点在于虚无主义、技术主义、享乐主义，而老子箴言中的道法自然可以克服虚无主义；以道限技可以克服技术主义；以道制欲可以克服享乐主义。❷李万军从老庄文化哲学出发对当代设计进行了批判性解读，他认为，在技术时代，设计活动成为一种新的存在理念。设计的本性就

❶ 王巧玲,孔令宏."道法自然"·"道生自然"·"道即自然"——《道德经》生态社会伦理研究 [J]. 兰州学刊,2015(8):115-122.

❷ 彭富春. 论老子 [M]. 北京:人民出版社,2014:261.

是现实世界中欲望、技术和智慧之间的游戏活动。❶

在庄子那里，"技"不单是指技术、技能，而是突出技艺，即技术活动与实践者高度合一所达成的带有审美意味、自由的境界，即道技合一。这是一种关联于"美"的创造以凸显"艺"的韵味，是匠人在娴熟的技术操作过程中遵循事物之理与生命自由之体悟融合在一起时的境界。❷庄子对于技术问题讨论甚多，《庄子·天地》篇中的："技兼于事，事兼于义，义兼于德，德兼于道，道兼于天"，强调技术应该合乎道的逻辑环节。《庄子·养生主》篇中庖丁解牛的故事、《庄子·天道》篇中"行车七十而老斫轮"、《庄子·达生》篇中"梓庆削木为镶，镶成，见者惊犹鬼神"等，都是以寓言故事阐述了"由技入道"的理念。事实上，庄子对于"技术"的思考有助于我们化解现代设计中技术异化的问题，即找到设计与技术的平衡点，从技艺美学的层面上来看，这种哲学智慧对现代设计具有重要的启示意义。

老子提倡"为学"与"为道"两种社会活动，其在《道德经》第四十八章中阐述道："为学日益，为道日损，损之又损，以至于无为，无为而无不为。""为学"是为了获取知识、技能等，是较低层次的社会活动；"为道"则是为了提升审美、价值观和精神境界，是高层次的精神活动。在他看来：知识层面的丰富需要"益"，即用五官或身体去感受或实践；精神境界的提升需要"损"，即摆脱物质对人的束缚或控制，专注于心灵、境界的修炼。换句话说，在老子的智慧中，他反对贪欲、反对技术刺激人的欲望，因此宣扬自然之道，强调"道"是规定者，而技术与欲望始终是被规定者。❸这种"道"可视作兼具形而上和体验的意义，但"道"本身并不能成就艺术，而是需要艺术的承载。❹也就是说，艺术的"实"才能成就艺术精神，而这种"实"需要一定的技术支撑，即艺以载道。

《周易·系辞上》中记载："形而上者谓之道，形而下者谓之器"，古代的造物思想一直致力于"器"与"道"的形式统一，而现代工业社会造物则更加注重实用性质。事实上，中国传统造物思想是建立在传统文化基础上的，也是儒道互补共融的产物，集器物的形式美感、实用功能、伦理表达、审美理想为一体的造物思想。❺老庄文化哲学中强调"道技合一"，即在"道"的基础上生成的艺术设计创作。如果将老庄文化哲学视作"道"，现代服装设计对应为新语境下的"器"，故而"衣以载道"存在逻辑的合理性，即现代服

❶ 李万军. 当代设计批判 [M]. 北京：人民出版社，2010.

❷ 邵艳梅. 庄子"道""技"合一技术论及现实意义 [J]. 管子学刊，2014(1)：57-60.

❸ 彭富春. 论儒道禅的思想核心 [J]. 江汉论坛，2018(5)：58-63.

❹ 石了英. 论徐复观"老庄艺术精神"阐释之儒道汇通视野 [J]. 暨南学报(哲学社会科学版)，2010，32(3)：82-87.

❺ 李超德. 设计的文化立场 [M]. 南京：江苏凤凰美术出版社，2015：172.

装设计可以作为承载传统文化的工具，设计师需要遵循文化之道，实现道技合一，方能达到设计的最高境界，并使文化之道得到广泛传播。就目前中国本土服装设计而言，应该重视文化的传承与融合、进而积极传播，这才是当下服装设计师应该遵守的"道"。我们应该明确，"道"具有社会文化属性，同时又存在于生活方式之中。将老庄文化哲学核心理念注入现代设计，有助于实现衣与自然、衣与人的和谐，同时又兼具艺术形式和文化内涵，形成多重文化表征意义，从而引导和提升消费者的审美趣味，促使其形成良好的消费观和服饰观。

总之，老庄文化哲学中关于"道"的思考是一个满溢审美魅力的精神实体。作为我国传统文化的重要组成部分，老庄文化哲学既是形而上学的理论，又是顺应自然的政治哲学，还是极富智慧的处世哲学，尽管其形态发生转向，但仍在不同历史情境中产生了深刻的影响。在消费时代，服装设计应该摆脱资本逻辑形成良好的符号审美，脱离泛娱乐化或过度设计的趣味。老庄文化哲学中"见素抱朴"的理念有助于平衡服装设计与资本、娱乐之间的张力，"天人合一"理念有助于克服服装设计中的技术主义，"道技合一"生发而来的"衣以载道"则有助于文化传承和创新活动。

第三节　老庄文化哲学元素在
现代服装设计中的应用

18世纪德国艺术学家温克尔曼（Johann Joachim Winckelmann, 1717—1768）指出："古希腊艺术精神就是高贵的单纯、静穆的伟大。"在历史长河中，古希腊文化滋养下的文学、哲学、科技、建筑、音乐等方面诸多成就，是人类文明史中灿烂的一部分。同样，楚文化美轮美奂，极尽玄妙魅力，是中国传统文化中独特的文化形态。在新时代文化复兴进程中，探析传统文化元素对于设计创作及理论研究方面具有重要意义。中国传统文化历经千年积淀，借以各种可视可感的设计元素在现代设计中创新应用，在多元文化交融的时代能更好地激发和促进现代设计的发展。

现代设计中渐行渐远的儒学之道，越来越被现代设计所需要，而道家的无为之道是对理性束缚设计创造力的解放。老子的道是一统万物的变化中自然和永恒常在，是一种自本自根的道，在造物设计中表现为人与技术的统一；庄子强调忘我状态与技术演进的统一性，区别于单纯的崇尚技术，或者把技术当作结果造成对创新的限制、妨碍。由此可见，老庄文化哲学不失为现代设计创新借鉴的一种历久弥新的设计思维。❶就服装设计活动而言，老庄文化哲学的引导可以实现设计、欲望和技术之间的和谐与张力共存。只有明晰三者的各自边界，才能实现设计本质的回归，这是当下设计者和研究者应关注的重要课题。本节根据服装设计的物质、视觉、空间、文本四个维度，结合服装设计作品的形、色、质、图四个方面来分析老庄文化元素在现代服装设计中的应用。

一、物质维度

先秦时期记载传统设计工艺的著作《考工记》中有"材有美，工有巧"的论述，遵循此设计原则来考察，"工巧"是对于设计者技术方面的要求。在服装设计活动中，设计师想要达到"工巧"的效果需要合理选择服装面料。棉、麻、丝等天然材质与老庄思想中的"见素抱朴""道法自然"理念十分贴合，选择这类面料可以打造一种恬淡、自然的美感。被誉为中国时尚界"环保大师"的设计师梁子将老庄哲学中的"天人合一"与现代极简主义相结合，主张"贴近生活、注重内心感受、分享精神世界愉悦"的设计理念。在面料选择上，她多选用莨绸。莨绸是一种采用天然植物染料染色的真丝面料，梁子传承了古老的莨绸制作工艺，将野生植物薯莨作为染料，通过反复浸染、曝晒等一系列工序进行染色，最终形成的莨绸面料色彩沉静并具有特殊质感的自然纹理。在她的生态时尚品牌中，设计师致力于打造独特的服装物理细节和质感。如图3-3所示，整个系列廓型修长合体，纯天然面料莨绸结合传统染色工艺形成渐变的自然色彩，服装面料柔顺，颜色鲜亮，绣有山涧野花的图案，描绘出大自然的宁静与鲜活，给人一种清冽脱俗、淡雅自然的视觉感受。

荣昌夏布是重庆市荣昌县传统纺织品。夏布原料为苎麻，在《诗经》中就有"东门之池，可以沤苎"的记载。苎麻纤维在清水池中发酵、脱胶、纺绩成纱，再以平纹或罗纹组织织成布，其形态挺括、质感较硬，将其运用在服装中可以塑造较强的空间感。重要的是，苎麻面料在制造时产生的浪费很少，属于纯天然的环保面料，与老庄文化中的"道法自然""天人合一"理念十分契合。如图3-4所示，中国新生代服装设计师张义超在2018年中国国际时装周的作品中，以"文化塑根"为主题，将非物质文化遗产荣昌夏布进行创新应用，并以东方美学意趣展示设计师对服装的理解。在服装廓型方面，设计师采用西式立体裁剪以呈现流动的线条感，立裁手法中的层叠设计使夏布塑造出折扇多元造型和三角分割的立体感，细节部分加上传统中式立领结构。在色彩方面，选用淡雅的莫兰迪色调，整体用淡紫色、淡蓝色、淡绿色打造内敛的效果。在图案方面，在夏布面料上以传统手工

❶ 郑巨欣. 设计东方学的观念和轮廓 [M]. 杭州：中国美术学院出版社，2017:5.

刺绣绣出经典纹样，如团花、仙鹤、龙纹、海水江崖等，体现出低调、平和的东方美学气质。

图3-3　天意品牌禾雀花系列服装设计❶

图3-4　张义超作品❷

❶ 图片来源：纺织服装周刊网资讯栏目，天意品牌禾雀花系列服装设计。
❷ 图片来源：人民网时尚栏目，张义超作品。

二、视觉维度

任何产品都是由不同的材料以一定形式和结构组合起来的，具有相应的功能性。在服装与服饰产品构成上，主要是指材料、结构、形式、功能四个基本属性。❶ 在服装设计过程中，设计需要遵循一定的美学原理，如比例、均衡、节奏、韵律等。在视觉上，服装作为产品展示出来，观者视觉范围内对于服装作品的最初感知，即视觉关注点会首先落在服装廓型和服装色彩两个方面。老庄文化哲学影响下的服装廓型设计注重自然地表现人体，不过分强调曲线，不拘于形，贴合人体的生理动态；在服装形式上多为宽松或合体型、直线型的轮廓。中国设计师周翔宇一直致力于对中国元素的创新应用，图3-5是其2018年秋冬系列作品，设计师以游客的视角来诠释中国传统文化。在廓型方面，他采用极简西服套装为主，并在结构上做出改良，将传统服装门襟解构、分割成道家"万物负阴抱阳"思想中的太极图案，色彩上选用黑白灰色调和大红色，以大色块的形式在上装中交叉使用，以正负形设计和色彩配合打造简洁明了的视觉形式，能使观者直接辨识出太极图案的创新使用。

老庄文化元素在服装设计中要想达到一定的设计效果，就需要设计师做到形式层面"极简"，文化表征层面"丰富"。除注重形式简洁外，色彩选用尤为重要。不少设计师利用无彩

图3-5　周翔宇作品 ❷

❶ 叶立诚. 服饰美学 [M]. 北京:中国纺织出版社,2008:229.
❷ 图片来源:搜狐网,周翔宇作品。

色系表达自然、飘逸的设计美感。如图3-6所示，为中国本土服装品牌日着（RIZHUO）的2020春夏系列，设计师以"游侠"为主题，将传统中国文化元素融入服装设计，以黑白色调的对比营造一种独具中国魅力的美学意境。在材质方面，选择轻盈质感的麻面料和真丝面料，面料天然的褶皱感表现一种现代极简生活观。在廓型方面，以灵巧的剪裁搭配具有休闲感的宽松衬衫和褶皱长裙，在腰间还有腰封设计，腰封的立体感和宽松造型对比给人一种刚柔并济的感觉。在图案方面，设计师将分解后的汉字自由排列、组合于服装之上，形成错落的视觉效果。在配饰方面，设计师研发了伞柄、手套、香球吊坠共同塑造"游侠"形象，在质朴色彩中增加了随性、平和。

日本设计师山本耀司（Yohji Yamamoto）十分擅长对黑、白二色的运用，其设计哲学植根于东方美学，从中可以窥见老庄文化哲学中的"见素抱朴"理念。如图3-7所示，山本耀司在2020年春夏巴黎时装周上展示的男装系列，以黑色为主色调制造静谧、神秘的美学效果。在服装正面还有大块白色形成强烈的对比，黑白色比例在打造庄重感的同时又不失随性、个性的灵动感。在廓型上，整个系列都是以H型为主，线条感强且具有流动性，飘逸的风格增加随性、洒脱的服装形象。此外，其还与日本著名女画家合作，在黑色面料上增加了阴郁的剪影图案设计，再搭配红色线迹描绘的文字、图像，展示了其设计创造的多样性。整体在面料、剪裁、色彩的运用下创造极佳的视觉效果，在色彩和材质的组合下传达出"简约但不简单"的时尚理念。

图3-6　日着品牌服装产品❶

❶ 图片来源：时尚网（fashion.cosmopolitan），日着品牌服装产品。

图3-7　山本耀司作品 ❶

三、空间维度

服装作为审美对象，可以直接或者间接地表现设计者的创造力量和审美意趣。服装审美形态中十分突出的一点体现在人体的形体美中，即服装与身体的空间关系。与儒家"文质彬彬"服饰观中具有牢固阶级意识和政治功利目的不同的是，以老庄为代表的道家服饰思想提倡"解衣般礴"，在《庄子·田子方》中以画师作画的故事反映"任自然、返朴素"的思想。这种思想指艺术创作应不受外界束缚，应该冲破一切束缚，独尊"朴素而天下莫能与之争美"，反映在服饰观上即认为服装应该自然地掩盖身体，不大肆炫耀，营造一种舒适、惬意感。❷中国古代服装是十字形平面结构，强调平面、宽松感，而西方服装结构在于收省，强调立体、曲线感，两种不同形态的服装造型体现了中西文化差异和身体审美观的不同。从中世纪开始，西方服装形态一直在窄衣式样的基础上不断演变和发展，注重立体裁剪、强调曲线美感一直是西方时装的特点。20世纪70年代，日本设计师三宅一生（Issey Miyake）在世界时装界以独特的设计思想赋予了服装新的造型。三宅一生被誉为"我们这个时代中最伟大的服装创造家"，与欧美崇尚的修长、拘束的时装不同，他赋予服装简洁性和身体活动的极大自由。在他的设计理念中，注重服装与人体的互动，将传统的东方宽衣形制与立体裁剪技术融合，合体造型被解构，通过打褶、盘绕等手法重新定义织

---

❶ 图片来源：时尚网（VOGUE），山本耀司作品。

❷ 李艺. 道家服饰美学思想探微 [J]. 美术研究, 2014(3)：109-110.

物在身体上所呈现的效果。"我一直认为是布料和身体之间的空间创造了服装，经过手工折叠，我们创造出一种全新的、不规则的起伏空间。"正是这种思考为现代时装界带来无拘束又充满创造力的服装形态。事实上，三宅一生的哲学思想植根于广博而深厚的东方文化，即在东方服饰文化与哲学思辨中探求服装功能、装饰与形式之美，即蔑视传统、舒畅飘逸、尊重穿着者个性，让身体得到最大限度的自由。❶ 在早期的设计探索之中，他以"一块布"（A-POC）的设计概念，用一块完整的布料将身体包裹，不同形式的披挂、缠绕使服装与人体呈现不同的观感。后又推出"三宅褶皱"（Pleats Please）系列，使服装突破尺寸限制，可承受挤压不变皱，这在一定程度上超越了东西方文化的设计。图3-8是三宅一生2010年的系列作品，他从日本折纸中汲取灵感，将平面的几何布料经过特殊折叠加工后制成立体时装，使服装从二维状态成为三维状态，这种设计不仅在形式上为身体与服装间创造了更大的空间，也在更大程度上关注着装者的体验感。三宅一生的设计思想是对于服装空间的虚实处理，"实"体现在服装的线条感和外在形式的韵律，"虚"则体现在宽衣形式内部的空间，虚实结合可以表情达意，以"无"的概念延伸出形式的无限可能，在服装形式之外传达一种无形且无拘束的力量。

图3-8　二宅一生作品❷

❶ 李红梅."衣可衣,非常衣"——三宅一生设计思想解析 [J]. 艺术评论,2014(2) :121-124.
❷ 图片来源:沃德普雷斯网(wordpress),三宅一生作品。

在哲学研究中，道家的智慧是"无"的智慧。庄子美学是被"无"所规定的美学，如无为之美、无言之美、无伪之美、无知之美、无待之美，以及正面表达如平淡之美、虚静之美、朴素之美……❶我国服装设计师马可的设计理念与道家所倡导"无"的思想十分接近，2007年，马可初登巴黎时装周以"无用之土地"在时装界引起关注，其创立的品牌"无用"源于道家思想中的"无为"。马可认为当代设计师的三大责任在于生态、道德、文化传承。她所设计的服装皆由手工制成，强调在传统技术中延续情感。图3-9是马可的早期设计作品，在廓型方面，以有规律的褶皱构造了庞大的空间感和量感，整体服装形态较为松散，使服装与身体之间的内部结构丰富起来，形成一种庄重、静穆的感觉。而素色、无装饰的设计风格完全体现设计师的"朴素"设计理念。同时，马可在北京创建了无用生活体验空间，用以展示其设

图3-9 马可作品❷

图3-10 "无用"生活空间❸

计作品及创作现场（图3-10）。展厅整体至简至朴，光影色调的配合充满禅意，唤起观者乡村记忆和情怀。

四、文本维度

罗兰·巴特将流行体系中的服装分为书写的服装和视觉文化中的服装，前者通过文本方式塑造符号以构建服装流行神话，对视觉文化中的服装形成有益的补充，进而吸引消费者进入神话系统。就此而言，服装设计师通过文本形式对设计实践和设计理念进行释读，有助于将老庄文化哲学元素以更丰满、更立体的方式展现在受众面前。

---

❶ 朱松苗. 论《庄子》之"无"的美学意义 [J]. 南昌大学学报（人文社会科学版），2019，50(2)：91-97.
❷ 图片来源：部落格(blogspot)，马可作品。
❸ 图片来源：无用品牌官网，无用生活空间。

服装设计的文本概念主要体现在两个方面，即服装设计理念和服装作品所传达的文化韵味，可以理解为由文化元素激发设计和设计的文化传播功能两个方面。在当下服装消费市场中，服装设计需要创建有价值的概念文本，以加强设计核心竞争力，而老庄文化哲学时常成为设计师或服装品牌引用的经典文本。独立服装品牌设计师石芮子在她2017年秋冬《青鸟经》系列作品介绍中明确指出，她深受道家文化影响，该系列是从《道德经》"为无为，事无事，味无味"思想中得到灵感，试图传达出淡泊、宁静的设计美学。如图3-11所示，设计师选择藏蓝、白色和灰色为系列服装的主色调，取其深邃、安静、空远之意。在款式方面，设计师以欧洲传统西装、衬衫为基础，并辅以汉服元素，强调男女同款设计风格；在剪裁方面，选择简单、利落的方式，将老庄文化哲学中的素、朴、自然等理念表达得淋漓尽致。

图3-11　石芮子作品❶

服装产品作为直观、有形的事物，是一个品牌传递文化的重要载体。以文化营销的概念拉大产品间的差异，将文化内涵根植于产品设计中，可以将文化价值观念传递给消费者，从而激发消费者的情感共鸣，最终赢得良好的顾客满意度和忠诚度。服装品牌"素然"一直致力于塑造一种轻松、自由的风格，在设计中注入中国传统的哲学理念，旗下系列产品设计以平面、宽松的形制为主，多选择素色天然面料。如图3-12所示，设计师采用直线式造型，塑造简洁明快的视觉审美。同时，在其品牌发展中，素然一直致力于可持续发展原则，立足于新生活方式。品牌旗下klee klee系列就是专设的环保系列，坚持开发对环境低消耗、低污染的面料和染色技术，在品牌发展中真正探索人与自然和平共处的原则。

❶ 图片来源：D2CMALL 网，石芮子作品。

图3-12 素然品牌服装 ❶

另外，在服装设计作品中，服装审美意象的传达十分重要，这是想象力从实际生活所提供的经验材料出发，进而在设计师头脑中形成服装形象。"象"是服装设计中的直观感受，"意"是情感体现。❷设计师依托具体设计手法传达某种情感或文化意趣，由此意象配合之下生成意境。叶朗指出，中国美学的基调是"美在意象"，而"意象之美"则源于老庄文化哲学中道的恍惚。学界认为，《老子》文体的显著特征是诗歌化，作者用长短变化、错落有致的语言创造出诗的"意境"之美，并且系统阐述出深邃的哲理。现代服装设计也是营造意境之美的实践活动，许多服装设计师从老庄文化中汲取丰厚营养，将中国水墨元素融入服装设计，以提升设计作品的文化内涵和视觉审美，主要表现为服装色彩选用黑白色，形式上注重浓淡、虚实、疏密对比，具有浓郁的东方韵味和气质。如图3-13所示，是设计师李薇的作品。她指出，她创作的《夜与昼》系列服装源于老子哲学中的"有无相生、黑白相依、阴阳流变"。在材质方面，她选择轻薄、透明质感的水纱面料，通过叠加变形手法在造型塑造上更具张力，能够完全地表现水墨画的自然纯净、清远形象，整体传出一种飘逸、旷达的无形空间意境。

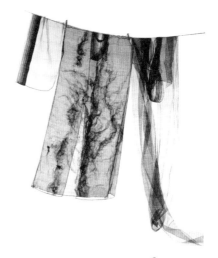

图3-13 李薇作品 ❸

服装设计的文本维度还体现在对于文化元素的解读和概念传达上，即设计者以何种载体进行文化

---

❶ 图片来源：素然品牌官网，素然服装系列。

❷ 徐蓉. 服装设计中的"意与象"[J]. 艺术百家，2013，29(1)：228-229.

❸ 图片来源：搜狐网，李薇作品。

传播。服装设计作为一种重要的文化现象，需要设计者适宜的推介，独具新意又不乏深度的推介不仅是服装品牌的特定标识，也能更好地将品牌设计理念、品牌文化在大众之中传播。服装品牌"盖娅传说"一直将老庄文化中"道法自然"理念融于其设计之中，致力于传承中国美学和传统工艺，实现了传统艺术魅力和现代服装的完美结合（图3-14）。在其进行文本传播过程中，除了通过国际时装周秀场、明星造型设计等展示方式外，在其品牌官方微博和官方微信平台上常以诗歌、诗词形式陈述其设计理念。例如，《天行九歌》中"一叶扁舟莲波滟，秋水墨色染，如见美人眼波怜"，诗词"东风杨柳欲青青，烟淡雨初晴"描绘出烟波浩渺、舟戏莲叶间的江南风光，在服装工艺上则采用水墨晕染手法，将老庄文化中的道法自然理念表现出来。"离形取意，无画处皆成妙境"来自2019年"合——戏韵·梦浮生"主题服装发布会。"离形取意"源于老子"得意忘形"的审美观，"妙""韵"与"梦浮生"主题相得益彰，来自庄子对生命哲学的探讨。他认为，抛弃功名利禄、是非荣辱，与天地之气融为一体，浑然忘我的状态才是最美的境界，即"天地与我并生，万物与我为一"。由此可见，服装设计实践离不开文本的进一步解读和阐释，以优美的诗歌体在媒体平台上进行设计产品宣传与推广，能更好地制造出审美意境，吸引受众感知中国传统文化的魅力。

图3-14　盖娅传说品牌服装❶

　　总之，我们应该深刻认识到老庄文化元素与现代服装设计存在相契合之处，对其深入研究可以改善和打破时尚圈的同质现象，形成全新的设计势力，为传统文化的传承与创新和民族设计带来更多可能性。同时，老庄文化元素的应用需要建立在继承传统、观照西方和审视当下设计实践三个方面的基础上。即探析老庄文化哲学的内涵，在文化传承的前提下进行创新应用；西方现代设计理论与设计形式相互观照，借鉴和汲取可转化的设计方法；审视当下老庄文化元素在现代服装设计中的应用现状，以总结可行性的设计指导方法论。

❶ 图片来源：搜狐网，盖娅传说品牌服装。

第四章

楚服饰文化元素与现代服装造型设计

服装造型设计是指用一定的布料，根据审美和造型规律塑造出可视可感的立体服装形象，具体包括服装外部廓型和内结构设计。《楚辞·招魂》曰："秦篝齐缕，郑绵络些。"王逸注："篝，笼也。绵，缠也。络，缚也。言为君魂做衣，乃使秦人职其篝络，齐人作彩缕，郑国之工缠而缚之，坚而且好也。"由此可见，当时中原地区和楚国在服饰工艺、面料等方面发生着整合和交流的关系。因此，在服装形制和技艺方面，楚服具有中原服饰文化底蕴。但在廓型和款式等细节方面，楚人又具有独特的地域特色。换句话说，楚服造型元素概括了楚人八百年来服饰文化的精华，既包含当时中原地区服饰文化特征，又体现了楚人独特的文化风貌和性格特征，其典型要素在后世服饰发展过程中得到了传承与发展，成为汉服文化的重要组成部分。在服装造型设计过程中，具象引导方法十分普遍，其首要步骤是概括、梳理造型源头的具体形象和形态，其次，根据现代审美规律，对某个经典造型要素进行拆解、组织和运用，赋予其新的设计文化内涵，以实现历史文化元素的现代转换和升华。因此，本章在梳理概括楚服饰文化、楚服造型元素的基础上，分析其在现代服装造型设计中的应用方式，有助于加深人们对楚文化的了解，也可以为当下服装设计提供参考。

第一节　楚人身体审美与服饰文化

楚人服饰是楚文化的主要载体，学界大多从历史、考古或艺术的角度进行探究，如沈从文的《中国古代服饰研究》、孙机的《深衣与楚服》、张正明的《楚文化史》、彭浩的《楚人的纺织与服饰》、姚伟钧的《简论楚服》、齐志家和古怡的《楚服饰的形上观察》等，但很少有人从身体的角度来考察楚人服饰的独特性。英国社会学家布莱恩·特纳认为，这是一个"身体社会崛起"的时代，"在艺术、社会科学到生物科学的众多领域里，我们对身体的认知都取得了进步"。❶传统的服饰研究方法也开始转型，乔安妮·恩特维斯特指出，"这三者——衣装、身体和自我不是分开来设想的，而是作为一个整体被想象到的"。❷从这个意义上来说，服饰史也是身体史，而且应该与身体实践结合起来。因此，本节从身体审美入手，探讨楚人的服装文化，以期对现代服装造型设计提供借鉴。

❶ 肖恩·斯威尼，伊恩·霍德.身体 [M].贾俐，译.北京:华夏出版社,2006:2-4.
❷ 乔安妮·恩特维斯特.时髦的身体:时尚、衣着和现代社会理论 [M].郜元宝,译.南宁:广西师范大学出版社,2005:6.

一、楚人身体审美

康德把美划分为自由美与依附美，前者不涉及任何目的的概念，后者"则以这样一个概念及按照这概念的对象完善性为前提"。同时，他选择"人"来承担"美的理想"。因为，"唯有人类在其人格中，作为理智者，才能成为世间一切对象中的完善性的理想"。那么，作为美的理想，人的美应该包括两个方面：一是审美的规格理念，二是理性观念。这两种观念都以可视的形象为媒介来传达，因为"美的理想只可以期望于人的形象"，❶如人的体貌姿容。

西周时期，中原文化中的审美意识摆脱了殷商时期神秘纵情、狂厉恐怖的巫神风格，周公制"礼"作"乐"，将事神之礼仪式化、等级化，又把"礼"由祭祀扩展至社会生活各个方面，从而建立起严密而系统的礼制规范。随着礼乐之制的实施和展开，在周人的官廷仪式上，音乐歌舞均符合礼制规范；在他们衣食住行、社会交往等生活方式上，各种礼仪讲究、吟诗赋诵装点出一种规矩典雅的风范，可以说，此时的审美文化强调的是社会伦理教化。此时的身体也被规训为抽象的、"礼仪"的身体。"君子"成为儒家理想中的人格范型，于是，君子的体态姿容自然属于理想的身体审美标准。一般来说，"君子"在使用之初，指的是品行有德的上层贵族，这是周人将等级观念和"德行"精神交汇而成的产物。那么，究竟怎样的容貌、性情和品行，才称得上"君子"？

就内质而言，君子应有仁德操守义节。《礼记·聘义》："君子比德于玉焉。温润而泽，仁也；缜密以栗，知也；廉而不刿，义也；垂之如坠，礼也。叩之其声清越以长，其终诎然，乐也；瑕不掩瑜，瑜不掩瑕，忠也。"周人将玉的物质特性升华到精神品格，并将其与理想的人格——君子联系起来。就体型特征而言，从经典文本《诗经》中，我们发现，周人经常用"硕""笃""顾""敖"来描绘男女身体，他们常常出现在自然场景中。例如，《国风·卫风》中出现在山涧平陆的男性，作者用"硕人之宽""硕人之薖""硕人之轴"形容高大快乐的主人公，又如《陈风·泽陂》，"有美一人，硕大且卷""有美一人，硕大且俨"；《唐风·椒聊》，"彼其之子，硕大无朋""彼其之子，硕大且笃"等，都是在赞美修长、健硕的男性身姿。同时，对美男子的赞颂又强调其宽厚持重、温和恭谨、文雅合度的秉性。"麟之趾，振振公子，于嗟麟兮。"（《周南·麟之趾》）"彼都人士，狐裘黄黄。其容不改，出言有章。"（《小雅·都人士》）。"我觏之子，维其有章矣"（《小雅·裳裳者华》）。女性则常出现在"采薇""采桑""采采卷耳"等劳动场景中对女子的形容总是冠以"淑""德"二字："窈窕淑女，君子好逑""彼美孟姜，德音不忘。"可见，文静、贤

---

❶ 康德. 判断力批判 [M]. 邓晓芒，译. 北京：人民出版社，2004：65，69，71.

淑、识大体、规矩正是周人标准的女性形象，正是女中君子。

楚人在建国之初，对中原文化持仰慕态度，在身体审美上受到后者影响，但是，正如张正明指出的："楚国社会是直接从原始社会中出生的，楚人的精神生活仍散发着浓烈的神秘气息……在生存的斗争中，他们有近乎全知的导师，这就是巫。这种楚巫文化，影响了楚人的审美意识，使得楚人热烈、多情、奔放而自由、刚烈如火又富有浪漫气质。"❶尤其自春秋中后期开始，周天子治下的诸侯国兼并盈缩，社会结构急剧变动，新旧势力此长彼消，使固有的礼仪制度被打破，一个激情迸发、富有创造力的时代到来了。这是一个崇尚理性思辨的时代，也是一个讲求感性享乐的时代，各地域文化齐头并进，孕育出不同的身体审美趣味和格调，楚人也因其独特而新奇的身体审美、服饰文化成为南方地域文化的代表。

（一）细

丹纳在《艺术哲学》中指出，作品的产生取决于时代精神和周围的风俗，它们和自然界的气候起着同样的作用。❷楚国毕竟处于水乡泽国的南方地区，以水为主的灵动之美影响着楚人的身体审美，尤其在统治阶层，纤柔灵动的理想身体超越了中原文化中端庄敦厚的审美。《墨子·兼爱》载："昔者楚灵王好士细要，故灵王之臣，皆以一饭为节，胁息然后带，扶墙然后起。比期年，朝有黧黑之色。"❸《战国策·楚策》中也记载了同样的故事，"昔者先君灵王好小要，楚士约食，冯而能立，式而能起，食之可欲。忍而不入；死之可恶，然而不避"。如前所述，古代社会中，统治阶层的时尚审美往往是社会中下层模仿的对象，楚灵王对男性纤细腰身的爱好引领了宫廷内外的节食风尚，以至于民不果腹。

先秦楚人理想的女性身体形象也与以《诗经》为代表的北方文化迥然不同，描绘女性的场景从田间转移到宫廷楼阁或山泽森林中，从劳动女性转为项颈秀美、腰肢纤细的舞女或神女。据记载，楚女擅长"弓腰舞"，《淮南子·修务训》中所说鼓舞者"绕身若环，曾挠摩地，扶于猗那，动容转曲，便媚拟神，身若秋药被风，发若结旌，骋驰若惊"，很讲究曲线律动之美，这是非细腰不可的。❹《楚辞·大招》中的"小腰秀颈，若鲜卑只""朱唇皓齿，嫭以姱只""丰肉微骨，调以娱只""嫮目宜笑，娥眉曼只"；《楚辞·招魂》中的美女"蛾眉曼睩""靡颜腻理""弱颜固植""姱容修态"等语句，均描绘出上层社会理想中的女性身体形象，即腰身纤细、身姿柔美灵动，反映了南方女性特有的温柔细腻、楚楚动人的身影。

---

❶ 张正明. 楚文化史 [M]. 上海：上海人民出版社，1987：112.
❷ 丹纳. 艺术哲学 [M]. 傅雷，译. 天津：天津社会科学院出版社，2004：29,31.
❸ 孙诒. 让墨子间诂 [M]. 孙启治，点校. 北京：中华书局，2001：104.
❹ 李倩.《淮南子》与楚乐舞 [M]. 武汉：湖北人民出版社，2011：269.

（二）长

从美学法则来看，纤细的腰身能够拉伸身体的比例，形成修长的视觉效果。先秦楚人对"细"的爱好衍生出"长"的身体审美。如图4-1所示，曾侯乙墓大型编钟中下两层每层三个钟簴，都塑造成青铜武士擎着钟架的形象，称作"钟簴铜人"，其身材修长，腰身纤细，与河北平山中山王墓出土的银首铜俑灯中的铜俑（图4-2）相比较，后者显得粗壮臃肿，再与河南三门峡上村岭虢国墓出土的漆绘跽坐人（图4-3）相比，后者的腰身和身体比例不如楚人优美。

在身体的局部审美中，楚人以长鬛为美。《国语·楚语上》记载，楚灵王建造了华丽的章华台，邀请伍举登台，让俊美娴雅的少年辅佐宴会事务，长髯美须的士人导引朝见，希望得到后者的附和赞美，却被讽刺"使富都那竖赞焉，而使长鬛之士相焉，臣不知其美也"。韦昭注："长鬛，美顺髯也。"无独有偶，《左传·昭公七年》："楚子享公于新台，使长鬛者相，好以大屈。"可见，先秦楚人喜欢以长须美髯的士人迎宾待客。于是，长须美髯成为楚人区别于别国的身体特征之一。《左传·昭公十七年》："吴伐楚……（吴公子光）使长鬛者三人，潜伏於舟侧，曰：'我呼余皇，则对。'"杜预注："长鬛，多髭顺。与吴人异形状，诈为楚人。"说明楚人留长须在国内已成时尚，其形象已为诸国公认。

图4-1　曾侯乙墓钟簴铜人　　　　图4-2　银首铜俑灯　　　　图4-3　漆绘跽坐人
（图片来源：湖北省博物馆）　（图片来源：《艺术品鉴》）　（图片来源：河南博物馆）

（三）丽

楚人用"丽"来形容男女之容貌姿态。《登徒子·好色赋》中登徒子大夫评价宋玉："玉为人体貌娴丽，口多微辞，又性好色。""丽"，其本意为两鹿结伴而行，后引申为"美好，漂亮""华美"。❶《辞海》解释:"娴",文雅;"丽",光彩焕发,美丽。《楚辞·招魂》:"丽而不奇些。"王逸注:"丽,美好也;不奇,奇也。"❷"娴丽"一词既概括了宋玉温文尔雅的体态和谈吐,又形容其身体容貌。宋玉的辩解则展现出一个具体的女性形象:"天下之佳人,莫若楚国;楚国之丽者,莫若臣里;臣里之美者,莫若臣东家之子。东家之子,增之一分则太长,减之一分则太短;著粉则太白,施朱则太赤。眉如翠羽,肌如白雪,腰如束素,齿如含贝。嫣然一笑,惑阳城,迷下蔡。然此女登墙窥臣三年,至今未许也。"宋玉用"施朱""翠羽""白雪""含贝"的形容让人们产生具体的联想,"腰如束素"呼应了时人"尚细"的身体审美趣味,身高之增减暗示其恰到好处的修长体态,如此"美好"的女子却暗恋宋玉三年,可见宋玉是何等"娴丽"。

在《神女赋》中,宋玉形容巫山神女的美貌:"其始来也,耀乎若白日初出照屋梁,其少进也? 皎若明月舒其光。须臾之间,美貌横生:晔兮如华,温乎如莹。五色并驰,不可殚形。详而视之,夺人目精。"虽然没有用"丽"这个词,但其灿烂若朝阳,皎洁如月光,温润如美玉,华彩毕现,恰恰基于并符合时人对"丽"的理解。

由此可见,楚先民虽然先后依附于夏、商、周,但在春秋早期大启群蛮,略取汉东,以"敝甲""观中国之政",同时也在追效华夏文明的基础上进而融冶南北文化,楚文化便由茁壮而勃兴。❸实际上,楚文化与中原文化之间的关系可以用"吸收、疏离、再吸收"的"若即若离"来形容,先秦楚人在身体审美上既受中原地区礼乐文化影响,如宋玉的"娴"呼应了"文质彬彬",追求"细""长""丽",如舞女的细腰,神女的华丽之美,而楚人的服饰文化则将这种若即若离的审美意识生动形象地表达出来。

二、楚人服饰文化

这里所说的楚人服饰,既包括包裹躯体的衣物,又涵盖了饰品。除了文史资料,从出土的文物资料来看,楚人的身体审美和服饰文化相互影响,并形成鲜明的地域文化特色。

(一) 瘦长

沈从文曾总结道,"楚服特征是男女衣著多趋于瘦长"。先秦楚人"细""长"的身体审美在服饰文化中表现为"细腰"楚袍和"长剑危冠"之风。

---

❶ 谷衍奎. 汉字源流字典 [M]. 北京:语文出版社,2008:396.
❷《辞海》编辑委员会. 辞海 [M]. 上海:上海辞书出版社,2012:1128,2062.
❸ 蔡靖泉. 楚文化流变史 [M]. 武汉:湖北人民出版社,2001:8.

1. 强调细腰、拉长身形的楚式袍

《广雅·释器》："袍，长襦也。""楚式袍"的提法在学界已得到公认，从形制上看，楚袍是一种长衣，分为直裾袍和曲裾袍。湖北江陵马山一号楚墓出土了7件楚式直裾袍，均为交领、右衽、直裾，上衣、下裳连成一体，并饰以锦绣缘边。研究者发现，这里的楚袍腰围单面宽度为52～78厘米，换算成今制应在104～156厘米。❶这个尺寸显然大大超过了正常人的腰围，在穿着时，为了使衣袍贴身，必然要把衽部收紧，用腰带束之。从信阳长台关楚墓出土的彩绘木俑（图4-4）中，可以看出直裾袍的穿着方法，衣服的衽部是从正面绕到背后，重要的是，其腰带十分宽博，腰线提高到胸部以下，既有助于裹紧身体，又显示、强调其纤细腰身；从背部观察，后凹的领部与宽腰带一起缩小了身体上部的长度，从整体上拉长身体比例。从形式美学上看，窄小的腰身和宽大的袖管形成强烈的视觉对比，更显其身形瘦长灵动。同样是直裾袍，北方侯国的服饰则显得相对粗壮。安徽省六安市白鹭洲墓葬群出土的战国人形铜灯（图4-5）明显属于齐鲁地区服饰文化范畴。王方指出，这些人像所穿服饰应与山东地区陶俑服饰同属一类，应归入"齐服"范畴。❷从图4-6中可以看出，该服饰的上衣领缘线与下裳纹饰由一条线上下贯通，因此，该服装应属于上下分开剪裁，又在腰部缝合的深衣形制，根据衣衽的缠绕情况看，属于直裾深衣。值得注意的是，该服装的腰间束带较楚式袍细窄很多，后领也缺乏变化，显得短小厚重。

曲裾袍是春秋战国时期最为典型的深衣样式，现存的楚式曲裾袍多出现于帛画、木俑或漆画中。长沙仰天湖二十五号楚墓出土的第29号竹简记载："一结衣。"《广雅·释诂

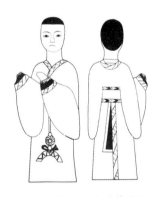

图4-4 信阳长台关楚墓彩绘木俑（图片来源：雅昌艺术网）

图4-5 安徽省六安市白鹭洲墓葬群出土的战国人形铜灯（黄杰绘）

❶ 刘玉堂,张硕.长江流域服饰文化[M].武汉:湖北教育出版社,2005:160.
❷ 王方."从楚服到齐服"——战国时代服饰研究的新材料与新认识[J].艺术设计研究,2014(1):79-82.

一》："结，曲也。"此处"结衣"可以解释为"曲裾衣"，此墓出土的木俑上绘有这类服装样式。此外，长沙陈家大山楚墓出土的《人物龙凤图》（图4-7）中的妇女，身穿楚式曲裾袍，领缘及衣衽用黑色织物装饰，腰间用丝织宽带束缚，曳地裙裾宛若轻柔翻卷的花瓣，与宽博下垂的琵琶袖一起衬托出女性瘦长的身姿，与人物上方瘦长灵秀的凤鸟、卷曲如S形状的龙相互呼应，反映先秦楚人对纤细美的欣赏。与此相对的是，山东淄博赵家徐姚出土的彩绘女乐陶俑（图4-8），所着服装均为窄袖窄带，外衣下摆后侧表现为内凹弧形，从中向外延伸有一条形似狐尾的长拖尾，❶表明其乐舞女性身份，具有齐地文化特色，从美学法则上看，少了宽与窄、短与长的对比，缺乏楚式袍的秀美灵动。

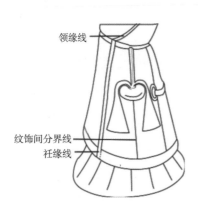

领缘线

纹饰间分界线

衽缘线

图4-6　人形铜灯外衣细节图
（夏雨航绘）

图4-7　人物龙凤图
（图片来源：湖北省博物馆）

图4-8　徐姚女俑
（图片来源：中国寺
庙祠观造像数据库）

2. 提升仪表美的长剑危冠之风

《说苑·善说》："夫服事何足以端士行乎？昔者荆为长剑危冠，令尹子西出焉；齐短衣而遂偬之冠，管仲隰朋出焉；越文身剪发，范蠡大夫种出焉；西戎左衽而椎结，由余亦出焉。即如君言，衣狗裘者当犬吠，衣羊裘者当羊鸣，且君衣狐裘而朝，意者得无为变乎？"这段话讨论的是东周不同诸侯国士人操行与服饰之间的关系，同时也说明长剑危冠是楚士人区别于其他地方的服饰文化。《楚辞》中有"高余冠之岌岌兮，长余佩之陆离""带长狭之陆离兮，冠切云之崔嵬"的咏唱，用夸张的修辞形容所戴之冠较高，佩戴之剑较长。王逸注："切云，冠名。其高切青云也。"《楚辞·哀时命》："冠崔嵬而切云兮，剑淋离而从横。"王逸注："淋离，长貌也。言己虽不见容，犹整饰衣服，冠则崔嵬上摩

❶ 王方. 六安白鹭洲出土铜灯人像的发型与服饰及相关问题 [J]. 考古,2013(5):81.

于云，剑则长好，文武并盛，与众异也。"在湖南长沙出土的《人物御龙帛画》中，楚国男子所戴之冠顶向上延伸出一个"8"字形高冠，将它的长度与人物的头长相比较的话，应归入切云冠范畴。

除此之外，楚人也喜好高高的獬冠。《淮南子·主术训》记载："楚文王好服獬冠，楚国效之。"獬冠的流行致使其他诸侯国人容易从冠式来区别楚人身份。《左传·成公九年》载："晋侯观于军府，见钟仪，问之曰：'南冠而絷者，谁也？'有司对曰：'郑人所献之楚囚也'。"这里所说的南冠应是不同于中原之冠，故而晋侯一眼便望出其来自南方，有司的回答证实，这是楚国常见的一种冠式，也许就是楚文王所喜好的獬冠造型。无独有偶，包山楚墓出土的车马人物奁上，主人和侍从戴着前低后高的冠，高出部分的上端较细，下端较粗，后部下延齐颈部，有系带。这种冠式与角的形状相似，或许是古籍中所说的獬冠。獬是传说中的神兽，只有一个角，能分辨善恶。楚人模仿獬角形状做成的獬冠，十分流行。❶包山二号墓楚简记载："一桂□（冠）。"古代桂、獬两字同音，可假借。桂冠，即獬冠。

高冠、獬冠与长剑一起，与楚式袍形成了瘦长、灵动的服饰文化。《九歌·大司命》中有"灵衣兮被被，玉佩兮陆离"。王逸注："被被，长貌，一作披。言己得依随司命，被服神衣，被被而长，玉佩众多，陆离而美也。"说明楚人将高冠、长剑、长衣视为一体，表达其对崇高美的追求。

（二）繁盛

春秋战国时期，中原地区"文质彬彬"的礼乐之美受到各诸侯国的挑战。《礼记》将青、赤、黄、白、黑视作正色，正色相间形成间色，并且贵正色、贱间色。在服饰色彩搭配上，中原地区遵守五色观念，上下和男女有别。《礼记》明确规定："衣正色，裳间色，非列彩不入公门。"子曰："君子不以绀緅饰，红紫不为亵服"。朱熹注："红紫，间色不正，且近于妇人女子之服也。亵服，私居服也。言此则不以为朝祭之服可知。"孔子曾愤愤不平地说道："恶紫之夺朱也。"齐桓公喜爱紫色，使齐人尚紫。"朱"类似于"赤"，乃正统之色，齐人尚紫很明显是对服饰礼仪制度的挑战。而在楚人这里，礼乐制度的约束更少，不仅注重容貌的美丽，在服饰上也追求繁盛华丽的装饰，表现出贵赤重黑、重文轻质的审美风尚。《左传·昭公十二年》记载："雨雪，王皮冠，秦复陶，翠披，豹舄，执鞭以出。"杜预注："复陶，秦所遗羽衣也。豹舄，以豹皮为履。"这里的皮冠是狩猎时所戴的冠帽，楚灵王身着翠羽毛制成的雨衣，脚蹬豹皮制成的鞋履，十分华丽。不仅如此，《楚辞》中关于

❶ 彭浩. 楚人的纺织与服饰 [M]. 武汉：湖北教育出版社，1996：171-172.

服饰色彩的描述多不胜数："浴兰汤兮沐芳，华采衣兮若英"（《云中君》）；"红采兮骍衣，翠缥兮为裳"（《九怀·通路》）；"薜荔饰而陆离荐兮，鱼鳞衣而白蜺裳"（《九叹·逢纷》）。根据王逸注释，"鱼鳞衣，杂五彩为衣，如鳞文也。言所居清洁，被服芬芳，德体如玉，文彩耀明也。"《战国策·秦策五》载："不韦使楚服而见（华阳夫人）。王后悦其状，高其知，曰：'吾楚人也。'而自子之。"姚宏注曰："楚服，盛服。"鲍彪注曰："以王后楚人，故服楚制以悦之。"《神女赋》中巫山神女服饰"其盛饰也，则罗纨绮绩盛文章，极服妙采照四方。振绣衣，披裳，不短，纤不长，步裔裔兮曜殿堂，婉若游龙乘云翔。披服，脱薄装，沐兰泽，含若芳"。这里的"盛"涵盖了着装的层数繁多和装饰的华丽。

　　根据沈从文先生的研究，楚服特别华美，红绿缤纷。衣上有作满地云纹、散点云纹或小簇花的，边缘多较宽，作规矩图案，绕襟旋转而下，一望而知，衣着材料必出于印、绘、绣等不同加工，边缘则使用较厚重织锦，可和古文献记载中"衣作绣，锦为缘"相印证。❶以江陵马山一号楚墓出土的35件丝织衣物为例，除了对赤黑二色的喜爱，楚人巧用间色，将蓝、翠绿、灰绿、赭、紫、土黄、金、银等色彩与正色相配，以达到或富丽、或浪漫、或绝艳的视觉效果。在服装图案方面，楚人偏爱龙凤和花草。在楚人的记忆中，其祖先可以追溯到掌管火司的祝融，后被神化为炎帝，并与太阳、火和凤鸟联系起来，因此，楚人将凤视为图腾，在楚俗中，凤鸟具有雄壮、美丽和神奇的美好特质。在室内装饰和服装图案中，凤鸟出现的频率很高，或与花草枝蔓相互缠绕，或与花草、云气互为幻化，亦真亦幻。长沙仰天湖楚墓出土的彩绘女俑（图4-9）身上布满了云气纹、花草纹和散点簇花装饰，也是楚人爱好花草在现实中的反映。

图4-9　长沙仰天湖彩绘女俑❷

　　就配饰而言，楚人追求"繁盛"之风。《九歌·大司命》中说："玉佩兮陆离"，佩玉之风体现了楚人对中原文化的吸收，但《离骚》中说"佩缤纷其繁饰兮"，又说"何琼佩之偃蹇兮"，说明楚人所佩玉以缤纷繁盛为尚。除此之外，楚地香草花卉种类繁多，佩戴花草也是楚人风尚。《楚辞·离骚》："扈江离与辟芷兮，纫秋兰以为佩"，"擘木根以结茝兮，贯薜荔之落蕊。矫菌桂以纫蕙兮，索胡绳之纚纚"，"佩缤纷其繁饰兮，芳菲菲其弥章"。《楚辞·湘夫人》："筑室兮水中，葺之兮荷盖。荪壁兮紫坛，播芳椒兮成堂。桂栋兮兰橑，辛夷楣兮药房。罔薜

❶ 沈从文. 中国古代服饰研究 [M]. 上海：上海书店出版社，2014:60.
❷ 沈从文. 中国古代服饰研究 [M]. 北京：商务印书馆，2011:52.

衣以载道　楚文化在现代服装设计中的传承与应用研究

荔兮为帷……合百草兮实庭，建芳馨兮庑门。"作者为了迎接女神，荷叶、荪草、紫贝、芳椒、桂木、兰木、玉兰、白芷、薜荔、蕙草、白玉、石兰等都被用来布置和装饰房屋，可谓煞费苦心。不同色调的白、绿、黄、红形成丰富多彩的视觉语言，可以说是追求纯粹审美的"盛服"时尚的延伸。《九章·涉江》中，屈原说道："余幼好此奇服兮。"洪兴祖《楚辞补注》认为："奇，异也。或曰：奇服，好服也。"❶也就是说，楚人服装与其他诸侯国的服装不同，笔者认为，这里的不同着重强调的是繁盛华丽之美。在河南信阳长台关二号楚墓出土的彩绘女俑身上，可以看到其胸腹部配有用红彩结串联珠、璜、环等成组的饰物，绳纽为橙黄色麻花纽，色彩鲜丽，配饰繁复。由此可见，与中原文化中的"绘事后素""文质彬彬""以礼节情，以政为德"的审美不同，楚人更注重视觉审美的愉悦。

（三）新奇

1. 服装形制新奇

孙机认为，从渊源上说，楚人着深衣系效法北方各国。但及至西汉，由于开国君臣多为楚人，故楚风流布全国；北方原有的着深衣之习尚为楚风所扇而益盛。《礼记》对深衣尺寸做了严格规定，要求深衣的长度"短毋见肤，长毋被土"，在尺寸上，"深衣三祛，缝齐倍要，衽当旁，袂可以回肘，长袪、中继揜尺，袼二寸，缘广寸半，"并规定"禁异服""作淫声、异服、奇技、奇器以疑众，杀"。这里的"异服"应是不符合《礼记》规范的服装。然而，楚人远离中原王权统治中心，在服装形制上挑战《礼记》的规范，追逐新奇，形成具有楚地特色的楚式袍服文化。彭浩曾将袍定义为一种上衣和下裳相连的服式，是长及脚面并絮有丝绵的冬季服装。❷学界多以这一概念定义楚墓出土的袍服，笔者认为该定义稍显笼统。首先，在《礼记·玉藻》中记载："纩为茧（襺）、缊为袍。"纩，絮也。襺，指铺以新丝绵的衣服。郑玄注曰："缊，谓今纩及旧絮也"。许慎在《说文解字》中又解释："缊，乱麻也。"也许不同时代袍的填充材料略有区别，但从上述记载可知，袍的填充材料大致为旧絮或乱麻。其次，《论语·子罕》曰："衣敝缊袍，与衣狐貉者立而不耻者，其由也乎。"意思是袍在中原礼仪文化中的地位较为低贱。从穿着次序上看，《礼记·丧服大记》记载："袍必有表，不禅（单），衣必有裳，谓之一称。"郑玄注解："袍，褻衣。"也就是说，袍乃私服，外面应有罩衣，即"表"。《周礼·玉府》中郑玄注释："燕衣服者，巾絮、寝衣、袍襗之属。"这里的"襗"乃内裤，更说明袍襗不是正服或礼服，亦不需要在服装表面织绣花纹。而马山楚墓出土的几件袍很明显有精美繁复的织绣，很可能属于礼

---

❶ 洪兴祖. 楚辞补注 [M]. 北京：中华书局，1983：58.

❷ 彭浩. 楚人纺织与服饰 [M]. 武汉：湖北教育出版社，1996：151.

服，对此，齐志家在《江陵马山一号楚墓袍服浅析》一文中做了详尽分析，指出楚式袍在规格和装饰方面区别于周礼中袍的定位，说明楚人在服饰方面虽吸收中原文化，但又不拘泥于其礼制束缚。❶再次，楚式曲裾衣袍在结构上是"连衣裳，纯之以采""续衽钩边"，与《礼记》中的深衣类似。但是，直裾的楚式衣袍在一些主要部位的尺寸和分幅数量上却与深衣之制相去较远，对此，彭浩等学者已经研究得十分详细透彻，从表4-1中可以看出，大多数楚式衣袍的尺寸突破了《礼记》的规定，袖宽和腰围尺寸偏大，下摆长度却很短，由此可知，它是与深衣不相同的另一种服制。

表4-1　马山一号楚墓楚式衣袍尺寸与《礼记》规定尺寸对比❷（单位：厘米）

名称	袖宽	袖围	腰围	腰围：袖围	下摆长	下摆长：腰围
素纱绵袍N1	35	70	155	2.21：1	177	1.14：1
凤鸟花卉纹绣浅黄绢面绵袍N10	45	90	161	1.79：1	201	1.25：1
小菱形锦面绵袍N15	64.5	129	182	1.41：1	216	1.19：1
一龙一凤相蟠纹绣紫红绢单衣N13	48	96	167	1.74：1	196	1.17：1
《礼记》深衣	27.6	55.2	165.6	3：1	331.2	2：1

2. 款式新奇

《史记》记载："叔孙通儒服，汉王憎之；乃变其服，服短衣，楚制，汉王喜。"儒服的主要特点是：衣逢掖之衣、戴章甫之冠、履句履、绅带、搢笏。❸从形制上看，儒服属于上下连属的深衣，从款式上看袖身宽大，圆形的冠象征天，方形的鞋象征地。但身为楚人的汉高祖刘邦更喜欢楚地的短衣。关于楚制短衣的款式，学界有不同说法。有人认为，这里的短衣是劳动者所穿的短褐紧裤。因为楚人先王熊绎"筚路蓝缕，以启山林"，"蓝缕"即"褴褛"。《说文》记载："褴，褛谓之褴褛。褴，无缘衣也。""褛"也就是"褴褛"，即没有细致边缘的短衣。《淮南子·原道训》记载："九嶷之南，陆事寡而水事众，于是民人……短绻不绔，以便涉游，短袂攘卷，以便刺舟，因之也。"九嶷之南是当时南方土著所居之地，属于楚地，气候炎热潮湿，山林湖泊遍布，在吸收土著服饰文化的基础上，短衣逐渐发展为深衣之外的楚式经典服饰。❹也有人认为这种楚制短衣指的是短至膝盖以上的

---

❶ 齐志家. 江陵马山一号楚墓袍服浅析 [J]. 武汉纺织大学学报, 2012, 25(1): 22-25.
❷ 彭浩. 楚人的纺织与服饰 [M]. 武汉: 湖北教育出版社, 1996: 161.
❸ 陈来. 儒服·儒行·儒辩——先秦文献中"儒"的刻画与论说 [J]. 社会科学战线, 2008(2): 239-247.
❹ 陈芳, 等. 粉黛罗绮: 中国古代女子服饰时尚 [M]. 北京: 生活·读书·新知三联书店, 2015: 42.

衣服，被称为袛裯或襜褕。❶笔者认为，这种短衣是当时诸国劳动者都可以穿着的实用性较强的便衣，如果作为礼仪服饰觐见汉王则十分不雅，不合礼数。在河南信阳长台关楚墓出土的漆瑟彩绘中，可以看到猎人一般着短褐色紧身袴，乐工乃着长袖服装，贵族则是宽袍大袖，说明服装面料的用量多寡是古代衡量社会身份和礼仪规格的标准之一。而刘邦所崇尚的短衣应是短袖衣。湖北江陵马山一号楚墓（表4-1）出土的凤鸟花卉纹绣浅黄绢面绵袍（N10）可以作为间接佐证。该服装两袖平直，其袖展与同墓出土的其他服装相比（N1为216厘米，N15为345厘米）十分短小，仅158厘米。另外，其纹饰为凤鸟花卉纹绣，工艺繁复，领缘是田猎纹绦和龙凤纹绦，袖缘和下摆又以大菱形纹锦装饰，符合"衣作绣锦为缘"的礼仪服饰规格，应为礼仪服饰中的褚衣。《礼记·玉藻》记载："君衣狐白裘，锦衣以裼之。君之右虎裘，厥左狼裘。士不衣狐白。君子狐青裘豹袖，玄绡衣以裼之；麝裘青豻袖，绞衣以裼之；羔裘豹饰，缁衣以裼之；狐裘，黄衣以裼之。"由此看来，衣加纹饰是礼仪规定。因此，刘邦更喜欢楚人这种纹饰华丽繁盛、款式特别的短袖之衣。

除此之外，楚地短襦款式也灵活多变。春秋战国时期的服装形制分为两种：上衣下裳形制和上下连属制。前者上衣为襦，它是一种比单衣和袍都要短的服装样式。《说文》："襦，短衣也，一曰衣，其长及膝，若今之短袄。"中原地区也有短襦，但与楚服相比，略有不同。根据曾侯乙墓的钟簨铜人群像来看，当时楚地的短襦样式并不雷同。如图4-10所示，其上衣样式均为交领右衽，但衣领款式和遮掩方式各不相同。另外，楚人短襦的下摆在膝盖以上，且不平齐，而是以正中为界，左侧较高，右侧较低，与下裳搭配，显得活泼灵动。而中原出土的文物中也可见到类似短襦，但其款式却相对呆板保守。例如，河南洛阳金村周墓出土的战国银人所着短襦下摆平齐，与袴搭配，显得端庄厚重（图4-11）。

图4-10　曾侯乙墓钟簨铜人群像（黄杰绘）　　　图4-11　河南洛阳周墓银人❷

❶ 姚伟钧. 简论楚服 [J]. 江汉论坛,1986(11):78.
❷ 图片来源:百家号,河南洛阳周墓银人。

3. 服装图案、配色奇异

与中原地区尊龙文化不同，楚人有尊凤贬龙的风俗。在楚地已出土的丝织品图案中，凤鸟或昂首挺胸，或足踏龙虎，或回首惊鸿，或奇异多变，集"雄、壮、美、奇"于一身，而具有单独龙纹的绣品只有一幅。具体而言，在龙凤相蟠的绣品中，"凤进龙退、凤胜龙败的五幅，势均力敌的三幅。"❶在《人物龙凤》帛画中，领首祈祷的女子左上方有一只脚踏腾蛇的凤鸟，这里的蛇被认为是龙的另外一种形象，"腾蛇伏地，凤皇覆上"也是"尊凤抑龙"意识的表现。

在服装图案的配色上，楚人敢冒天下之大不韪。在湖北、湖南多处楚墓出土了服饰奇异的木俑。木俑均用整木雕刻，服饰多为右衽圆领的长袍样式，袖口窄小，以衣背缝为中线，由红黑二墨绘制上下、左右异色的方块图案。对此，学界多有考证，孙机认为此类服装乃"偏衣"，"应归入法服之列"。❷《国语·晋语一》云："使申生伐东山，衣之偏裻之衣，佩之金玦……仆人赞闻之，曰：'大子殆哉！君赐之奇，奇生怪，怪生无常，无常不立。'"韦昭注："裻在中，左右异，故曰偏。"裻即背缝，偏裻之衣即偏衣。这个事件在《左传·闵公二年》也有记载，晋侯赐给太子偏衣金玦，引起了列臣的争论和感叹，认为这是远太子申生的兆头。《周礼·天官冢宰第一》早就规定："奇服怪民不入宫。"因此，左右杂色的服装在中原文化中是遭到鄙视和明令禁止的，而楚人却无视此类着装风俗。在楚人看来，赤色是火的颜色，是先祖祝融的象征。另外，赤色代表南方，乃生命之色，黑色则象征北方，就五行观而言，南为阳，北为阴，因此，偏衣中的红黑二色暗含阴阳调和之意。在楚人的生死观中，人死后灵魂升入天，形魄归入地。魂魄乃鬼神，墓葬则是死者的归属之地，也是形魄的安身之所。在楚墓里，常看到漆棺上的彩绘图画、帛画等导魂引魄的工具，那么，我们可以推断，将偏衣木俑置于楚墓，很可能为了导引墓主魂魄出阴入阳，通神乐鬼。无独有偶，湖北荆州博物馆珍藏的人扶双龙玉佩（图4-12）中的人

图4-12　人扶双龙玉佩（图片来源：荆州博物馆）

物所着服装也有浮雕式方块图案。在楚地神话系统中，具有超自然力量的神人才能操弄龙蛇之类令人恐怖的动物。在巫傩活动中，巫师为了表明自己异于常人，能与神鬼沟通，也常身着奇装异服，弄蛇或捕蛇，这些场景在楚漆画中时有发现。由此可以推断，此人服装图案的精美和特殊性

❶ 张正明. 楚文化史 [M]. 上海：上海人民出版社，1987：173.
❷ 孙机. 中国古代的带具 [C]// 孙机. 中国古舆服论丛. 北京：文物出版社，2001：153.

衣以载道　楚文化在现代服装设计中的传承与应用研究

应该与其神人或巫师的身份有关。

探讨某个民族或地区审美意识和服饰文化个性因素的时候，我们往往将目光投向其地域环境、种族习惯、思想文化等。由于较少受到中原礼乐文化的影响和儒家思想的教化，楚人的身体审美更多地体现出感官享乐和娱神乐鬼的特点。另外，由于和吴越文化相近，因此其狂放自由的"前文化"形态同吴越间"阴柔"型文化风尚糅合起来，就使荆楚文化在野蛮彪悍之外，又具有了舒展流畅的优美格调，❶因此，楚人在身体审美上虽受到中原文化"文质彬彬"身体观的影响，却又追求"细、长、丽"的身体形象，表现出强烈的感官性和娱神性特征。因此，楚人的服饰文化呈现"瘦长、繁盛、新奇"的特点，体现出"重文轻质"的独特审美，并影响到此后汉代审美意识。

第二节　楚服元素与现代服装廓型设计

服装设计是以人体的肩、胸、腰、臀等关键部位为基准而展开的立体造型活动，其间，服装外部造型线构成的轮廓对整体造型起着至关重要的作用，它所展示出来的长和短、松和紧、曲与直、软与硬等形象对人们的视觉冲击力有时甚至超过服装局部细节。在千变万化的服装潮流中，优秀的设计师需要调查和研究近几年的主要廓型，从而能够准确把握和预测未来的流行趋势。根据不同的标准和分类方法，人们对廓型的命名方式亦不相同。有的以几何体命名，如长方型、正方型、三角型、圆型、梯型、球型等；有的以字母命名，如H型、O型、Y型、T型、X型、V型等；有的以具体物象形态命名，如磁铁型、喇叭型、帐篷型、郁金香型、酒杯型等；也有的按照专业术语来命名，如公主线型、宽松型、窄长型、合体型等。在中国古代服装史中，很难以字母来形容服装外轮廓造型。从服装造型和搭配层面来看，楚服可以大致分为袍服、襦裙、襦裤三类，其廓型大致分为宽松和合体两种类型。

一、现代服装廓型设计新特点

在服装发展过程中，服装轮廓造型在很大程度上反映出某个时代服装结构特征和审美趣味。古希腊、古罗马时期的服装基于披挂缠绕身体的服装造型，呈现宽松舒适且带有一

---

❶ 仪平策. 中国审美文化史：秦汉魏晋南北朝卷 [M]. 济南：山东画报出版社，2000：10.

定曲线弧度的轮廓，体现古典文明时期对人体的尊重和健康美的追求。中世纪欧洲服装廓型以包裹身体的直筒型为主，主要原因在于基督教禁欲文化对服装审美的影响。文艺复兴时期直至20世纪初，西方女装廓型基本以过度渲染人体曲线的X型或S型为主，反映了男权社会对女性身体美的凝视和规训。随着女性主体意识的觉醒，设计师通过服饰重新考量两性社会关系，以香奈儿为代表的H型服装轮廓风靡20世纪20年代。第二次世界大战后，迪奥将女性服装轮廓拉回X型，并开启了字母廓型时代。然而，20世纪60、70年代年轻风暴带来的大众浪潮给传统高级服装设计领域带来了巨大冲击，平民化设计取代了以前的贵族化设计，标新立异、打破常规的设计取代了以往循规蹈矩的设计审美，男女服装轮廓造型已然发生了翻天覆地的变化，文化和审美的多元趋势促使设计师积极探索新的服装轮廓，其结果是传统的字母命名法、几何命名法已无法准确涵盖如今的服装廓型。著名服装设计师川久保玲擅长用建筑理念解构传统服装廓型，她认为服装轮廓是身体的延伸，体型造就服装，服装改变体型。1997年，在"服装遇到身体"（Dress meets body）系列作品中，她用填充物创造出不规则的服装轮廓，在设计界引起极大轰动（图4-13）。近年来较为流行的坎普美学也对服装轮廓设计产生了巨大影响。桑塔格指出，"坎普是那种兼具两性特征的风格（'男人'与'女人'，'人'与'物'的可相互转换性）的胜利"。❶现代社会，男女之间服装轮廓的区分界限已然被打破，性别模糊、互换和混搭在服装轮廓上体现得尤为明显。在2019年的Met Gala慈善晚会上，迈克尔·尤瑞（Micheal Urie）的礼服（图4-14）采用相接法将西装廓型与婚纱廓型组合在一起，左半边穿着完整的黑色西装与西裤，西装上的条纹纹理给西装增添了不少趋势性美感，右半边则是一条粉色的拖地长裙，层叠在一起的纱看上去蓬松飘逸，青春有活力。单从西装和礼服裙来看，就有种明显的"雌雄同体"的感觉，加之西装的硬挺和纱的柔软，以及粉色与黑色的强烈碰撞形成材质上和颜色上的双重鲜明对比，给予观赏者很大的视觉冲击力。

除此之外，现代服装廓型设计方法还包括结合法、减缺法、差叠法、重合法等，总之，设计师不断探索服装廓型的新形态，为楚服元素的传承和应用提供了更大空间和更多的可能性。

衣以载道 楚文化在现代服装设计中的传承与应用研究

❶ 苏珊·桑塔格. 反对阐释·关于"坎普"的札记 [M]. 程巍，译. 上海：上海译文出版社，2003：325.

图4-13 川久保玲作品 ❶

图4-14 坎普风格服装廓型 ❷

二、楚袍元素与现代服装廓型设计

楚袍分为直裾袍和曲裾袍两种，虽然其结构略有不同，但从出土实物和图像资料来看，其轮廓多为宽松型，在结构上表现为服装与人体之间具有较大的松量，体现了天人合一的穿衣哲学。需要指出的是，在古代社会中，服装布料的用量、材质、装饰程度都与着装者的身份地位有关。布料的软硬程度和多寡也直接影响楚袍的外部轮廓，从江陵马山楚墓出土的袍服实物平铺图来看，其廓型均为T型直裾袍服，但袍服面料为绢、罗、纱，均为难以塑形的面料（图4-15）。据测量可知，墓主身高在160厘米左右，袍服长度均长于体长，具体数据见表4-2，因此，在穿着过程中袍服由平面向立体造型转换，会呈现宽松曳地效果。在包山二号楚墓出土的漆奁上，可以看到身份较高的贵族穿着曳地楚袍，也有一些同行之人穿着宽松直筒型楚袍，很可能其地位稍低。因此，可以将楚袍廓型概括为宽松曳地型和宽松直筒型。

---

❶ 图片来源：搜狐网，川久保玲作品。
❷ 图片来源：百度百家号，坎普风格服装廓型。

图4-15　江陵马山楚墓出土的袍服实物平铺图[1]

表4-2　江陵马山楚墓袍服长度和穿着状态[2]　（单位：厘米）

名称	凤鸟花卉纹绣浅黄绢面绵袍（N10）	对凤对龙纹绣浅黄绢面绵袍（N14）	一凤一龙相蟠纹绣紫红绢单衣（N13）	小菱形纹锦面绵袍（N15）	小菱形纹锦面绵袍（N16）	E型大菱形纹锦面绵袍（N19）	素纱绵袍（N1）	龙凤虎纹绣罗单衣（N9）
领口侧宽	43	—	18	18	14	—	12	—
前领口深	22	—	14	14	14	—	18	—
后领口	+15	—	0	0	0	—	-6	—
衣长	165	169	175	200	161	170.5	148	102
腰宽	59	66	65	68	66	78	52	67
下摆宽	69	80	80	83	79	96	68	60
下摆位置	托地23	托地24	托地34	托地58	托地19	托地24	托地12	托地52

　　英国学者理查森·韦德的研究表明，57.3%的现代女性希望通过着装来修饰自身形体。[3]在现代设计实践中，如何把握传统造型轮廓与现代形体审美之间的关系，形成富有现代视觉美感的新造型是设计的难点和重点。如果将楚袍廓型元素进行分解，上半身宽松柔软的廓

❶ 沈从文. 中国古代服饰研究 [M]. 北京：商务印书馆，2011：85.

❷ 贾玺增，李当岐. 江陵马山一号楚墓出土上下连属式袍服研究 [J]. 装饰，2011(3)：77-81.

❸ 谢玻尔，肖立志. 女装轮廓造型对体形美感的修饰作用 [J]. 服装学报，2018,3(5)：401.

型对身体的包容性极强，有助于修饰不够完美的形体。设计者往往根据设计主题思想，将楚袍廓型元素进行转化或混搭，从而形成富有节奏韵律的服装形式美感。如图4-16所示，在2008年楚韵·霓裳系列设计中，设计者提取了楚袍宽松轮廓的特点制作上衣，但是用较为硬挺的现代面料呈现出来，形成O型服装廓型，下装是紧身皮裤造型，很大程度上凸显着装者的腿型，与上装形成宽与窄、虚与实的紧张感。需要指出的是，服装面料是影响轮廓造型的主要因素，2011年柏兮服装品牌发布会上，设计师虽然也以楚袍宽松廓型为灵感（图4-17），但采用了相对柔软的面料来呈现，服装轮廓与人体之间的贴合程度较前者紧密，其外形轮廓变成A型，拉长了着装者的身体比例，线条感更强。在2012年诗礼春秋系列中，楚艳将楚式直裾袍改良设计为长方形男式外衣，宽阔的领缘和袖缘呼应了楚袍文化，显得庄重自然（图4-18）。

　　楚袍下半部分廓型因用面料量的多少而呈现直筒型和曳地式两种，前者方便着装者行走，后者形成优美的弧线，有助于塑造贵族阶层雍容、庄重、优雅又不失灵动的仪态美。在现代服装造型设计中，曳地式轮廓造型常用于礼服设计，其目的也是增添着装者的仪态美，如图4-19所示，设计师加大了礼服裙下摆的面料用量，使裙摆能够拖曳在地，在人体走动过程中，呈现流畅优美的线条，这与楚袍下摆造型设计所表现的美感具有异曲同工之处。由此可见，人类对美的感受可以穿越时空和文化差异，从现代造型设计中总能窥见传统审美因子。

图4-16 楚韵·霓裳系列1❶　图4-17 柏兮系列❷　图4-18 诗礼春秋1❸　图4-19 楚韵·霓裳系列2❹

❶ 图片来源：时尚品牌网(SSPP)，楚韵·霓裳系列。
❷ 图片来源：网易首页女人频道，柏兮系列。
❸ 图片来源：中国传统服饰网产品库，诗礼春秋。
❹ 图片来源：时尚网(YOKA)，楚韵·霓裳系列。

考古工作者并未发现楚式曲裾袍实物，但在彩绘木俑、帛画和漆奁上发现了身着曲裾袍的女性形象。汉代继承了楚式曲裾袍服样式，使其成为男女共用的流行服装。楚式曲裾袍脱胎于中原，从结构上来看，曲裾袍在衽部加入三角形布料，穿着时从腰间绕向身后，这种袍服样式被传承至西汉，发展为单层绕襟和多层绕襟两种类型，❶其廓型特点是腰部紧贴身体，以凸显身体轮廓（图4-20）。武汉独立设计师品牌EYM在2017年春夏系列中将曲裾袍中的绕襟元素用于女装设计。如图4-21所示，第一款蓝色短袖长衬衫中，设计师增加衣服前片布料用量，将其绕至身后，根据着装者喜好，可以缠绕一周或两周；第二款上衣为短袖绕襟衬衫，左右衣襟皆缀有条带，绕至身后系结，有助于塑造X型服装轮廓。可见，中国本土服装设计师在深入了解楚服文化的基础上，提取楚袍元素，但并未食古不化，而是转换设计思维，采用拆分、组合、借用等手法，将其融入成衣设计，具有较强的实穿性，有利于楚服文化融入日常生活。

图4-20　曲裾袍款式图

图4-21　EYM2017年春夏系列作品（黄李勇作品）

❶ 徐蕊. 汉代服饰基本形式的考古学观察 [J]. 博物院,2019(1)：21-27.

三、楚襦裙元素与现代服装廓型设计

楚服中的短襦长裙是男女通用的服装形制，既可以作为普通外衣在重要礼仪场合穿着，也可以作为中衣或内衣穿着，并外罩袍服以示正式。据此，楚式短襦的穿法有两种，作为外衣穿搭时，短襦穿于长裙之外，腰间由丝带系之；作为内衣穿着时，短襦被系扎于长裙内。从曾侯乙墓编钟上的钟簴铜人群像与中原服饰比较过程中可以看到，楚地襦裙以修长优美为风尚，普遍存在的丝带使其趋向于X型轮廓。《江陵马山一号楚发掘报告》中提供了两条下裙形制线描图，虽然其平面结构图如梯形，报告中却提到裙子"展开后似扇形"。在现代服装造型设计中，这种似扇形的结构转换为三维立体造型后，一般呈自然散开式廓型，这类廓型多用于女装设计，以修饰或提升女性的形体美感。图4-22是楚艳2017年春夏系列作品，该系列灵感虽然源自唐代服饰文化，但从中也可以看出楚式短襦长裙元素的传承与应用。上装是复古感较强的交领、右衽式短襦，但去掉了领缘设计，配以轻盈飘逸的长裙，宽博的腰带塑造出X型服装轮廓，显得松紧有度、纤细灵动。在湖北原创设计品牌兮谷系列设计中，楚式短襦与现代长裤进行搭配，设计师改变了楚文化语境下的合体收腰廓型，从道家文化哲学出发，用精纺苎麻面料制成交领右衽式短袖，与宽松长裤一起塑造出简约飘逸的长方形服装轮廓（图4-23）。图4-24中的服装设计脱胎于楚式短襦长裙的外形轮廓，但又有所创新。上装是贴合身体的长方形无袖上衣，显得中性干

图4-22　楚艳作品1❶　　　　图4-23　兮谷·图腾系列❷　　　　图4-24　钟蔚作品
（图片来源：网易摄影）

❶ 图片来源：人民网时尚栏目，楚艳作品。
❷ 图片来源：新浪微博兮谷主页，兮谷·图腾系列。

练，下装则是悬垂感较强的微喇式长裙，裙侧的开衩赋予服装活泼灵动的美感。在廓型设计上，设计者摒弃了楚服中以腰带勾勒形体曲线的习惯，增加下裙面料用量，形成上贴下散的服装轮廓，呈现流畅自然的线条美。

四、楚袴元素与现代服装廓型设计

现代服装设计中，裤应具备裤管、裤裆和裤腰三个基本要素，根据不同审美风格，可以分为勾勒身体线条的紧身裤、遮蔽身体的宽松阔腿裤、倒锥形的萝卜裤或吊裆裤、喇叭裤、直筒裤等。但在古代社会，裤有两种名称：袴和裈。《说文》曰："袴，胫衣也。"即覆盖脚踝至膝盖部分的服装。《车马出行图》中两辆三马并辔车后的两名随从、主车后奔跑状的三人均穿着较短的宽袖深衣，可以看出内穿袴。江陵马山楚墓中出土了一件袴实物，从结构图和实物来看，楚袴具备现代意义上的裤腰和裤腿，但无裤裆部分（图4-25）。从实用功能来看，脚踝处收紧很可能是为了走路方便，但使袴的整体廓型呈上宽下窄的倒梯形。在贵族阶层，服装的礼仪规范高于实用功能，袴属于内衣范畴，外面一般要罩上裙或深衣。庶民百姓因劳作需要，也可将合裆袴即"犊鼻裈"作为外衣穿着。当然，此时裈的收杀方式并不具备三维立体空间结构，仍以宽松为特色，其长度也根据穿着时节或场合有长有短。在楚墓出土的漆画上可以看到狩猎者身着长裤。汉代著名才子司马相如与卓文君为爱私奔，当垆卖酒，穿的就是被称为"犊鼻裈"的短裤。

在现代社会中，袴已转化为具有裆部设计的裤，其结构的完善促使其穿着场合和功能已然发生本质上的变化。但是，楚袴那种宽松廓型仍能给人以设计启发。如图4-26所示，湖南长沙小吴门外楚墓出土的女侍俑身着直裾楚袍，袍服下摆露出疑似袴的造型，其袴管肥大丰满，形成上俭下丰的服装廓型。在现代服装设计师这里，楚袴元素的廓型被借用，但其款式被修改，变成线条利落外扩的喇叭裤，其功能和文化内涵也实现了从传统到现代的转换（图4-27）。在楚韵·霓裳系列中，设计师提取出楚袴廓型元素，以借用手法设计出一款廓型与袴十分相似的休闲裤，宽大而低至胯部的腰头、膨大的裤腿与收紧的裤脚形成视觉上的对比与冲突，显得散而不乱（图4-28）。2012年诗礼春秋服装设计比赛中，设计师取材于楚袴廓型，但在款式上将其演绎为上宽下窄的吊裆裤（图4-29）。

总体看来，楚服廓型是东方服装设计理念的典型代表，为了追求身体的舒适和自由，多采取直线剪裁，服装与身体之间存在较大空间，在服装二次成型后，呈现为宽松或合体轮廓。这与西方紧贴身体，凸显线条的服装廓型形成鲜明对比。然而，在现代社会，人们

图4-25 楚绵裤❶

图4-26 墓女侍俑（黄杰绘）

图4-27 楚艳作品2❷

图4-28 楚韵·霓裳系列3❸

图4-29 诗礼春秋2❹

对服装廓型的需求变得多元化，这也为楚服元素在廓型设计中的应用提供了广阔空间和美好前景。通过上述分析可知，在全球化和文化自觉语境中，本土服装设计师能够以楚服饰文化资源为依托，寻找楚人造物理念与现代设计思想之间的共通之处，探索楚人审美与现代审美之间的沟通路径，在批判性继承的基础上实现创造性转化和创新性发展。

❶ 彭浩.楚人的纺织与服饰[M].武汉：湖北教育出版社,1996: 彩图 39.
❷ 图片来源：人民网时尚栏目,楚艳作品。
❸ 图片来源：搜狐网衣装盛饰,楚韵·霓裳系列。
❹ 图片来源：搜狐网,诗礼春秋。

第三节　楚服元素与现代服装款式设计

服装款式设计对设计者提出了综合要求，不仅要遵循设计美学原则，还要掌握艺术规律，并拥有人体工学知识。与此同时，对传统经典款式的深入分析和创新运用也是现代服装款式设计的重要手段。20世纪初期，包豪斯设计学院在教学过程中，曾引导学生从古典名画中把握其造型、构图的形式美法则，进而应用到设计实践中。在服装款式设计中，要想实现特定的造型美同样离不开对统一与变化、平衡与对称、强调与对比、节奏与韵律等形式美基本法则的把握。在漫长的传承和演变过程中，中华民族服饰文化日益丰富多彩，不断书写灿烂辉煌的篇章，但楚服文化中的领式元素、袖式元素和腰带元素被保留下来，直至清末民初。如今，随着文化自觉意识的日益增强，"90后""00后"对传统服饰表现出浓厚的兴趣，汉服团体不断掀起"汉服"热潮，本土服装设计师也经常将这三种楚服元素融入服装款式设计。

一、楚服领式元素与现代服装款式设计

在服装造型设计中，衣领是连接衣身、紧贴颈肩部位的服装部件，涉及头、颈、肩、胸部位的美学效果。一般来说，其所处位置为服装造型的中轴线附近，是重要的视觉区域，承载着实用和装饰双重功能。现代衣领结构源于西方服饰，一般可分为立领、坦领、翻驳领和领口领。在领部结构创意设计领域又分为领部结构的层次设计、不规则设计、区域模糊设计等。❶从结构上看，楚服衣领属于平面结构的无领造型，但从款式方面来看，楚服衣领兼收并蓄，既有中原服饰文化中的交领，又有楚地独具特色的曲折领。在传承和应用过程中，设计者可以根据着装者的脸型设计，以修饰其脸型；也可以根据形式美法则设计，以呼应整体服装造型；抑或是参照流行趋势设计，满足消费者的从众心理。

根据服装穿着顺序和类别，楚服领部开口和款式有所不同。以江陵马山楚墓出土的袍服为例，穿在里面的素纱绵袍（N1）领式特征为领口横向打开，领缘较窄，后领下凹，具体尺寸数据为领口侧宽12厘米，前领口深18厘米，后领口下凹6厘米。小菱形纹锦面绵袍（N15）属于中衣范畴，其衣领两侧略有侧开，不挖后领口，直接在领上加缝领缘，具体尺寸数据为领口侧宽18厘米，前领口深14厘米。外衣凤鸟花卉纹绣浅黄绢面绵袍（N10）领

---

❶ 肖立志. 女装领部结构的创意研究 [J]. 纺织学报, 2013, 34(11): 124-130.

口侧宽43厘米，前领口深22厘米，后领口向上增加15厘米，❶由此可见其领口几乎侧开至肩部，后领高度虽令人惊讶，却有史料印证。东汉应劭《风俗通》记载："赵王爱大眉，人间皆半额。楚王好广领，国人皆没项。"因为楚式袍服衣襟边缘宽大，穿着后衣领自然高大宽博，甚至淹没其脖颈，楚王喜欢穿着此类服装，于是上行下效，国人也喜欢穿着此类款式。笔者认为，这里的"国人"更多指向贵族阶层，如前所述，服装面料的多寡、工艺精细与否取决于着装者的身份地位。湖北省枣阳市九连墩二号楚墓出土了三人踏豕玉佩（图4-30），此三人身着窄袖袍服，领缘并不宽博，且呈曲折线造型，显得灵动活泼，与江陵楚墓士级贵族外袍领式的庄重华丽形成鲜明对比。在盖娅传说2019秋冬系列中，设计师将楚服曲折领形转化为更为流畅的曲线右衽交领，并连缀小圆领，中间开口，彰显楚服新奇多变之特色（图4-31）。湖南长沙杨家湾六号楚墓出土的立俑在直裾长袍之外搭配对襟短袖外衣，外衣领与内衣领貌似都无领缘，紧贴颈部，简约之中凸显层次感（图4-32）。在现代服装设计师手中，这种领式和搭配方法被很好地传承下来，如图4-33所示，设计师取其Ｖ领式，衣领面料、色彩虽然与衣身相同（其目的是创造色调上的和谐之美），但采用斜裁手法将领部与上衣缝缀，因此，在面料肌理走势上也呈Ｖ形，与外衣的对襟直领形成层叠效果。

图4-30　三人踏豕玉佩

图4-31　盖娅传说2019秋冬系列服装❷

❶ 姚伟钧,张志云.楚国饮食与服饰研究[M].武汉:湖北教育出版社,2012:187-194.
❷ 图片来源:搜狐网,盖娅传说2019秋冬高级成衣系列服装。

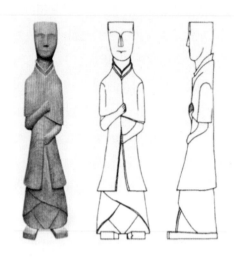

图 4-32　楚墓立俑（黄杰绘）　　　　图 4-33　楚和听香 2017 秋冬
　　　　　　　　　　　　　　　　　　　　　系列 1 ❶

在楚和听香服装品牌 2017 秋冬系列中，设计师从现代审美出发，将先秦时期的深衣、襦裙元素融入廓型和款式设计中，采用丝绸、苎麻等天然材料作为服装面料，从中可以看到大量楚服元素的创意实践。根据楚服元素的传承和应用手法，可以将其分为借用型和化用型。借用型设计手法，即借用楚服领式包边，但替换其款式细节。从挖掘报告所提供的袍服平面款式图可以看出，服装分片在横向上强调一种以人体中心线为基准的左右对称、比例均衡的审美法则。❷这种审美法则在现代领式设计中体现得淋漓尽致。如图 4-34（a）所示，设计师采用楚服平面领式结构，在款式设计上采用真假领相结合的方式，模拟楚服中不同领子重叠出现的效果，形成双 V 领式视觉效果，既丰富了领式层次，又在视觉上修饰了颈部和脸型。在图 4-34（b）的服装造型设计中，作者依然沿用不同领式的叠加效果，但内衣是平面结构领部造型，外衣后领略高，无形之中呼应了"楚王好广领"的文化内涵，但其服装款式是立裁肩袖、省道收腰式造型，内领和外领的搭配呈现硬朗与柔美的视觉对比效果。化用型设计也可以称为创意式领部设计，即提取楚服领式神韵，弱化其具体形态。如图 4-34（c）所示，设计师借用楚服领式的交领方向和宽边缘设计，但并未采用几何式厚重领缘，而采用饱和度较低的粉色与蓝色布料缝缀成两层领缘，并构成圆弧形领缘走势，在色彩和线条的综合设计中，传递出行云流水般的美学效果。

❶ 图片来源：搜狐网，楚和听香 2017 秋冬系列。
❷ 张玲. 中国古代服装的结构意识——东周楚服分片结构探究 [J]. 服饰导刊；2013, 2(3) : 71–75.

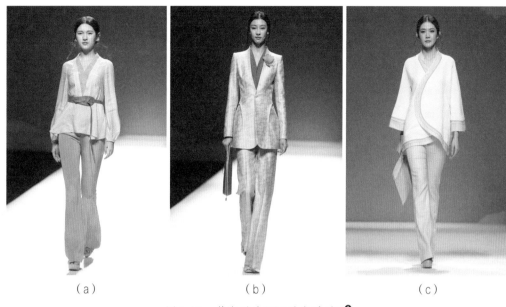

（a） （b） （c）

图4-34 楚和听香2017秋冬系列2❶

二、楚服袖式元素与现代服装款式设计

从图像和文献资料中可知，楚服袖式与着装者的身份、场合等因素相关。《墨子·公孟篇》记载："昔者楚庄王鲜冠组缨，绛衣博袍，以治其国。"这里的博袍既指袍身宽大，又含宽博大袖之意，乃为朝服或礼服。信阳长台关彩绘漆瑟上的巫师进行巫傩仪式时也身穿广袖宽袍，但为了劳作方便，狩猎者则穿着窄袖衣。为贵族阶层宴乐助兴的舞女一般会穿着长袖舞服。长沙楚墓彩绘漆卮上，一群跳舞的女子服装中既有大袖，又有长袖，印证了《楚辞·大招》中"长袂拂面，善留客只"的描述。另外，祭祀神灵时，巫觋们身着华丽长袖服饰，手持芬芳的香草，跟着音乐节拍翩跹起舞。《楚辞·九歌》曾描绘"灵偃蹇兮姣服，芳菲菲兮满堂""灵连蜷兮既留，烂昭昭兮未央"。宋朝洪兴祖《楚辞补注》认为，"偃蹇"是指"委曲貌"，形容巫女起舞时腰肢婉转曲折的样子；"连蜷"即"连卷"，是指"长曲貌"，形容巫女起舞时长袖高抛回环的样子。

从结构上看，由于先秦时期织机条件有限，楚服袖结构以多片拼接的样式呈现出来，但都可以归于连身袖的范畴，其特点是与衣身连在一起，没有袖窿线，其优点是手臂活动量大，穿着舒适。以江陵马山一号楚墓出土的楚袍为例，其袖式可分为敞口与收口两种。前者袖身与袖口宽度相同，后者袖身宽度大于袖口宽度。根据袖子形状，又可分为窄袖、琵琶

---

❶ 图片来源：搜狐网，楚和听香2017秋冬系列。

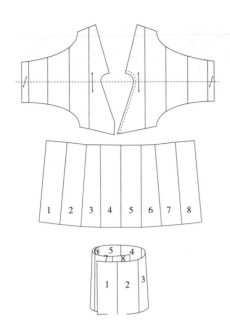

图4-35　素纱绵袍（N1）剪裁结构图
（夏雨航绘）

图4-36　楚艳2012年作品1❶

袖和平直袖三种结构类型。窄袖造型以素纱绵袍（N1）为代表，由于该袍服属于内衣，袖子形状以合体便利为宜，上衣部分斜裁，其款式特征为斜向收杀，即从袖根处向袖口处逐渐收紧，袖口宽度小于袖身宽度（图4-35）。在现代服装款式设计中，以符合人体工学特征的合体、收口式连身袖设计也十分常见，如图4-36所示，设计师采用具有斜向肌理的面料呼应楚袖结构造型，袖口以窄条包边，形成紧缩之势。

楚袍中的平直袖以凤鸟花卉纹绣浅黄绢面绵袍（N10）为代表，其特征是两袖平直，袖口与袖身同宽，此种袖式在二次成型之后，往往表现为袖口外扩式轮廓，可以塑造休闲放松或雍容华贵的服装美（图4-37）。因此，如图4-38所示，设计师将其用在对襟开衫设计中，袖口以同色面料进行翻折以取代楚袍袖式中的厚重边缘，从而形成和谐统一之美。

楚袍中的琵琶袖又可分为小琵琶与大琵琶两种类型，前者以小菱形纹锦面绵袍（N15）为代表（图4-39），其结构特征是袖身宽大呈弧形，袖口与袖身宽度差别较大；后者以一龙一凤相蟠纹绣紫红绢单衣（N13）为代表，其特征是袖身弧线平缓，袖口与袖身宽度差别略小，此类袖形在二次成型之后，袖身与袖口之间呈现圆弧形轮廓，犹如半边琵琶样貌（图4-40）。湖南长沙陈家大山楚墓出土的《人物龙凤帛画》和《人物御龙帛画》中的女性和男性均穿着琵琶袖。在现代服装款式设计中，设计师从逆向翻转设计思维出发，将琵琶袖的造型元素提取出来，但为了造成视觉上的夸张对比，加大了袖根与袖头之间的宽度差，塑造出二维半面式的弧形轮廓（图4-41）。

❶ 图片来源：百度贴吧汉服吧，楚艳2012年作品。

图4-37 凤鸟花卉纹绣浅黄绢面绵袍（N10）
结构图（黄杰绘）

图4-38 楚艳2012年作品2 ❶

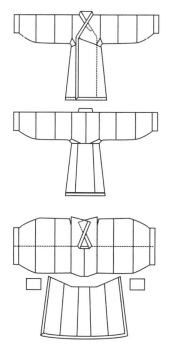
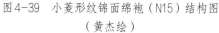

图4-39 小菱形纹锦面绵袍（N15）结构图
（黄杰绘）

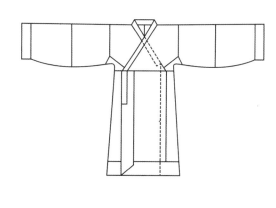

图4-40 一龙一凤相蟠紫红绢单袍（N13）结构图
（黄杰绘）

❶ 图片来源：百度贴吧汉服吧，楚艳2012年作品。

图 4-41　楚艳 2012 年作品 3 ❶

除此之外，设计师们也善于用异质拼接法传承与应用楚袍袖式元素。在2017年第74届威尼斯电影节开幕式上，中国演员徐娇身着改良版汉服现身红毯。在服装造型和款式上可以窥见大量楚服元素，交领、右衽和宽博腰带共同构成了复古韵味十足的整体造型，但在整体理念上遵循现代简约主义潮流，去除楚服中繁复华丽的装饰，代之以素雅纯净的白色，仅以飞翔金凤作为装饰。在袖子设计上，设计师虽然沿用楚服的连袖结构，但在中间拼接了西方宫廷式灯笼袖，形成弱对比关系，但拼接部分面料、色彩与下裙完全相同，整体十分和谐。从美学角度看，拼接部分形成抽褶具有实用功能，但褶线装饰为袖型增添了古典和优雅审美效果，蝴蝶结的点缀凸显了女性的柔美。这说明，楚服袖式的宽博廓型与西方宫廷袖式在审美上有共通之处，混搭起来并未破坏其设计美感，反而能够形成设计张力。

三、楚服腰带元素与现代服装款式设计

如前所述，楚人崇尚细、长、丽的身体形象，故服饰文化以瘦长、繁盛和新奇为特色，其中，腰带的面料、图案、规格及所处位置是构成楚服款式和造型的重要设计要素。以木俑为例，长沙楚汉丧葬文化中常以木俑陪葬。其数量大、种类多，主要分为侍俑、歌舞俑、奏乐俑、武士俑、杂役俑和臣属俑。其中，身份等级较高的侍俑或乐舞俑服装腰带较为宽博，装饰比较精美。河南信阳长台关二号楚墓出土的侍女木俑腰间束有红、黄相间的三角纹锦带，而一般侍俑腰带仅以纯色丝帛制成。

文化自觉语境中的复古是对表象世界的超越，也是对时间性的超越，需要指出的是，对楚文化的传承与应用并非对"今"的否定，而是要指向历史的进步与未来的发展。从现代款式设计来看，高腰式的宽博腰带往往用于X型服装轮廓，以凸显着装者纤细的腰身；中腰或低腰腰带一般用于H型服装轮廓设计，以塑造利落、休闲式服装风格。在盖娅传说2019年

❶ 图片来源：搜狐网汉服会，楚艳 2012 年作品。

秋冬系列中，设计师将中等宽度的黑色腰带应用于男装设计，呼应了楚服中腰带男女皆可使用的文化内涵，但是，该腰带的位置属于中腰，其目的是呈现休闲飘逸的美感。整套服装以黑色为主要色调，但是上衣、下裙、外套的面料各不相同，其中，腰带的硬朗材质及面料带来的光泽感与薄纱褶皱长裙的轻盈、哑光形成了弱对比，使服装造型在和谐统一中充满了层次感（图4-42）。在"且听凤吟"系列成衣设计中，设计师采用了楚服中宽博的腰带元素用于女装设计，但将其转换为简洁的几何造型设计，其所处位置在胯部，属于低腰款式，与剪裁利落、线条垂顺的宽松阔腿裤一起，塑造出中性服装风格（图4-43）。

总体来看，楚人服饰文化是建立在对中原地区、当地土著和周边少数民族服饰文化吸收和借鉴的基础上的，最终形成了具有楚地特色的服饰审美文化。在廓型元素上表现为宽松与合体并存；在款式上，不同形态的领式、袖式和腰带款式共同铸就了绚烂多姿的楚服文化。在时尚领域，复古热潮经久不息，楚服饰文化所特有的含蓄包容、求新求异特色被服装设计工作者吸收，在汲取灵感的同时致力于创新造型，将楚服元素有机融合于造型设计实践之中，表现出新中式服装设计景观。

图4-42　盖娅传说2019秋冬系列 ❶

图4-43　且听凤吟系列
（图片来源：《楚文化概念成衣设计》钟蔚）

---

❶ 图片来源：搜狐网，盖娅传说·熊英2019秋冬系列。

第五章

楚图案文化元素与现代服装图案设计

美国人类学家克鲁伯曾经对文化做了批判性评价和定义，认为文化包括各种外显的和内隐的行为模式，通过符号的使用而习得或传授，并且构成人类群体的显著成就，其本质就是借助符号来传达意义的人类行为。❶其中，纹饰就是古老的文化形式之一，人们通过点、线刻画具有一定意义的面或体的装饰，平面形式的纹饰就是图形，立体形式的纹饰便是器物表面浮雕或透雕图案。学界对楚人纹饰图案文化的考察多囿于某个单一的学科框架，考古学家专注于图像的测定、断代或简单分类，历史学家则关注其来龙去脉及文化内涵，鲜有人从现代审美角度观照其艺术特征、图案构成方法与现代服装图案设计之间的耦合之处，探索其在现代服装设计中的应用价值。作为中华经典视觉文化的重要组成部分，楚纹饰图案独特的审美能够为现代服装图案设计提供源源不断的灵感。楚人崇凤，楚人的神话体系也自成一格，因此，本章在考察楚纹饰图案审美文化的基础上，撷取楚凤元素和《山海经》元素，探讨其在现代服装图案设计中的应用。

第一节　楚图案审美文化

　　楚人造物中的图案元素是楚文化精神在器物上的反映。从已经发掘的考古材料上可以看到，衣食住行所需的器物、建筑、车马等物质载体上布满了各种各样的图案装饰，其纹样或写实，或抽象，或质朴，或多变，灵秀与怪诞交织，其线条灵动而富于变化，其色彩对比强烈而斑斓。楚地的纹饰图案记录着楚人筚路蓝缕、以启山林的生命历程和历史发展全貌。它们不仅在艺术上达到了可以与同时期的希腊艺术相媲美的高度，而且反映出楚人独特的风俗信仰和审美心理。透过这些自由浪漫、舒卷飘逸、神秘瑰丽的纹饰图案，可以窥探到中原文化对楚人的影响，也仿佛能听到来自远古时代原始文化遗存的历史回音。

一、楚纹饰图案题材

　　楚纹饰图案题材范围十分宽泛，大致可分为自然界物象和超自然界物象。按照表现方式来划分，又可以分为平面纹饰图案和立体纹饰图案。从具体内容来看，可表现为花草

❶ 沙海燕. 传承与创造——传统文化与现代设计语言研究 [J]. 河北经贸大学学报(综合版),2004(2)：69-72.

纹、人物活动纹、几何纹、动物纹、神怪纹等，一般附着于青铜器、漆器、陶器、玉器、金银器、服饰及其他日用器物上。

（一）楚饰花草图案

楚人爱花草，这源于楚地温润潮湿的气候，在这里大量嘉木柔材繁衍不息，各类植物为楚人提供了生存所需，而植物花草所具有的芬芳香气、艳丽色彩和优美形态使楚人时刻处于美的熏陶和启示中。在器物制造中，楚人便将大自然中的花草用作服装或器物装饰。《楚辞》中关于花草装饰的记载不胜枚举，如"扈江离与辟芷兮，纫秋兰以为佩""制芰荷以为衣兮，集芙蓉以为裳""既替余以蕙纕兮，又申之以揽茝""揽木根以结茝兮，贯薜荔之落蕊""矫菌桂以纫蕙兮，索胡绳之纚纚"等。在出土的织绣文物中，可以看到楚饰花草以写实或抽象变形的造型与龙凤图案结合在一起。有的被设计成穿枝花草，或被夸张拉长为几何骨格形成二方连续或四方连续框架，疏朗有致，充满秩序感；有的简化为藤蔓与龙凤相互缠绕，层层穿插，结构繁复却繁而不乱，表现出强烈的生命律动美。

（二）楚饰人物活动图案

在荆州马山一号楚墓出土的一条织锦绦带上，楚人用写实的手法再现了贵族阶层狩猎场面。该绦带是织锦材料，用于服饰边缘装饰，整体纹样是由菱形构成骨架，主图案是由三个菱形构成，后形成二方连续结构。我们可以看到，有两人驾着马车追逐猎物，前方的麋鹿仓皇奔逃，一名勇士手执剑和盾牌正与猛虎搏斗，另一名勇士试图牵住奔马。除此之外，菱形框架周围填满了抽象的三角纹、Z形纹、折线、杯纹等，整体看来，满而不塞，富于变化，动感强烈，让人回味无穷。在包山楚墓出土的《车马出行图》中，楚人采取长卷式平移视点方法展开构图和故事脉络，利用漆奁三维体积特征，将其环绕一周，引导观者在时间和空间上采用流观法欣赏。具体来看，该图以黑漆为底，用朱红、熟褐、翠绿、黄、白等多种颜色，以平涂、线描与勾点结合的技法，描绘了先秦时期王室贵族婚礼风俗中的迎亲场景。画中人物或昂首端坐，或俯首倚立，或催马扬鞭，或急速奔跑；不同人物的气质和神态，如贵族的轩昂骄矜，侍者的恭谨，奔跑者和御者的紧张，通过各种角度和姿态被惟妙惟肖地刻画出来。全图用随风飘动的柳树分隔画面，各段因内容不同而长短不一，既相对独立又首尾连贯。柳树在画面上起到了标明林荫驰道环境和连通全图的作用，使画面过渡自然，富于生活实感，反映了楚人对空间拓展和视觉流转方式的探索（图5-1）。

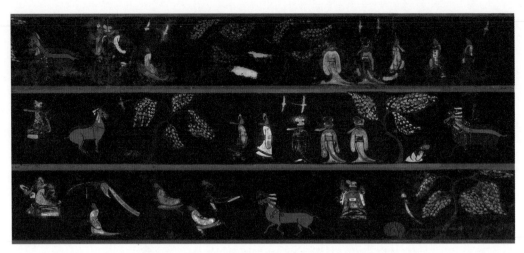

图5-1 车马出行图（图片来源：湖北省博物馆）

（三）楚饰几何图案

楚器物上的几何纹饰图案主要包括S形、C形、圆圈、涡形、山形、三角形、杯形、菱形等，分布较广。以楚玉为例，这里的几何图案有多种用途，其一用以组成具体物象，如由S形构成的龙凤纹，用圆首尖钩纹构成简化的夔龙纹等。其二为装饰纹，比较常见的是由点代表的谷纹和由线组成的云纹，还有在主纹中间用网格纹和绚纹来填补装饰空白区域，用重环纹来描绘龙凤身体细部等，不胜枚举。如图5-2所示，熊家冢出土的变形龙纹玉珩上，采用阴线雕刻手法刻画出正反向S形纹勾勒出抽象简化的龙纹，空白处可见细密网格纹装饰；图5-3则是用透雕方式以涡形曲线相互勾连构成的简化抽象的龙、凤、虺形象。

图5-2 熊家冢变形龙纹玉珩
（图片来源：荆州博物馆）

图5-3 熊家冢透雕龙凤虺纹珩
（图片来源：荆州博物馆）

（四）楚饰动物图案

楚器物上的动物图案包括自然界中的动物和想象出来的神异动物，前者包括虎、蛇、鹿、青蛙等，这些动物多出现在漆器、青铜器装饰中，如著名的彩绘小座屏、虎座凤架鼓和虎座飞凤等；后者表现为龙、凤、蟠螭等，其表现手法有平面造型图案和立体、浮雕图案。以青铜器上的龙纹为例，这里有相互盘绕的龙纹、窃曲龙纹、双钩龙纹、透雕龙纹、侧行龙纹、云雷龙纹等。不同的龙纹图案构成方法也不尽相同，呈现的审美效果也有差异。例如，蟠龙纹和窃曲龙纹的骨格多为L形、口字型，一般是由两条以上的龙相互缠绕而成二方连续或四方连续的纹样，表现出规整、流畅且富有韵律的美感。双钩龙纹则较为抽象，龙的身体被简化为富有规律的线条，线条相互勾连，显得复杂密集、繁缛富丽，让人感觉眼花缭乱。

（五）楚饰神怪图案

神怪题材包括以龙、凤为主的吉鸟祥兽，多附着在日常器物、服饰上，往往构图精巧繁复，颇具装饰意味。在墓葬器物、服饰中，神人异兽造型往往怪异神秘，象征意义十分丰富。以曾侯乙墓出土的漆画为例，出土的衣箱上有《后羿射日图》《夸父追日图》和《神人驭龙图》，分别表现了具有神异力量，能够制服鬼怪的神。该墓出土的鸳鸯漆盒两侧绘有《撞钟击磬图》和《击鼓跳舞图》，学界普遍认为，这是巫傩仪式场景的图画式再现，在这两幅图画中，创作者采用剪影绘图方式刻画出载歌载舞的巫师形象及想象出来的异兽。巫师虽然被略去服饰细节，冠以鸟首，但头上的冠式与其他器物上的巫师形象类似，可见是戴了巫傩面具。对照虎座凤架鼓，我们可以推测，口衔钟磬的异兽很可能是凤鸟，但此时的凤鸟形象与虎座凤架鼓中的凤鸟相比已然变形，显得更为拙朴可爱（图5-4），而《击鼓跳舞图》中鼓下蹲伏的可能是被变形夸张后的老虎（图5-5）。除此之外，在楚墓中的雕刻、绘画、纹饰中，都可以看到巫鬼图案，他们或是守护魂灵的巫鬼，或是巫傩仪式中被捕杀的厉鬼。

图5-4　撞钟击磬图（图片来源：湖北省博物馆）

二、楚图案审美特征

实际上，楚纹饰图案题材与中原地区并无太大差异，但在审美特征上却与后者大相径庭，表现出纤瘦灵动、寓直于曲、动感强烈的特点。

图5-5　击鼓跳舞图（图片来源：湖北省博物馆）

（一）纤

先秦楚人漆器上关于卷云、龙、凤、蟠螭等图案装饰显然传承自商周青铜器，但与商人那种狞厉恐怖的审美和周人庄严理性的审美相比，楚人追求更为纤瘦灵动的图案审美，这突出表现在线性造型中。如图5-6所示，在刺绣纹样中，龙摆脱了商周时期的粗犷形象，其身体被简化为细长线条，龙首龙颈呈涡旋状，凤也不再是商周青铜器上怒目圆睁、威严庄重的形象，反而显得优雅妩媚，其双腿被刻意拉得修长挺直，与弯曲悠长的颈部相互呼应的同时，又形成曲直对比，环绕龙凤周围的花枝也经过艺术化处理，简练细长的枝条上点缀几片叶子，花朵头部的弯曲方向或与弯曲的龙首相对，或顺应凤鸟舞蹈的态势而行。整体看来，这幅图画以线条作为图案支撑骨架，虽然纤细却不失力道，显得脉络分明，秩序感很强，以力量著称的龙因纤细柔和的线条而显得优雅，抬脚扬翅的凤因线性花枝的拉扯而更加轻盈，集中体现了楚人对清秀灵动审美境界的向往。江陵马山一号墓出土了根雕辟邪（图5-7），楚人采用因势象形的雕刻手法，依照树根自然形状稍加雕饰，运用线性语言表现一只身材纤瘦弯曲的神异动物，浑然天成且出神入化。该动物虎首龙身，四足撑体作向前奔腾状，其游走扑腾之姿妙趣天成，显示出强烈的动感和力度感。龙体作扁头、圆身、高足、卷尾，龙首雕出眼、耳、鼻、嘴、须、齿，形象狰狞。四足雕作竹节状，分别浮雕有蛇、蛇噬蛙、四足蛇吞雀及蝉的形象。

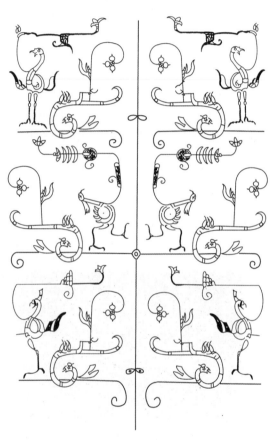

图5-6　舞龙飞凤纹（夏雨航绘）

图5-7　根雕辟邪（图片来源：荆州博物馆）

衣以载道
楚文化在现代服装设计中的传承与应用研究

126

（二）曲

在纹饰图案设计中，线条是最常见，也是最具抽象性和概括性的表现手法，更是纹饰图案韵律、节奏的重要构成方式。楚人在观物取象过程中，擅长以线明象，通过线条的组合和变化，赋予大千世界以美的形式和意象。有意思的是，楚纹饰图案中曲线多于直线。这是因为楚地山川秀丽，水泽众多，生长其中的楚人时常感受到自然物象的形态万千，如波光粼粼、千回百转的水波，蜿蜒盘绕的蛇虫，氤氲林间的云雾等，它们都化作曲折明快、动感强烈的线条，或是卷曲趋向于圆形的涡旋线条，或是蜿蜒扭曲的S形线条，或是模仿云朵的不规则曲线，或是模仿动物身体、植物藤蔓的曲线等。在根据江陵马山一号墓出土文物绘制的龙凤相蟠线描图中，龙凤共用一体，以回旋婉转的S形线构成单元纹样骨架，凤翅生花，花枝花叶均以曲线构成，原本应该庄严激烈的搏斗场面因为曲线的缘故，却显得秀美灵动，这便是楚人的独特审美品格（图5-8）。如图5-9所示，湖北省荆州市高台二十八号汉墓出土的漆盘，由简洁线条勾勒而成的小鸟位于漆盘中央，周围饰以涡形线条刻画的图案，让人产生多种联想，似乎像流动的卷云，云头云身上的点状图案仿佛抽象简化的凤羽、凤翎，抑或是拉长美化的花枝花叶。即便是立体纹饰，楚人也喜欢寓直于曲，将观者目光导向无尽的空间。荆门包山二号楚墓出土的角雕就是由三个虎首蛇身的异兽构成，创作者依据角的自然形状来构图，将三个动物以三条相互盘绕弯曲的线性造型来表现，其中最大的动物头部向下，尾巴朝上，通贯主器，构成角雕的主体部分。次大动物却头部向上，尾巴朝下，长尾形成圆圈，与前者头部构成角雕的底座。最小的一个动物头朝下、尾朝上，口衔右足。整体动势自下而上，线条由粗转细，散发出奋发向上的勃勃生机和力量感（图5-10）。

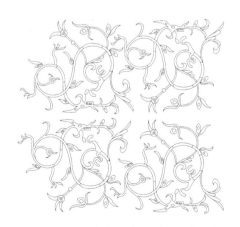

图5-8　龙凤相蟠线描图（夏雨航绘）

图5-9　凤纹漆盘
（图片来源：湖北省博物馆）

图5-10　角雕
（图片来源：湖北省博物馆）

（三）动

楚人爱曲线，不仅因为曲线给人一种柔和秀美的审美感受，而且因为其具有一波三折、富有强烈的动感节奏和韵律，同时还具有引导观者视线的功能，能帮助观者展开丰富的联想。因此，在楚纹饰图案中，可以感受到楚人的艺术世界是运动着的世界。无论是构成图案的线条，还是图案整体态势，楚人都将性格当中浪漫热烈、激情活力的动态审美品格展现出来。织绣纹样中翩翩起舞的凤，回首嘶鸣的龙，仰天长啸的虎；青铜器中轻灵升腾的鹿角立鹤，相互盘绕蠕动的蟠螭；帛画中展翅飞翔的凤，蜿蜒行走的龙；漆画中飞奔暴走的獐鹿等，所有形象几乎都处于运动状态。

1. 线条穿插引起的动感

在具体构图中，楚人擅长运用曲线形成穿插游动之势，上下左右相互联系、呼应，吸引观者目光循环往复，延长审美体验，造成眼花缭乱的错觉，其中以龙、凤、虎相斗相蟠织绣纹样为最。

2. 图案内容引起的动感

田猎纹和舞人动物纹织锦图案，虽然受到工艺的制约，图案设计不像刺绣、漆画那样能灵活运用曲线，但在斜线形成的菱形框架内，仍可感受到贵族驾车追逐猎物、武士持剑与野兽搏斗的激烈场面，以及两个舞人在鸟兽虫蛇遍野的山林间相对而舞的野性奔放之美。

3. 图案结构态势引起的动感

在楚地纹饰图案中，除了以线条形成的涡卷纹样外，以涡旋般回转互动的图案结构也比较常见。如图5-11所示，匠人用两只凤鸟将漆盘分为两个部分，凤鸟相背而行，你追我赶，动感十足。另一件漆盘，如图5-12所示，设计者以盘心为圆心，采用放射状结构使三只凤鸟共处一个平面，将整个图案分成三个部分，每只凤首又自成旋心，身体以旋涡状回转，凤尾皆以弧形开叉，每条分叉都与相邻凤尾构成旋涡形动势，这种环环相套又自成体系的动感构图结构严谨，富于变化，散发出生生不息的运动感。西汉彩绘云凤纹漆盘，如图5-13所示，凤鸟身体被分解、打散，隐藏于飞速旋动的云纹之中，很明显，云彩的流动也是以盘心为中心，由此可见，楚汉纹饰图案审美一脉相承。王祖龙从图像学和形态学角度分析了楚纹饰中的旋形图式，认为这类图式是楚人宇宙模型的象征图式，其中传递着楚人朴素的宇宙哲学意识。❶

衣以载道 楚文化在现代服装设计中的传承与应用研究

---

❶ 王祖龙. 飞化流行　生生不息——楚器物旋形装饰的图像学溯源 [J]. 长江大学学报（社会科学版），2007(2)：25.

图5-11 双凤纹漆盘　　　　　　　　图5-12 三凤纹漆盘　　　　　　　　图5-13 云凤纹漆盘
　　（夏雨航绘）　　　　　　　　　（夏雨航绘）　　　　　　（图片来源：湖北省博物馆）

三、楚图案审美文化溯源

影响楚人纹饰图案审美品格的因素众多，既有地理环境因素，又有社会人文因素，其中，水文化、神巫文化、道学文化是主要因素。

（一）水文化

荆楚地区自古为水乡泽国，其境内既有大江大河，又有崇山峻岭，地形复杂、地貌多样。《史记·货殖列传》记载："楚越之地，地广人稀，饭稻羹鱼，或火耕而水耨，果杝蠃蛤，不待贾而足，地势饶食，无饥馑之患。"《汉书·地理志》亦云："楚有江汉川泽山林之饶，江南地广，或火耕水耨，民食鱼稻，以渔猎山伐为业，果蓏蠃蛤，食物常足。"在这种环境下生活的楚人对水别有一番感情，因为水利万物，是衣食父母，能为他们提供鱼虾蠃蛤之惠。在楚人看来，水具有灵性，富于变化，是美与善的统一体，正所谓"上善若水"，便将楚人对水的崇拜之情表露无遗。因此，楚人不拜名山，而是祭祀河川。《左传·哀公六年》记载："三代命祀，祭不越望。江、汉、睢、漳，楚之望也。"郭店楚简《太一生水》中就记载了楚人对水的喜爱上升到崇拜的地步。"太一生水，水反辅太一，是以成天。天反辅太一，是以成地。天地复相辅也，是以成神明。神明复相辅也，是以成阴阳。阴阳复相辅也，是以成四时。"在楚人眼中，水成了天地万物、阴阳四时、神明系统的母体。因此，在纹饰图案设计中，楚人对水的观察和喜爱使其拥有线性抽象思维，常用线性形态来表现山川、河流，自然界的猛虎、神话世界的龙凤都化身为纤瘦细长，极富弹性曲线造型，犹如水一般灵动轻盈。

（二）神巫文化

在古代社会，人类普遍相信万物有灵，表现为多神崇拜现象。经过理性之光的洗礼，中原地区对待鬼神的态度是敬而远之，而楚人却保留了泛神论意识，认为天地、鬼神与人、山川与人，甚至人与禽兽之间都有某种联系。例如，熊曾是楚王之名，芈姓则来源于羊。龙、凤、熊、鹿、虎、蛇、鱼、羊等动物都曾经是他们的图腾，也是楚纹饰图案的主要表现对象。自然界的日月星辰、风雨雷电都由不同神灵掌管，《楚辞》中出现的太一被尊为"上皇"或"东皇"，是太微星神，大司命、少司命、东君、神君等都是具有楚地特色的自然神。另外，《山海经·海外诸经》记载了楚人关于四方神的神话："南方祝融，兽身人面，乘两龙。西方蓐收，左耳有蛇，乘两龙。北方禺彊，人面鸟身，珥两青蛇，践两青蛇。东方句芒，鸟身人面，乘两龙。"既然万物有灵有神，在对待生死的态度上，楚人非常乐观地认为死亡并非生命的终结，人的灵魂是可以脱离身体而存在于某个神秘物象之中，但要借助神灵驱除试图伤害灵魂的恶鬼。于是楚地的巫风醇厚，祀神乐鬼之俗风行，这种非理性的生命观启发了楚人对神人怪兽形象的营造与描绘。因此，在楚漆画上，时有手持双蛇、着装怪异的巫师形象出现，守护灵魂的神怪持戈侍立的形象十分引人注目；在玉佩上，可以看到神人头顶太阳，双手扶双龙的情形；在《人物龙凤帛画》中，女子双手合掌，敛眉颔首，似乎在向前上方的飞凤夔龙祈祷；在《人物御龙图》中，男子则仿佛要飞升天界，这些图案不仅是神话世界在物质载体上的重现，而且反映出楚人对神话的熟稔和崇拜之情，试图借用异于自然界的神秘怪异形象保护肉身或灵魂。

（三）道学文化

张正明先生认为，楚地的崇道哲学脱胎于巫，是对巫学的理性化，道家把巫师的宇宙观抽象化、逻辑化之后发展为崇道哲学。❶确实，楚神巫意识中的创世神话，以宇宙空间为背景，以阴阳变化为动因，启发楚地道学文化的萌生与发展。楚简中的太一在神巫文化背景下，指的是太微星神，楚巫认为可以凭借此星来预测春分时节的到来。老、庄二人汲取了楚地神巫文化，但又去其筋骨，将太一转换为不可名状的"道"，使其成为万物之始。正所谓"一生二，二生三，三生万物。万物负阴而抱阳，冲气以为和"，于是，在楚纹饰图案中，二分法、三分法或四分法的图案结构时常出现。即便如此，老庄道学文化仍然沿用了神巫意识中万物一体、可相互转化的原理。其中以庄子的"气"论尤为生

❶ 张正明. 巫、道、骚与艺术 [J]. 文艺研究，1992(2)：110-112.

衣以载道 楚文化在现代服装设计中的传承与应用研究

动。《庄子·知北游》中记载："凡可状皆有也，凡有皆象也，凡象皆气也"。气乃统摄万物之本，"人之生也，气之聚也。聚则为生，散而为死。……通天下一气耳""万物一府，死生同状"。于是，在楚纹饰图案中可以看到凤鸟头上生花，翅膀、尾羽与花草枝蔓不分彼此、互相生发的图案构成方式；神人异兽的形象则可以由不同动物、植物和人类复合而成。

在对待时间的态度上，孔子曾感叹"逝者如斯夫，不舍昼夜"，庄子却说"生也死之徒，死也生之始，熟知其纪"，即人生的自然时间虽然无法改变，但在自然界循环往复过程中只不过是沧海一粟。换句话说，时间不是线性演进的，而是圆形流转的。因此，在楚人的纹饰图案中，涡旋状几何图形和旋转势头的图案结构时常出现。在曾侯乙墓出土的漆衣箱的箱盖上，楚人将"斗"字置于中心，周围写上二十八星宿名称，用青龙白虎代表东西方向，以顺时针方向排列，形成圆形运动态势，因为在楚人看来，他们生活的宇宙是一个旋动不息的世界。在《庄子·知北游》中，神人可以"乘云气，御飞龙，而游乎四海之外"。在艺术审美方面，其最高境界便是气韵生动，这种审美态度对后世传统艺术发展产生了巨大影响和深层规约，因此，在楚汉图案中，飞扬流动云彩、一鳞半爪的图像总能引人遐思。

综上所述，楚民族保留了原始人类直观而富于幻想的气质，又吸纳了周人那种冷静理智的性格，因此在纹饰图案审美上表现出热烈多情、动荡不安却不粗野轻浮的特征；楚地多水的地理环境使其图案审美以线性构成为主要特色，纤瘦灵动、弹性十足却不失理性优雅；对宇宙人生的态度和思考使他们具有循环往复、相互转化、生生不息的图案构成形态。时至今日，这些"有意味的形式"对现代服装图案设计仍具有深刻的启示意义。

第二节　楚凤元素与现代服装图案设计

凤，是我国古代工艺美术中最常见的装饰题材，它的形象最早出现在中原地区，但对凤的崇拜达到痴迷的程度，却非楚人莫属。《尹文子·大道上》记载，一个楚人错把山雉当作凤鸟，于是高价买来献给楚王，不料山雉死于途中。楚王对此并未处罚，反而予以厚赏。这个故事发生在楚国并非偶然。在已发掘的马山一号墓、江陵东周楚墓、长沙马王堆楚墓、望山一号楚墓、包山二号墓等处，出土了数百件楚国丝绸实物。这些丝织品纹样题材丰富多样，包括动物、植物、人物和几何形状。其中，较引人注目的是凤鸟纹样，在马山一号楚墓出土的18幅刺绣纹样中，有17幅绣有凤鸟形象，诸如回首舞凤纹、变形凤鸟纹、三首伴花凤鸟纹、龙凤虎斗纹、飞凤蟠龙纹、舞龙舞凤纹、一凤二龙纹、一凤三龙纹、龙凤共体纹等，凤的形象既丰富多彩，又流放自然、美丽动人，真是极尽构思之能事，把楚人尊凤爱凤的思想感情完全显露出来了。[1]可以说，楚凤是高度浓缩的楚文化元素代表，是楚艺术里的一朵奇葩，是楚民族自尊自爱的表现，是楚地风俗文化的产物。

目前，国内学术界对楚凤的研究十分丰富，但大多侧重于对楚凤历史文化内涵、象征意义、不同器物载体上的造型特征等。张正明、刘咏清等对楚凤内涵进行历史和文化解读；皮道坚在《楚艺术史》中从艺术视角对楚丝织品中的飞凤做了考察；周来在《楚纺织品中"凤"造型的艺术理念》中，使用"蒙太奇"这一概念来形容楚凤造型中的分解、重组造型手段，十分新颖。也有人探索楚凤元素在现代设计中的应用方式，却流于形式，缺乏归纳概括。本章在分析楚凤文化源流、造型特征的基础上，分析它与现代设计的耦合之处，探索其在服装图案设计中的创新应用方式。

一、楚凤文化源流

王大有曾将凤鸟的演化分为三个时期：玄鸟期、朱雀期和凤凰期。[2]然而，随着石家河等考古遗址的发现，史前时期的凤文化重见天日，因此，楚凤文化的源头可追溯到远古神话和楚人祖先祝融。

（一）源于新石器时代的鸟崇拜

楚凤文化也可追溯至新石器时代长江沿岸的鸟崇拜。[3]据研究，早在新石器时期，长江中游地区就有崇凤之俗。今湖南省怀化市（原黔阳县）的高庙遗址出土了一件刻有"凤鸟载日"图像的陶罐，上面的凤鸟长冠钩喙，两侧双翼各载一个光芒四射的太阳。据记载，还有一件C型的泥质红陶盘，敞口，宽折沿内凹，弧腹，喇叭状高圈足。器外饰由篦点组成的带状纹、曲折纹和凤鸟纹。凤鸟昂首勾喙，双翼振飞，且内饰圆圈，疑为太阳纹。该红陶盘口径19厘米、高8.9厘米。[4]湖北省天门石家河文化遗址出土的玉凤配饰则被学者称为"中华第一凤"（图5-14）。该玉凤配饰最大径4.9厘米、厚0.6~0.7厘米，为"团凤"造型，仍是圆眼勾鼻，但出现了冠，冠向后卷，略展翅，两支长尾卷曲

❶ 宋公文,张君.楚国风俗志 [M].武汉:湖北教育出版社,1995:483.
❷ 王大有.龙凤文化源流 [M].北京:北京工艺美术出版社,1988.
❸ 孙长初.商周青铜器凤纹图像研究 [J].设计艺术,2005(4):16-18.
❹ 湖南省文物考古研究所.湖南黔阳高庙遗址发掘简报 [J].文物,2000(4):4-23.

飘逸，以阳线刻画眼、冠及羽翅，尾部有一穿孔，可供系佩。另外，同属石家河文化的湖南省澧县孙家岗遗址也出土了一件玉凤配饰（图5-15）。该玉凤配饰长12.6厘米、宽6.2厘米、厚0.2厘米。凤鸟头部高冠似羽，曲颈卷尾，长喙略弯，仿佛正展翅欲飞，体型修长，姿态优美，呈颇具现代感的S形轮廓。楚丝织品上的凤鸟形象灵动柔美，形态多变，或振翅高飞，或载歌载舞，很明显受到新石器时代鸟崇拜的影响。

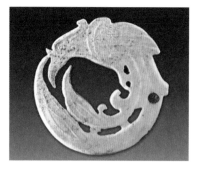

图5-14　湖北天门玉凤配饰
（图片来源：中国国家博物馆）

（二）源于祖先神祝融

《离骚》中，屈原自称"帝高阳之苗裔"。何新认为，中国古代神话中的伏羲、太昊、高阳、帝俊、帝喾、黄帝，都是同一个神即太阳神的别名。[1]长沙马王堆三号汉墓出土的帛书《十六经》中记载，黄帝的别名是高阳，也就是说，楚人乃太阳神的后代。祝融实际上也是日神。《史记·楚世家》记载："楚之先祖出自帝颛顼高阳。高阳者，黄帝之孙，昌意之子也。高阳生称，称生卷章，卷章生重黎。重黎为帝喾高辛居火正，甚有功，能光融天下，帝喾命曰祝融。共工氏作乱，帝喾使重黎诛之而不尽，帝乃以庚寅日诛重黎，而以其弟吴回为重黎后，复居火正，为祝融。"《国语·郑语》也记载："夫黎为高辛氏火正。以淳耀敦

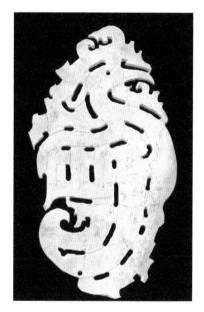

图5-15　孙家岗遗址出土的玉凤配饰（图片来源：湖南省文物考古研究所）

大。天明帝德。光照四海。故命之曰祝融。其功大矣。祝融亦能昭显天地之光明，以生柔嘉材者也。"据此，张正明认为，祝融也是雷神。在《楚辞》中，雷神是丰隆，号为云中君。古无轻唇音，今读轻唇音者，古读为重唇音。祝融和丰隆，其声相近，都是状雷声的词。[2]《九歌·云中君》对雷神的描写是"烂昭昭兮未央""与日月兮齐光"，想来与史伯所言极为类似。《左传·昭公二十九年》杜注："祝融，明貌。"后来，祝融被神化为炎帝，主管南方。《白虎通义·五行》中说："其帝炎帝者，太阳也。其神祝融……其精为鸟，

---

❶ 何新. 诸神的起源 [M]. 北京: 生活·读书·新知三联书店, 1986: 24-32.
❷ 张正明. 楚文化史 [M]. 上海: 上海人民出版社, 1987: 4-5.

离为鸾。"也就是说，楚人先祖祝融身兼日神、火神与雷神之职，其灵为鸟，其形为鸾，即凤。

（三）源于商凤文化

据历史记载，楚人先祖祝融部落曾依附于商朝，因此，楚凤文化携带着商文化因子。商代是早期中国凤鸟文化真正形成并逐渐定型的重要时期，此种关于凤鸟的观念，深刻契合于殷人独特的精神文化观念中。[1]《诗·商颂》记载："天命玄鸟，降而生商。"传说中，华夏民族祖先帝喾妃子简狄外出洗澡时捡到一枚鸟蛋，吞下后怀孕，生下契，契就是商人部落祖先。这里的玄鸟即燕子。有观点认为，殷人祖先玄鸟乃凤属。《吕氏春秋·古乐》："令凤鸟天翟舞之，帝喾大喜。"《荀子·解蔽篇》也说："有凤有凰，乐帝之心。"因此，凤之舞蹈能乐帝之心，这里的帝可能就是高辛氏。商代甲骨文中记载："于帝史凤，二犬。"其形象为鸟，其读音与"风"相同。人们相信，凤鸟具有通天神力，受到天帝驱使，为人间带来风。因此，楚地经典《庄子·逍遥游》中说道："鹏之徙于南冥也，水击三千里，抟扶摇而上者九万里。"这里的大鹏鸟实际上是风神的化身，乃凤的另一种形态。

张光直认为，中国的商周时代是一个巫术时代，"在商周之早期，神话中动物的功能，发挥在人的世界与祖先及神的世界之沟通上""青铜彝器是巫觋沟通天地所用媒介的一部分，而其上所刻画的动物纹样也有助于这个目的"。[2]因此，商朝末期的青铜器上，出现了大量鸟形纹饰，学界通常把它们界定为凤鸟。如图5-16所示，安阳殷墟妇好墓中青铜器上的凤纹造型简洁粗犷，胸部发达，长尾卷曲如钩，双目圆瞪，喙如钩，冠如钩，形体矫健刚强，像一只狰狞可怖的猛禽。这种形体的凤也是一种想象中的神鸟，应该是商代晚期的"夔凤"，这种凤的另一个明显特征是一只足，从而使夔凤蒙上了一层神秘色彩。孙长初认为，高冠是古代巫师最为明显的标志，凤鸟纹最突出的高冠必定和原始巫术有密切关系，由此指出青铜器上凤鸟纹图像是一种具有沟通天地人神巫术意义的神鸟。[3]确实，带有动物纹样的商周青铜礼器具有象征政治地位的功能，商周时期的巫师往往借助动物或鸟禽，以飞往神灵世界。在楚地出土的丝织品上（图5-17），可以看到多种多样的凤鸟形象，其中，一些凤鸟图案传承了殷商凤鸟圆眼、钩喙、卷尾、头上饰冠元素，这多半与巫风有关。

❶ 李竞恒. 早期中国的龙凤文化 [M]. 北京：人民出版社，2018：138.
❷ 张光直. 中国青铜时代 [M]. 北京：生活·读书·新知三联书店，1999：420，434.
❸ 孙长初. 商周青铜器凤纹图像研究 [J]. 设计艺术，2005(4)：16-18.

图5-16　妇好墓青铜器上的凤纹（夏雨航绘）　　　　图5-17　凤鸟花卉纹（夏雨航绘）

（四）源于周凤文化

后起的周人为了推翻商朝，为新政权寻找合法依据，必须击败商文化中的祖先天命观，于是提出"天命无常，唯德是辅"的新观念，凤鸟在这里不再是商人祖先，是德性符号的化身，虽然仍是帝之使者，但成为受命新王的祥瑞之鸟。《国语·周语》："周之兴也，鸑鷟鸣于岐山。"鸑鷟乃凤之家族成员之一。《淮南子·览冥训》记载："昔者黄帝治天下……于是日月精明，星辰不失其行，风雨时节，五谷登熟，虎狼不妄噬，鸷鸟不妄博，凤凰翔于庭，麒麟游于郊，青龙进驾，飞黄伏皂。"可见，凤鸟是昭示帝王以德配天、君权神授的神鸟。

楚地文献《山海经》中屡屡出现凤鸟记载，而这时的楚凤已然受到周礼文化的浸润，成为德性之鸟、吉祥之鸟。《山海经·南山经》曰："又东五百里，曰丹穴之山，其上多金玉……有鸟焉，其状如鸡，五采而文，名曰凤皇。首文曰德，翼文曰义，背文曰礼，膺文曰仁，腹文曰信。"凤鸟身披五彩斑斓的羽毛，而这些羽毛又形成花纹，其头上花纹似"德"字，翅膀上花纹似"义"字，背上花纹似"礼"字，胸部花纹似"仁"字，腹部花纹似"信"字。在《山海经·海内经》中，凤之美德又被记为"德""顺""仁""义"四种，亦大同而小异。

（五）秦汉凤文化中的楚文化因子

楚凤文化远承史前，近接商周凤，下启秦汉至唐的朱雀—凤鸟文化。汉承秦制，但楚汉凤文化是一脉相承的。楚凤的神性与仙气使其成为升仙的引导者，如《楚辞·九叹·远游》曰："驾鸾凤以上游兮，从玄鹤与鹪明。"在汉代画像石中更有许多凤鸟引魂升天的形象。凤鸟作为人类幻想中的仙境之鸟，或立于神树之上，或栖于天门之顶，或行于灵魂之前，或口含仙药以渡人升天。在许多传说中，凤鸟成为仙人的坐骑，《列仙传·萧史传》记载，秦穆公女儿与其夫萧史常吹箫作凤鸣，引凤凰来止其屋，后夫妻二人乘凤凰飞去。"吹箫引凤"的传说说明凤是天人沟通的媒介，这一神性使其成为渡人升仙的使者。

从形象上看，秦汉时期的凤鸟形象是朱雀，朱雀是太阳鸟的化身，太阳鸟昼为踆乌，夜为朱雀。《春秋演礼图》载："凤为火精，在天为朱雀。"可见，太阳神炎帝的精魂为凤，因此朱雀属于凤的亚种。秦汉时期，凤以朱雀的形象出现，与苍龙、白虎、玄武合称为四方天神。秦砖汉瓦上的朱雀吸收了先秦时期的基本造型，并有所丰富，既有别于商周时期的神秘质朴风格，又吸收了春秋战国时期的矫健有力形象，以大气洗练的神兽形象守卫着南方，给时人以心灵上的安慰。秦汉服饰中的朱雀纹与春秋战国时期楚地凤纹有诸多相似之处，长足、蛇颈、秀丽的身翼、鸡嘴、孔雀翎冠和翎尾等，集于一身。在织锦中，西汉凤纹与战国时期舞人动物纹织锦上的凤纹类似，在菱形的图案构成形式中，凤首凤眼皆为圆形，凤冠、凤翅和凤尾均可辨识，但十分规则严谨。当凤纹用刺绣方式表现时，其造型风格便灵活多变起来。西汉时期的锁绣凤纹图案简化成一条婉转的线条。婉转的线条能勾勒出凤鸟高高的冠、修长的颈、丰硕的腹及分叉的凤尾，让人联想起《说文》中的"蛇头鱼尾"、楚地的灵凤及瓦当上的朱雀。

（六）魏晋—隋唐凤文化中的楚文化因子

楚凤身上所呈现的仙气不容忽视。《春秋演礼图》曰："凤，火之精也，生丹穴，非梧桐不栖，非竹实不食，非醴泉不饮，身备五色，鸣中五音，有道则见，飞则群鸟征之。"凤鸟的止栖、饮食离尘脱俗，非凡鸟可比，其洁身自爱、高蹈绝俗的品质使其能够成为百鸟之王。《山海经·海内经》曰："西南黑水之间，有都广之野，后稷葬焉。爰有膏菽、膏稻、膏黍、膏稷，百谷自生，冬夏播琴。鸾鸟自歌，凤鸟自舞，灵寿实华，草木所聚。爰有百兽，相群爰处。此草也，冬夏不死。"在这片理想之地上，草木四季常青，百谷冬夏不死，再加之珍禽异兽怡然自乐、自歌自舞，生活于此的凤鸟仙气四溢。

魏晋南北朝时期长达400年，其间群雄逐鹿、战乱频仍，老百姓苦不堪言。在这种压抑、混乱的社会环境下，道教和佛教十分盛行。士人阶层盛行玄学论道，喜欢炼丹服药，希望能飞升成仙。楚凤的神仙特质被传承下来。《抱朴子·内篇》记载："第四之丹名曰还丹，服一刀圭，百日仙也……朱鸟凤凰，翔覆其上，玉女至傍。"服饰上的服饰凤纹将楚汉时期的纤瘦发展至飘逸，符合道教仙风道骨的形神追求。图5-18所示的晋代对凤金箔花钿仿照联珠纹结构，将圆形金箔刻镂出两只展翅而舞的凤鸟，身形纤细修长，线条简练，凤喙犹如仙鹤，凤翅如刀棱，凤腿健壮有力，既像朱雀，又像仙鹤，反映了时人对神仙世界的向往之情。

隋唐五代时期，道教、佛教的发展与繁荣打破了汉代儒家政治思想一统天下的形势，儒、释、道三教并流成为唐代社会政治的特色。此时的凤凰逐渐走下神坛，更具烟火气息，其吉祥特质被强化放大，逐渐变为日常生活中广泛应用的吉祥图案。此时的凤纹传承了魏晋南北朝时期的纹样结构，并参考自然界中的禽鸟造型，将翎羽刻画得更为写实细致，有的丰满健壮，有的圆润饱满，有的意态祥和，有的雍容华贵，但仍能从中窥出楚凤的影子。

图5-18　江西南昌出土的晋代对凤金饰（夏雨航绘）

（七）宋元明清凤文化中的楚文化因子

宋元明清时期的凤鸟形象被称为"凤凰"，其间，凤的自然性别和家族成员逐渐明晰。"龙在头上变，凤在尾上分"，在《营造法式》中凤、凰和鸾的区分在尾羽上，凤尾翎羽有涡卷的卷花，凰尾则没有，翎羽由多减少，鸾尾也无卷花，但长长的翎羽飘逸潇洒。在经典的喜相逢图案中，凤与凰，或者鸾与凤两两相对，含情脉脉。雄凤头上有类似灵芝形的冠状物，又貌似公鸡冠，被称为"胜"。

即便如此，楚凤文化中神鸟、仙鸟、祥鸟的特质依然被传承下来。宋代是文人士大夫精神十分浓厚的朝代，也是绘画艺术的高峰，尤其是山水画和工笔花鸟画。在士大夫文化影响下，服饰凤纹从唐代的丰腴健壮转向秀丽雅致。明清时期的凤凰常常和变幻莫测的祥云相伴，与花中之王牡丹及象征光明的太阳、表达吉祥寓意的杂宝纹组合在一起，更显凤凰的身影娇美多姿。此时的凤纹更加注重细节的刻画，构成凤凰躯体的线条既有刚健挺拔的，又有婀娜柔和、婉转自如、连贯流动的，甚至显得繁缛华美。

总体看来，楚凤文化源远流长，不同时期审美趣味和文化内涵的演变促使凤鸟造型不同，但其艺术特征都可以从先秦时期楚凤图案中窥得一二。

二、楚凤图案造型特征

楚器物上的凤鸟图案造型既有殷凤的神秘威严，又有周凤的活泼美丽，在巫风巫韵的熏陶之中，楚凤自成一格，呈现壮、美、奇、变的造型特征。

（一）壮

凤鸟虽然是虚构之物，但在文献和民间俗语中也有其具体形象特征。《尔雅》对凤鸟的描绘是："鸡头、蛇颈、燕颌、龟背、鱼尾、五彩色，高六尺许。"此处凤鸟蕴含着古代社会的五德意识，而在楚人眼中，凤鸟是姿态雍容、伟岸英武的神鸟。楚庄王曾自比大鹏，"三年不蜚，蜚将冲天；三年不鸣，鸣将惊人"。这里的大鹏鸟，即身姿矫健、扶摇直上的大凤。在楚地典型的漆器虎座飞凤中，虎处于被驯服的从属地位，凤则是长颈、长腿，双翅展开，伸颈昂首，颇为雄壮。同时，楚凤也是战斗力极强的灵物，代表楚地民族精神气概，具有雄壮好斗的一面，这源自楚先民的历史记忆。据研究，春秋末期，吴人一度攻占楚国的郢都，被楚人视为"封豕、长蛇"。后来，越国灭掉吴国，当初被视为蛇的龙和被视为龙的蛇合为一体，成为楚人东方的大患。战国中期，楚国灭掉了越国。春秋初期，信奉虎为图腾的巴人曾打败楚文王的军队，后楚国军队被打得一蹶不振。在楚丝织刺绣中，常出现龙凤相斗或凤虎龙相搏的战争场面。湖北马山出土的刺绣纹样"一凤斗二龙一虎"中，在单元纹样中，凤鸟居于画面中心，侧面而立，凤目圆睁，凤喙大张，身体紧绷，足踏一条龙，一翅伸出如利剑，直捣逃龙，另外一翅扫向猛虎，后者仰首曲颈，哀鸣痛苦之状跃然而上，凤鸟头上美丽的花冠也因其身体态势而向后飘扬。该刺绣图案结构紧凑而富有张力，将楚凤与北方之龙、巴蜀之虎相搏斗的场面表现得淋漓尽致（图5-19）。

图5-19　一凤斗二龙一虎刺绣纹样局部
（图片来源：荆州博物馆）

（二）美

在民间俗语中，凤鸟有着锦鸡的头、鹦鹉的嘴、鸳鸯的身、仙鹤的腿、大鹏的翅膀、孔雀的尾。我们知道，锦鸡和鸳鸯的羽毛是很美丽的，仙鹤的腿是修长的，孔雀的尾羽五彩斑斓。人们将自然界中不同动物最美丽的身体部位组合起来，建构起心目中凤鸟形象。随着国力强盛，经济繁荣，喜好装饰的楚人也将对美的追求投射在各种各样的凤鸟图像中。《墨子·兼爱》记载："昔者楚灵王好士细要。故灵王之臣，皆以一饭为节，胁息然后带，扶墙然后起。比期年，朝有黧黑之色。"无独有偶，《楚辞·招魂》和《楚辞·大招》中形容楚国舞女的容貌体态："娇容修态""长发曼鬋，艳陆离些""容则秀雅""小腰秀颈，若鲜卑只""丰肉微骨，体便娟只"。❶从审美角度看，楚艺术所体现的是楚人情有独钟的一种"灵巧清秀"之美。在楚丝织品中，凤鸟自歌自舞、美目盛情的图像有很多。图5-20所示的三个凤鸟神态各异，左一凤鸟头戴花冠，羽毛饰满圆圈花纹，抬起一足，似乎在回眸一笑，顾盼生姿；左二凤鸟昂首挺胸，双翅下垂，尾羽卷曲翘起，仪态万千，又似乎在展示美丽的翅膀和尾巴；右一凤鸟踮起脚尖，似乎引吭高歌，轻盈修长的体态毕现。这些凤鸟造型和姿态不仅表现出楚凤本身具有爱美的特性，而且反映了楚人喜好细长秀美的线条美，尤其是涡旋形曲线折射出如水般的阴柔之美。

图5-20 楚绣品上的凤鸟造型（夏雨航绘）

（三）奇

在上古先民的观念中，怪异的形体往往蕴含着某种强大的神秘力量，而对神秘怪异力量进行拜祭，就可以化异己力量为利己力量。❷楚地巫风盛行，信奉"万物有灵"，往往将自然界中的动植物纳入崇拜体系，凤鸟便是源自祖先和帝俊等神灵崇拜的产物。为了表现自己具有通天达神的神奇力量，巫师常常穿着造型怪异的服饰。不同于儒家"敬天地，远鬼神"的理念，楚人常常近鬼神而事之。《新论》曾记载："（楚灵王）骄逸轻下，简贤务鬼，信巫祝之道，斋戒洁鲜，以祀上帝、礼群神，躬执羽绂，起舞坛前。"这说明，楚王本身就兼任巫长职能。在巫风荡漾的楚地，人们常常用最为精美的器物来娱神乐鬼。大量出土的虎座飞凤通常采取异质复合的艺术手法，表现出诡异怪诞的艺术特征。玉器和丧葬用品中的凤鸟形象亦是如此。1977年，安徽省长丰县杨公乡出土一枚"镂空龙凤玉佩"（图5-21），该玉佩整体呈S形，乃龙凤共体设计，只见左边雕刻一条侧身而立、张口回首

❶ 屈原. 楚辞 [M]. 杜家骊,译注. 北京:中华书局,2014.
❷ 牛天伟,金爱秀. 汉画神灵图像考述 [M]. 郑州:河南大学出版社,2009:205.

之龙，右端一条长冠卷尾、相背而立的透雕立凤。奇怪的是，龙首下方仿佛有一只昂首站立的小型凤鸟。《说文解字·玉部》解释"靈"（灵）字下部的"巫"时，说"巫以玉通神"。这说明，玉自古就有"通灵"功能，楚人崇凤，同时也相信龙能助人升天。《九歌·大司命》载："乘龙兮辚辚，高驰兮冲天"；《九歌·湘君》曰："驾飞龙兮北征，邅吾道兮洞庭"。不难想象，这里的龙凤合体玉佩很可能就是楚巫用以祭祀或占卜的服饰品之一。

图5-22所示的战国中晚期的三头凤更是让人百思不得其解。该凤大腹便便，正面而立，顶着高高的头冠，头部形状如枭，更加怪异的是两只展开的翅膀各有一个侧面凤头。这种平面展开的构图方式实际上传承自商周以来青铜器装饰中动物纹样造型手法。有学者认为，这只神秘怪诞的"三头凤"便是鹢或鹰的图像，代表五月的物候，又是南方的象征。❶同时也是中国古代阴阳五行思想的反映。如前所述，凤鸟在古代是主持四季变化的风神，随着四季交替和气候变化，风神的形象亦各不相同。有人认为，《楚辞》中记载的"风伯"是凤鸟；《逍遥游》记载了楚凤在大海里可以为鲲，扶摇直上可以为鹏，这些都是凤鸟能够自由切换、相互转化的奇特之处。

图5-21　镂空龙凤玉佩（图片来源：故宫博物院）

图5-22　三头凤刺绣纹样局部
（图片来源：荆州博物馆）

（四）变

任何一种艺术对象如若缺乏变化，终将流入枯燥乏味、呆板无趣之境地。楚人深谙此道，因为长期受到原始神话思维和巫术风俗的润泽，在楚人眼中，不同生命之间没有特别的差异。没有什么东西具有一种限定不变的静止形态：由于一种突如其来的变形，不同事物之间可以相互转化。因此，如果神话世界有什么典型特点和突出特性的话，如果它有什么支配它的法则的话，那就是这种变形的法则。❷于是，在楚地出土文物中可以看到凤鸟造型复杂多变，或仰天长啸，或挺胸阔步，或回首嘶

---

❶ 彭浩. 楚人织绣纹样的历史考察 [C]// 楚文艺论集. 武汉：湖北美术出版社，1991：266-273.
❷ 恩斯特·卡西尔. 人论 [M]. 甘阳，译. 上海：上海译文出版社，2004：57.

鸣，或神态怪异，或解构重生，极尽变化之能事。

湖北江陵马山一号墓出土的蟠龙飞凤浅黄面衾图案（图5-23）布局丰满充实，作者仅用稀疏的单行锁绣绣出凤冠和凤翅，其他部位都用满绣填充。从图案构成上来看，乍看均是藤蔓丛生的缠枝花草，没有龙凤之形。细看之下，龙凤的头部尚可辨认，其身体、爪部、翅膀和尾部都幻化为枝蔓、花叶或卷草纹，这种合体共生，似花、似草、似凤，互为幻化、变化多端的艺术形象，也是楚绣凤鸟造型的一大特色。从文化和历史角度去审视，该纹样不仅是楚人审美理想和现实的凝聚，而且是屈骚浪漫主义和写实精神的综合；既是天上和人间的结合，也是巫史文化的交融，更是道家"有之以为利，无之以为用"和"有无相生"的精髓所在。

荆州雨台山出土的漆盒上有以朱、红、金等色描绘的凤鸟纹和云纹（图5-24）。其中，盖顶绘有三组环带纹，盖边缘和器壁绘有两两相对的凤鸟纹和云纹。这里的凤纹采用抽象几何手法和解构重组设计而成，凤头、凤尾被分解开来，省略了凤羽、花冠等细节，将凤的不同部位与抽象云纹组合在一起，形成一种若即若离、变幻莫测的韵律感和神秘美感。汉承楚风，汉代出土文物上的凤鸟造型也表现出相近的艺术风格，其中以长沙马王堆出土的乘云绣最为典型（图5-25）。这件绣品的主要纹样是云纹和凤纹，画面用朱红、浅棕、棕色、紫色、浅绿、橄榄绿、草绿等丝线，采用锁绣方法，在绮地之上，绣出漫天飞卷的变体流云，云雾之中，凤鸟若隐若现，仿佛与云纹幻化为一体。从构图方法上看，凤体是由"S"形骨架支撑，延伸出云气纹样，而云纹又是由旋涡、流线、三角或圆点组成，形成

图5-23　蟠龙飞凤刺绣纹样局部
（图片来源：荆州博物馆）

图5-24　云凤纹漆器 ❶

❶ 图片来源：搜狐网，云凤纹漆器。

图5-25 乘云绣局部（图片来源：湖南省博物馆）

阶梯状的连缀编排方式。凤鸟被抽象地分解为菱形的凤眼，如钩的凤爪，以及变形的凤尾，仿佛正踏云而行。整个画面色彩丰富，线条流畅舒展。从现代设计的角度来看，凤鸟被简化解构成不同元素，将一种固有的图形进行选择、分解、组合、重构是再造设计的常用手法。

综上观之，楚凤图案造型特征和构成方法与现代服装图案设计之间具有耦合之处。首先，构成方式较多。楚凤图案以神话传说为基础，或写实，或抽象，或夸张，或组合，或解构，从而形成壮美雄奇、变化多端的凤鸟造型。其次，内容与形式的融合。楚人把现实社会的体验通过浪漫主义的手法转化为艺术图像。凤龙虎相斗体现了先民筚路蓝缕、以启山林的奋斗历程；三头凤鸟是楚人对超自然神灵的认知和崇拜；凤鸟乘云是楚人生死观的生动写照；蟠龙飞凤则是道家和合相生哲学的另一种表达。楚人运用各种物质材料，创造出承载其精神文化追求的楚凤形象。同理，现代服装设计者也应以最为普遍的媒介和技术，将楚纹饰文化中的凤鸟元素应用到现代服装设计中，从而传递时代精神和审美观。简言之，从形式、内容和意蕴来看，楚凤图案元素与现代服装设计的结合，具有古今一脉相承、完美契合的实质性特点。

三、楚凤元素在服装图案设计中的应用

服装图案设计是通过一定的艺术手法，运用形式美法则通过构思、布局、造型和用色，设计出具有一定表现力和装饰性，并适用于服装上的图案。据研究，从刺激源的性质与注意和记忆的关系来看，在一般情况下图像可以引起78%的注意力，而文字只有22%，这说明具有形象性的对象更利于吸引注意力。楚凤图案变化多端，丰富多彩，但属于传统风格的装饰图案，在服装图案再造过程中，加入具有象征意义的楚文化元素，使其在满足消费者生理需求的同时，增添精神享受，从而提高产品的市场附加值。

（一）移用

对传统图案整体或局部的直接移用与嫁接，是比较常见的图案再造设计。然而对其色彩、材质肌理，以及布局、位置关系的设计都应充分考虑服装整体效果，只有这样才能

将传统元素巧妙融合于服装设计之中而不显累赘或突兀。❶楚凤图案艺术造型本身具有对其他动物身体局部或植物局部的移用和嫁接，从而形成新的艺术形象，因此，在现代服装图案设计中，对凤鸟形象的移用比较常见。

2008年奥运会火炬手的"凤纹服装"给世界人民留下了深刻印象，服装设计师贺阳将"火凤凰"和祥云图案进行组合设计，如图5-26所示。设计者考虑到凤鸟图案与奥运五环图案之间的主次关系，将凤鸟图案放在肩膀手臂位置，在应用方式上体现了移用理念，但又采取模糊处理手段，可以看到展翅飞翔的凤凰在祥云间若隐若现，如火的赤色和相邻色调的黄色配置让人联想到具有"火之精"美誉的楚凤。流动的线条、卷曲的祥云为奥运会制服增添了活力感和设计感，也在一定程度上增强了民族认同感。在西方文化中，凤是能够浴火重生不死的鸟，象征着不朽。选取凤纹作为奥运服装设计主题，既可以作为沟通中西方文化交流与碰撞的媒介，又可以以凤凰涅槃的象征精神来迎合圣火传递的体育精神和意义，充分体现中华民族向往美好的精神愿望和奥运精神。

在巴黎时装周2012秋冬时装系列发布会上，比利时设计师德莱斯·范·诺顿（Dries Van Noten）对中国传统元素进行了剖析，在系列服装中大量运用凤元素，设计师取其型

图5-26　奥运火炬手"凤纹"服装❷

---

❶ 丰蔚. 刺绣语境下的传统装饰元素应用 [J]. 丝绸, 2015(7)：49.
❷ 图片来源：湖北日报荆楚网特刊, 奥运火炬手"凤纹"服装。

第五章　楚图案文化元素与现代服装图案设计

143

色，巧妙使用印花、刺绣工艺，将凤元素与西服衬衣结合，采用不对称的构图方式，展现了凤凰图案元素的形式美感与中国传统文化的魅力（图5-27）。

在中国国际时装周2015春夏系列发布会上，中国时尚品牌东北虎以"明·礼"为主题在北京饭店举办了开场大秀，发布了一系列中国韵味十足的设计。其中模特杜鹃所穿着的一套礼服上衣将旗袍立领盘扣元素与汉服广袖完美结合在一起，凸显了该图案设计的凝聚形式美。凝聚形式美是指造型艺术具有在艺术形象中凝结和聚合形式美的特征。礼服上凤凰元素图案的制作，采用中国传统的刺绣工艺，将凤凰的羽翼装载在礼服的衣袖之上，图案左右对称，凤翎成放射状自然展开，轻松自然、层次分明，有很强的节奏和律动感，金线更增添了其高贵稳重感，颇有王者之气（图5-28）。

在古驰2016秋冬系列发布会上，设计师以法国后现代解构主义哲学家吉尔·德勒兹（G. Deleuze）的块茎理论作为灵感，让每件服装都描绘出迥异的"符号"系统。就中国文化来说，凤鸟、旗袍是典型的符号系统。如图5-29所示，设计师选择两种不同类型的鸟，一种是锦鸡形凤鸟，昂首挺胸的锦鸡，高扬的尾羽传承了楚凤雄壮的造型特征。另一种凤鸟形象具有飘逸美丽的尾羽，羽上生花，花与凤相随，让人联想起楚凤艺术中花鸟互生、生机盎然的情景。需要指出的是，设计师在移用原有图案的基础上，结合服装设计需求，进行局部改造和调整。因此，设计者采用的旗袍款式与凤鸟图案形成和谐的中国文化场景，但是，在服装面料设计上，设计师采用具有现代科技美感的闪光织锦作为底色，赋予传统凤纹以现代时尚美感。

图5-27　范·诺顿作品❶　　　　　　　图5-28　"明·礼"系列❷

❶ 图片来源：紫翔龙网传统纹样之美，范·诺顿作品。
❷ 图片来源：搜狐网，明·礼系列。

如图5-30所示，为吉承2017年春夏"遛园舞凤"系列，设计师虽然采取移用设计手法，但在图案再造细节上凸显变化。首先，突破凤与女装结合的传统理念，将凤以银线绣于休闲随意的男装衬衫之上，写实而慵懒的造型赋予着装者轻松愉快的穿着体验。其次，突破凤鸟飞升或下降的造型模式，将其横陈于服装之上，以尾羽的婉转表现女性的柔美风情。最后，在图案色彩设计方面，突破五彩杂陈的传统，以红、银单色为主，反映当下简约时尚理念。

图5-29　古驰2016秋冬系列 ❶

图5-30　吉承作品 ❷

❶ 图片来源：时尚网(vogue)，古驰2016秋冬系列。
❷ 图片来源：搜狐网，吉承作品"遛园舞凤"系列。

在如图5-31所示的款服装设计中，设计者弱化了楚凤雄奇的特征，为满足服装整体视觉效果，拉长凤的尾部，卷曲的尾羽借鉴楚凤周围的卷草，显得修长飘逸。在构图方面，让一明一暗两只凤鸟重复出现，主次分明。第一只凤鸟放在身体一侧，呈扭转的态势，贯穿胸、腰、腿部位，属于装饰的中心点，在图案效果处理上采用颗粒感极强的浮雕表现手法，与周围的透明蕾丝构成实与透、厚重与轻盈的视觉对比。同时借鉴楚文化中的黑、红、棕、钴蓝色彩搭配，并根据需要调整了色彩的明度，在丰富色彩层次的同时，突出了图案的历史文化底蕴。第二只凤鸟图案放在裙角，色彩饱和度介于前一只凤鸟和周围的黑色蕾丝图案之间。在这个单元图案中，色彩简洁，只有翅膀上的一抹钴蓝起到画龙点睛的作用。从整体上看，这只凤鸟又与第一只凤鸟相互呼应，相得益彰。凤鸟的尾羽部分被截取出来分别点缀在胸部和胯部，形成错落有致、层次分明的视觉效果。可见，在现代先进技术的帮助下，简单地移用楚凤图案也能实现传统与时尚的对接和转换，在丰富图案的历史文化内涵的同时，又顺应了时代审美趣味。

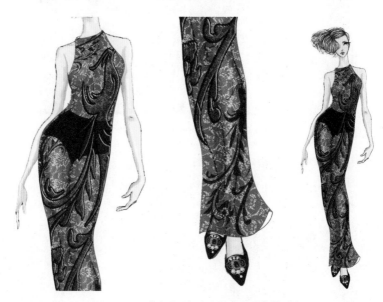

图5-31 "楚凤"系列礼服设计（奚祺绘）

（二）解构

服装设计中的解构是不断打破旧结构并组合成新结构的过程。[1]实际上，无论是对传统服装解构，还是对传统图形、材料解构，都是将原来的元素肢解打散，进行有意义的拼接，从而形成新的形象。

❶ 包铭新,曹喆. 国外后现代服饰 [M]. 南京:江苏美术出版社,2001:72-75.

设计师郭培在"庭院"系列中首先将传统凤鸟图案进行了多样化的解构。首先，凤鸟不同身体部位被分解打散。如图5-32所示，凤鸟的翅膀和尾羽是该系列服装图案的重要组成部分，这些美丽的羽毛被设计成C形卷曲骨架，并饰以同色系的花草，二者相互缠绕，相伴相生，观者可以依据羽毛上的钻石点缀判断其尾羽位置。很明显，这种设计理念与前文所述的楚凤花草装饰的设计理念一脉相承。

其次，设计师将凤鸟元素与西式花草进行拼接。解构的最终目的是生成新的设计语义。从图中花草的走势和造型上看，它们属于西方巴洛克文化中的花草系列。巴洛克文化以豪华、动感著称，其花草装饰代表了贵族阶层高贵、典雅的审美品位。设计者打破传统凤鸟图案设计，将代表美丽、高贵、吉祥的凤鸟元素与西式花草结合起来，试图消解中西服饰审美差异，形成良好的文化交流与沟通，这一点是值得肯定的。

最后，设计师将凤鸟元素在色彩设计中进行了现代化转换。在文献记载中，楚凤身披五彩羽毛。在出土实物中，楚凤及其后世形象多以明度或饱和度较高的色彩形象出现。然而，在"庭院"系列中，设计者考虑到现代服饰审美观念，摒弃了五彩斑斓的图案色彩设计，主要使用金、银两色丝线进行重工刺绣，创造出低调、自信、优雅的现代凤鸟形象，是文化元素功能转换的有力证明。

图5-32 郭培2017"庭院"系列❶

（三）重构

重构是在元素分解的基础上，提取几个不同或不相干的元素，经过变形后重新组合在一起，创建新的艺术形式。在肯定传统美学标准的基础上，以及在符合现代服装造型要求

---

❶ 图片来源：郭培玫瑰坊官网故事栏目2017"庭院"系列。

图5-33　盖娅传说2019春夏系列作品❶

图5-34　扶桑凤鸟纹和图案再造应用
（吴祺绘）

的前提下，将楚凤纹样进行重构设计。

1. 朱雀凤鸟纹的再造应用

在盖娅传说2019春夏系列中，设计师将唐代敦煌壁画中的花草虫鱼、灵兽仙鸟图案元素分解、重构，形成新的图案设计。唐代朱雀凤鸟形象是由楚凤图纹演化而来，依然保留着雄壮美丽的艺术特性。如图5-33所示，设计师提取了朱雀凤鸟形象中的翅膀元素，采用翻转、对称的构图方式，与抽象变形后的花草、祥云结合在一起，并根据服装图案所处位置的需要，将图案分为两大部分，位于胸部的图案恰似一只面向观众、展翅欲飞的凤鸟形象，但是凤首用卷曲抽象的花草纹，仿佛翅上生头，头与花相缠绕，奇特而怪异的造型特征与楚丝织品上的三头凤有异曲同工之妙。位于腰腹部的服装图案也是由凤翅构成掐腰外撇式轮廓造型，仿若楚地出土的子午鼎造型，两旁的翅膀造型又像两只姿态端庄、昂首挺立的凤鸟，托起了整个图案。

2. 扶桑凤鸟纹的再造应用

如图5-34所示，是以扶桑凤鸟纹为灵感进行的服装图案再造设计。楚人将凤鸟视为日出之神，表达了楚人对太阳神的崇拜。楚国丝绸中的"扶桑凤鸟纹"是楚人应用象征性思维的结果，其中承载着楚人所崇尚的精神内涵。❷原图采用二维平铺式构图，凤鸟造型是十分具象的，以凤鸟为中心四周分散扶桑花枝以突出强弱和主次对比，扶桑形象以点和线的形式构成，与凤鸟头部和身体的"面"形成对比。花草与

❶ 图片来源：凤凰新闻网，盖娅传说2019春夏系列作品。
❷ 张庆，方敏．楚国丝绸中"扶桑凤鸟纹"造型的象征意义 [J]．丝绸，2012(7)：56.

衣以载道
楚文化在现代服装设计中的传承与应用研究

凤鸟共生合体，极具动态效果。但是，现代图形审美更偏向于概括抽象，因此，在图案再造过程中，保留了凤鸟的身体和翅膀的形态，采用对称的设计手法，把扶桑花叶、花枝和抽象化的凤鸟结合，互相衬托，鸟中有花，花中有鸟，取源"扶桑凤鸟纹"中花鸟合体共生的原意。伸展的羽翅既像凤的翅膀，又像卷曲的花枝，整齐的线条排列又能与整体的图案划分出疏密关系，适合服装设计的中心图形。新图形放在休闲上衣中心位置，用金色和黑色进行对比，具有较强的视觉冲击力。

（四）错位

错位是把元素置入新的语境，与不同元素进行错位连接，给人以不稳定的视错感，借以产生强烈的设计或审美张力。错位设计的方法有语境错位、构成错位、色彩错位等。如图5-35所示的凤鸟图案即采用错位手法将楚丝织品中的"三头凤"进行传承性再造设计。

图5-35　"三头凤"再造设计（奚祺绘）

1.语境错位

楚文化语境中的三头凤象征着神秘而吉祥的力量，该图将三头凤从原有语境中剥离开来，置入现代审美语境中，淡化其象征意义，利用其新奇怪异的审美价值，为语境上的错位。

2.构成错位

将原有的三头凤分割成两个图形，有意调整其上下位置，形成视觉和心理上的不连续感，为图形构成上的错位。

3.色彩错位

改变原有三头凤的色彩配置，运用现代审美方式，采用明度较高、饱和度稍低的红色与亮黄、亮蓝色进行撞色，为图案色彩设计上的错位。

图案整体设计呈现卡通造型风格，结合整体服饰搭配，让具有神话象征意义的三头凤图案转变为具有轻朋克风格的现代服饰图案，无疑是另辟蹊径的创新和传承。

楚国的历史孕育出辉煌灿烂的文化和艺术，楚凤元素则是楚人情感要素和观念要素的结合与物化。凝结和聚集在楚凤形象中的社会意识，亦是楚人浪漫绮丽的情感和审美观念，这不仅使楚凤获得了超模拟的内涵和意义，而且让楚人对它的感受取得了超感觉的性能和价值，它体现了楚人丰富的想象力、达观的生命态度、追求自由的激情。本节从艺术学、历史学和文化学的角度探讨了楚凤鸟造型特征及其在服装图案设计中的应用。研究发现，楚凤造型意蕴与现代服装设计和审美之间存在耦合之处，在设计实践中，人们关于凤的图案再造方式已十分纯熟多元。从市场需求角度看，楚凤文化因素能够唤起、契合或满足本土消费者的传统习俗和审美取向，其独特的差异化形式或隐含的文化神秘性颇具吸引力，这也符合现代品牌市场发展的需求，因此，楚凤图案元素的设计潜力仍需要进一步挖掘。

第三节 《山海经》元素与现代服装图案设计

《山海经》是一部记录远古自然地理和人文地理的志怪古籍，据考证，其中包含的昆仑和蓬莱两大神话系统曾在楚文化圈中传承、碰撞并融合，可以说是楚文化代表元素之一。目前，学界关于《山海经》的研究多集中于神话传说、地理勘测、民俗考究等领域，❶鲜有人探究《山海经》图案元素的艺术设计价值。实际上，随着网游、二次元魔幻神话影视剧的发展，中国传统文化中的神话故事和传说逐渐得到新生代设计师的关注和喜爱。在时代变迁和版本演变过程中，《山海经》中的图像也几经变迁，清代学者毕沅在《山海经古今本篇目考》中提到，"《山海经》有古图，有汉所传图"，但其原著在古今流传中大量丢失。清代著名学者郝懿行有曰："《山海图》遂绝迹，不复可得。"《山海经》古图已遗失，实属可惜。目前所能见到的《山海经》图案是明清时代绘画与流传的图本。《山海经》古图的丢失虽然给后人对其图像的应用研究带来很大困难，但也给后人对其设计应用带来很大的发展想象空间。据现有资料来看，《山海经》图案元素主要包括神祇、异兽、山川矿产、植物四大类。神人异兽图案所体现出的天马行空，以及山川矿产和植物图案的直观具象性和空间差异性等为现代服装图案设计提供了广阔的再造空间。

❶ 胡远鹏.中国《山海经》研究述略 [J].福建师大福清分校学报,2006(3):1-11.

一、《山海经》与楚文化

（一）《山海经》作者和成书时间

《山海经》的作者和成书时间历来众说纷纭。最早的说法是由禹、益所作，大概成书于虞夏之际。朱熹、胡应麟等认为是"战国好奇之士"，依据《穆天子传》和《天问》而作。还有人认为作者并非一人，如《山经》乃战国楚人所作，《海内外经》是西汉人所作，《大荒经》《海内经》是东汉魏晋人所作。茅盾认为，《山经》是东周之书，《海内外经》至迟在春秋战国之交，《荒经》的时代也不会太晚。❶袁珂在《山海经全译》中明确指出，它成书于春秋末年到汉代初年这一长时期中，作者非一人，作地是以楚为中心，西及巴，东及齐。❷张正明先生也认为，楚地巫学特盛，《山海经》是一本记录巫觋风俗的奇书，其主要作者便是楚巫。❸由此看来，学界对《山海经》的具体作者没有确切的答案，但多认为其中应有楚人。笔者认为，楚地巫觋是当时具有丰富文化知识的学者，他们能够将天文、自然现象与鬼神故事、巫术解释、家族传说等糅合在一起，具备传播、记录《山海经》的能力。

（二）从习俗文化层面来看《山海经》

《山海经》神话故事散发着浓郁的楚风。我们知道，楚人先祖为日神祝融，后羿则因为射日之壮举而被称为英雄，并代代传颂。殷商时期的《归藏》对后羿射日故事有所描绘，而今传本《山海经》虽然有多处提到后羿，但对其射日之事却只字不提。对此，杨兴华认为有两种可能性。其一，该神话故事可能尚未传入作者所处地域。其二，作者有意回避射日情节。❹笔者认为，先秦时期神话故事多依据口头传播和文字传播，从地理位置上看，当时的楚国与中原地区相隔较远，两种传播方式速度较慢，可能尚未传至楚地。即便是传播至此，楚地对日神的崇拜之情很可能促使作者难以接受这种有辱祖先之神的故事情节，但又不能完全忽视后羿神话，于是作者采取为尊者讳的春秋笔法，忽略其射日之事。

（三）从地理方位风俗来看《山海经》

《山海经》表现出矛盾现象。在上古时期，人们十分重视方位，并赋予其不同守护神。在《五藏山经》《海内经》和《海外经》中，作者采用"南—西—北—东"方位顺序，但

---

❶ 孙致中.《山海经》的作者及成书时代 [J]. 贵州文史丛刊,1986(1):78-82.

❷ 袁珂. 山海经全译 [M]. 北京:北京联合出版公司,2016:3.

❸ 张正明. 巫、道、骚与艺术 [J]. 文艺研究,1992(2):111.

❹ 杨兴华. 从祖先崇拜和楚俗看《山海经》作者的族别 [J]. 赣南师范学院学报,1997(1):42.

在《大荒经》则采用"东—南—西—北"方位顺序。我们知道，华夏先民认为天子坐北朝南，顺序不可混乱，其习惯的方位顺序是"南—西—北—东"。但在楚人这里，日出东方，则东方为上，他们将太阳神尊称为"东君"，东皇太一是东方神，是至高无上的天帝，屈原的《九歌》将东皇太一列为所祭祀的众神之首，奉为万物之神。

（四）《山海经》尊凤贬龙

《山海经》表现出明显的尊凤贬龙、抑蛇的楚文化气息。如前所述，楚人在发展壮大过程中，与崇拜长蛇和龙、蛇的吴人和越人曾有过民族仇恨，在织绣图案中，凤鸟践蛇斗龙的场景十分常见。另外，楚地水泽众多，蛇虫较多，时常伤害当地居民，因此，被认为具有超能力的神灵常以操蛇、珥蛇或乘龙的形象出现在《山海经》中，如"东方句芒，鸟身人面，乘两龙"；"南方祝融，兽身人面，乘两龙"；"西方蓐收，左耳有蛇，乘两龙"；"北方禺彊，人面鸟身，珥两青蛇，践两青蛇"。可以说，将龙、蛇作为四方神的坐骑和把玩之物的行为充分反映出楚人骨子里贬龙抑蛇的文化心理。

二、《山海经》神祇元素在现代服装图案中的再设计

从设计学角度来看，过于传统化的设计已经不能够满足现代人的审美需求，设计者需要立足于当代视角重新对其演绎，即再设计。再设计是用当代的视角重新演绎原设计，或怀旧，或戏仿，或简化，或秩序。每个时代都有独特的审美习惯、形式取向和构图方式，设计作品中隐藏着时代的烙印，蕴含智慧、情感与信仰。在多元融合的当代，再设计是一种与传统对话，重新认识和理解传统的方式。传统图形更新迭代的尝试，在对话中产生的矛盾、质疑、认同、疏离、归属等心理，反映在设计中，即成为新设计。❶就流传下来的《山海经》图案来说，它们是农耕文明时代手工画作，虽然质朴纯真，具有匠人文化魅力，但现代社会绘图工具的不断发展使图案设计在精细繁复方面更胜一筹。在现代服装图案再造过程中，设计者首先应发现并感受《山海经》图案元素所蕴含的文化信息，因地制宜，根据服装整体风格和图案位置，采取相应图案再造的方法。

（一）神于儿

1. 对神于儿的描述

《山海经·中次十二经》："夫夫之山，其上多黄金，其下多青雄黄，神于儿居之，其

❶ 何方. 中国传统图形再设计方法研究 [J]. 艺术百家,2018(3):117.

状人身而身操两蛇，常游于江渊，出入有光。"神于儿又被称作"操蛇之神"，在《列子·汤问篇》中有提到："说愚公事，云操蛇之神闻之，告之于帝。操蛇之神盖即此。"蛇在古代神话中是一种亦正亦邪的复杂形象，又因有蛇经过修炼可化身为龙的传说，蛇的神话形象变得更加复杂。一方面，蛇是神性的标志，是神用于沟通神界与人界的巫具与渠道。中国古神话中人类始祖女娲、伏羲就是半蛇之身。另一方面，《山海经》中蛇的形象还与凶恶、阴毒、灾难有关，如蛇身九首人面，身含剧毒，且能召唤洪灾的相柳；一旦鸣叫就会带来旱灾的鸣蛇；鱼身蛇尾，凶恶好斗虎蛟等。"人心不足蛇吞象"也是出自《山海经·海内南经》巴蛇的典故。但是，关于神于儿的具体职责和图像，历代学者有不同看法。清代学者汪绂认为，于儿即俞儿，俞儿在《管子·小问》中有记载，俞儿是一位策马为人指路的登山之神。明代学者胡文焕的《山海经图》及明代学者王崇庆的《山海经释义》二书中都有收录俞儿神的图像。在《山海经》原经文中对神于儿的形容是"身操两蛇"，但清代学者汪绂、当代神话作家袁珂在对其进行解读时认为"身操两蛇"不妥，不可理解，于是改为"手操两蛇"。因理解不同，历代各注家对神于儿的复原图的形象绘制也存在差异，如明代的蒋应镐将"身操两蛇"理解为身上缠有两条蛇（图5-36），清代的汪绂则认为是手握两条蛇（图5-37）。

2. 用夸张手法对神于儿进行图案再造

根据画像，我们得知神于儿有几个特征：一是，他长着人的样子；二是，他手操两蛇；三是，他常常出入江渊，故而身体会闪闪发光。基于此，设计者采用戏剧性夸张手法对神于儿进行服装图案再造。首先，为了体现神于儿在江渊中发光的感觉，背景选用较暗的深蓝色，用金线勾出浪花并对浪尖加以上色。在设计浪花时，利用计算机模数化设计技术，将浪花单位化，可以在数量和形状上进行更改。楚人多爱曲线或C形图式，因此，这里的浪花多为C形，顶端粗末端细，再加入大小不一的半圆在浪尖上排列形成层次，调整颜色组成单元浪花（图5-38）。

由于《山海经》并未明确指出神于儿的性别，设计者有意抹去或掩盖一切有性别指向的特征，将神于儿替换

图5-36 神于儿（明·蒋应镐绘）

图5-37 神于儿（清·汪绂绘）

图5-38　神于儿图案再造

为一个皮肤偏黑、无发、头顶有蛇形文身、指甲偏长的神人形象，蓝眸呼应江流，整体看上去颇具异域风情。另外，选取两条眼镜蛇作为巫具，并在蛇身上不规则分布带有荧光效果的蓝色和紫色碎片，使其形象更加古怪、猎奇。结合明清画稿中神于儿操弄蛇的动作，设计者将蛇盘绕于其手臂之上，令其双手合抱于胸前，仿佛正在施展巫术。最后，在整体偏暗的画面中加入光晕突出主体，以符合"出入有光"的传说，从而完成神于儿的图案再造设计。

当平面图形用于立体服装之上时，需要设计者根据图案所处位置进行二次设计。如图5-39所示，是时下流行的廓型，设有拉链的开衫式外套，为了实现大胆、夸张的戏仿设计效果，设计者虽然将神于儿的面部一分为二，安排在服装的核心部位，但采取非对称的手法，使左右脸不能合为一体，始终有重影，目的是将观者目光聚集在此，并延长审美时间，使其产生怪异审美效果。神于儿头顶黄色光晕图案被放在帽子上，帽内伸出茂密的长羽毛，一是对"光"的延伸，二是达到夸张、趣味的视觉效果。神于儿身后的蓝色系浪花经过变形后铺陈于膨大层叠的衣袖和裤子之上，袖口的飘带是对"手操两蛇"的呼应。总体看来，该设计实践将动画游戏风格融入服装设计，不仅对神于儿形象进行了平面图案再造，更着重于把穿着者本身打造成神于儿，以满足年轻一代的魔幻审美需求。

图5-39　神祇系列服装设计

（二）火神祝融

1.《山海经》中的祝融

如前所述，祝融被楚人奉为祖先神。《山海经·海外南经》："南方祝融，兽身人面，乘两龙。"据研究，他是掌控夏季的季节神和六月的值月神，是炎帝的僚属，管辖方圆一万两千里南方天地。《山海经·海内经》对祝融的出生有所描述："炎帝之妻。赤水之子听沃，生炎居，炎居生节并，节并生戏器，戏器生祝融。"可见，祝融是炎帝五代玄玄孙。但是，《海内经》中又称："黄帝生昌意，昌意生韩流，韩流生颛顼。"《大荒西经》中又称："颛顼生老童，老童生祝融。"这样一来，祝融又成了黄帝之后。不过，在上古时期，炎帝、黄帝本身就是同根同族，所以祝融传说是炎帝之孙，但时而又是黄帝的后代就不显得那么奇怪了。燧人氏发明了钻木取火方法，但人们不会保留和使用火种。后来，祝融发明了火的使用和保留方法，于是，黄帝将其封为主管火的正火官。祝融之后又发明了"击石取火"，使人们不再为保存火种发愁，方便了人们的生活。因火是红色，后世又将祝融供奉为"赤帝"。

2.《山海经》中祝融形象的现代转换

在图案再造设计中，设计者采用转换手法将祝融表现为携带火苗的卡通形象，消解了远古神话人物的恐怖狰狞意味。祝融所驾的两龙均以抽象的龙鳞表现，并进行了现代化的抽象虚实处理。远观整个系列服装会感觉衣身上有大量的斜向条纹图案的运用，但当近观时，会发现条纹是由一条条在空中飞翔的龙组成（图5-40）。每条龙在空中腾飞幅度都有轻微的不同，使画面看起来轻盈自然。每条龙身上都附着深浅不一的鳞片，根据前后空间不同鳞片纹路深浅也不同。在服装上将祝融图案附着在衣身下摆处，采用刺绣工艺进行制作，各处零星散布着小火苗与衣身下摆的祝融图案形成呼应，也起到点缀作用。面料大面积使用龙纹加火苗点缀，在整体服装中形成点、线、面的平面空间构成，使图案更具时代感。在图案色彩设计上，设计者考虑到《山海经》中矿物元素，以紫色和金色来表现矿物靓丽夺目的质感。从文化角度看，紫色自古就是高贵神秘的象征，正所谓"紫气东

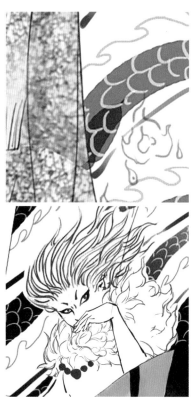

图5-40 祝融图案再造设计
（王雨亭绘）

来""红得发紫";金色也是古代社会皇族权威的象征色彩。材料则利用亮片和带有金属光泽的针织面料,通过软硬材质碰撞,给人很强的视觉冲击力,而祝融图像的暗赤与龙鳞的灰黑则起到缓冲效果,在闪烁的光泽背后又增添了一丝神秘,契合《山海经》的神话背景,表现出复古而时尚的设计理念(图5-41)。

图5-41 祝融系列服装设计

(三)浑沌之神

1. 对浑沌的描述

浑沌之神又称"帝江"。《山海经·西山经》:"又西三百五十里,曰天山,多金玉,有青雄黄。英水出焉,而西南流注于汤谷。有神焉,其状如黄囊,赤如丹火,六足四翼,浑敦无面目,是识歌舞,实为帝江也。"清代学者郝懿行曾评价帝江:"夫形无全者,则神自然灵;照精无见者,则暗理会。"❶相传,帝江还精通歌舞,被原始先民奉为"歌舞之神"。从文化角度看,帝江这一神话形象表现了原始先民对最初世界的理解,即宇宙之处天地之间元气未分,一片混沌。《庄子·应帝王》中有一关于帝江的故事:儵为南海之帝,忽为北海之帝,帝江为中央之帝,儵、忽与帝江常会于浑沌之地,帝江待他们甚好,后来,儵与忽发现人人都有七窍而帝江没有,二者为报答帝江对它们的深情厚谊,决定为帝江凿开七窍,一日凿一窍,然而七日之后,帝江死了。从这个故事可以看出,过多的修饰

❶ 马昌仪. 古本山海经图说 [M]. 济南:山东画报出版社,2001:146.

和添加会改变事物的本质，这种本质的改变可能会造成事物的灭亡。帝江无七窍，若是非要凿出七窍那也就不是帝江了。

2. 帝江形象的图案再造在服装设计中的应用

至于帝江的形象，如《山海经》所述，他无头无脸，身体轮廓像一个袋子，颜色红如丹火，长着六腿四翼。对比明、清画师蒋应镐和汪绂（图5-42）所绘制的帝江复原图来看，帝江基本可以看成一个长着两对翅膀的球形结构，只是蒋应镐所绘的帝江显得敦实可爱，而汪绂所绘的明显凶恶残暴，书中描绘帝江的颜色赤红似火，汪绂则直接在帝江身体周围画上了火，好像周围在燃烧一样。究其原因，关于帝江形象的描述不只有《山海经》，《庄子》《左传》中均有提到，天下人都将"丑类恶物"欢兜视为"浑敦"，由此延伸出混沌凶神恶煞的形象。

（a）明·蒋应镐绘

（b）清·汪绂绘

图5-42　帝江图像（王雨亭绘）

157

如图5-43（a）所示，设计者在较为舒适宽松的成衣款式基础上对帝江进行再造设计。因帝江无面，所以以超高领遮住面部的方式致敬这一神灵。上衣部分采用戏仿手法表现帝江的外部形象，以线描方式在胸前绘出四只手，替换帝江四足，呈现视错审美效果。帝江的翅膀分别用立体和平面两种方法展现：第一对从前腋下绕至后背形成袖子，呈展开式，第二对用印花的方式，印于第一对下方，呈半闭合式。运用了点、线、面三种形式来表现羽毛质感和前后空间，上下翼未重叠处镂空，也达到拉开空间的效果。帝江为赤色，所以服装的主要色彩为红色。在后现代服装设计潮流中，诙谐幽默的文字图案是常见的设计手法，因此，设计者将"浑沌"二字以手绘方式植入下衣设计中，字体稚拙可爱，仿佛人类童年时期，其模糊不清之意又暗合万物创世之初的状态。

如图5-43（b）所示，第二套服装是以"返乎自然"为灵感设计的。庄子评价帝江为"浑沌：无孔窍也，比喻自然"。前文所述，倏、忽为帝江强开七窍，结果导致帝江亡故，这表明帝江符合道家推崇的天人合一、顺乎自然的文化哲学。因此，在图案设计中，设计者以蒋应镐所绘制的浑沌形象为基础，运用大量弧线凸显它生动可爱的一面，因其能识歌舞，设计者设计出不同角度的跳舞姿态，连续排列于服装背部，增添服装的趣味效果。在色彩配置上，运用黑、白、红三色进行搭配，大面积黑与白无彩色使唯一的有彩色红色更加突出，而红色也正是帝江的象征性颜色。再者，涡卷形纹样是楚人十分喜爱且擅长使用的图案之一，设计者在服装上增加了云雾旋涡纹样，用于象征混沌一团、元气未分的状

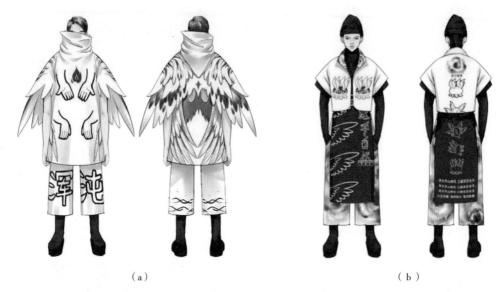

（a）　　　　　　　　　　　　　（b）

图5-43　帝江系列服装设计（王雨亭绘）

态。最后，文字图案是这款服装的另一特点。图文并茂、生动直观的服装图案设计是街头服饰文化潮流中常见的表达方式，反映了年轻人对至真至纯之美的推崇，因此，这款服装正面以帝江形象与文字"返乎自然"结合的方式构成一定意义上的文字图，丰富字体的艺术效果，背面附有："西方天山神鸟，口鼻耳目全无，六足四翼，身赤如火，是识歌舞。"

三、《山海经》动物元素在现代服装图案中的再设计

（一）如魮鱼

1.如魮鱼的形象

　　如魮鱼是上古神鱼，《山海经·西山经》记载："鸟鼠同穴之山，滥水出于其西，西流注于汉水。多如魮之鱼，其状如覆铫，鸟首而鱼翼鱼尾，音如磐石之声，是生珠玉。"东晋著名学者郭璞在《足本山海经图赞》中提到："形如覆铫，苞玉含珠。有而不积，泄以尾闾。暗与道会，可谓奇鱼。"❶由此可见，如魮鱼是一种形似珠母蚌、鱼鸟共体的奇鱼。它长着鸟头、鱼翼和鱼尾，叫声如敲击磐石。据说，如魮鱼体内可孕育珍珠，但并不将其积攒在体内，而是顺其自然地排出体外。明代蒋应镐绘制了如魮鱼的图像（图5-44），但与陈丝雨（图5-45）的描画相比，后者的表现手法更为细腻丰富，不同部位的质感对比

❶ 郭璞.足本山海经图赞[M].张宗祥,校注.上海:古典文学出版社,1958:13.

更加明确，背景留白使画面更直观，视觉冲击力也略胜一筹。

2.如鲻鱼图案再造在服装设计中的运用

上海视觉传达艺术学院2017年毕业设计展里有一组以《山海经》为主题的设计作品（图5-46）。在上衣设计中，作者依照仿生设计原则，有意将折边裁成弧线相互交叠，以模仿鱼鳞层层交叠的视觉效果。服装下半身直接借用陈丝雨所绘如鲻鱼图案特征，但采用夸张手法加大鱼翼和鱼尾所占面积，简单洗练的线条组合给笔直的裤腿带来些许律动感，鱼和鱼之间相互交叠使图案层次更加丰富，珍珠零散地洒落在鱼身周围形成点缀。值得一提的是，作者设计了一件披风，大量珍珠图案出现在纱织披风上，隐隐约约，有种晶莹清透的感觉，披风是从上衣黑色披肩内从后背直垂下来，仿佛珍珠在体内"有而不积，泄以尾闾"，使该设计对如鲻鱼的应用更为灵动。

图5-44 如鲻鱼（明·蒋应镐绘）

图5-45 如鲻鱼（陈丝雨绘）

图5-46 "如鲻鱼"仿生设计（上海视觉传达艺术学院2017年毕业设计展）

（二）应龙

1. 对应龙的描述

楚人爱龙，但在器物上对龙的刻画多以蛇或蜥蜴为原型，有翅膀的应龙形象较少。实际上，《山海经》中的应龙是中国龙系统中唯一被描述有翅膀的龙，也是中国早期神话中兴风布雨的天神。在不同时代，应龙图像亦有所区别。郭璞记载："应龙禽翼，助黄弭患。"❶ 明代文学家胡文焕在《山海经》中有述："恭丘山有应龙者，有翼龙也。昔蚩尤御黄帝，帝令应龙攻之于冀之野。女娲之时，乘畜车服应龙。禹治水，有应龙以尾画地，即水卫。"❷ 应龙曾助黄帝打败蚩尤，助大禹治水，同时也是民间祈求风调雨顺的福星，有着吉祥的寓意。汉代应龙图案延续了楚人审美趣味，显得纤瘦有力、干练洒脱，符合上古神兽的凶猛神勇特点。而明朝蒋应镐笔下的应龙图案更加细腻精致，神情相对温和，其目的是凸显其吉祥如意的文化内涵。

2. 应龙图案再造在服装设计中的应用

在国内设计师品牌MS MIN2017早春系列中，设计者在蒋应镐绘图的基础上对应龙图案进行了精简改良，减短了龙身在图案中的整体覆盖面积，以凸显龙头的精美，简化了鳞片的烦琐程度，用几根较短的曲线代替，反而显得更有层次。如图5-47所示，设计者以刺绣方式将应龙图案绣于衣身两侧，龙首面相和善，脊背处的龙翼微微张开，腾驾于云层之上，其制作工艺细节十分精致，与明代蒋应镐的表现手法类似。两条龙向前对望，似乎在进行某种交流，给整套服装增添了不少神韵和趣味。

图5-47　MS MIN 2017早春系列 ❸

❶ 郭璞．足本山海经图赞 [M]．张宗祥，校注．上海：上海古典文学出版社，1958：45．

❷ 郭璞．新刻山海经 [M]．胡文焕，校注．北京：中国书店出版社，2013：551．

❸ 图片来源：搜狐网，MS MIN 2017早春系列。

（三）比翼鸟

1. 对比翼鸟的描述及形象

《尔雅·释地》："南方有比翼鸟焉，不比不飞，其名谓之鹣鹣。"在《山海经》中，关于比翼鸟的记载和描述与洪水有关，《山海经·海外南经》："比翼鸟在其东，其为鸟青、赤，两鸟比翼。"《山海经·西山经》："崇吾之山，有鸟焉，其状如凫，而一翼一目，相得乃飞，名曰蛮蛮。见则天下大水。"比翼鸟又唤作蛮蛮，色青赤，只有一只翅膀一只眼睛，必须要两只鸟并在一起才能飞。后来的《博物志·异鸟》则记载："见则吉良，乘则寿千岁。"民间传说中，一对青年男女相爱却被迫分离，死后化为比翼鸟双飞。到了唐朝，白居易在《长恨歌》中用"在天愿做比翼鸟，在地愿为连理枝"，形容唐玄宗与杨贵妃之间的爱情。如今，比翼鸟成为婚姻爱情幸福美满的象征符号。至于比翼鸟的形象，郭璞曾注："似凫，青赤色。"由此可见，这种鸟的颜色是青中带红，样子像野鸭的鸟，明代蒋应镐所绘比翼鸟即符合这一描述（图5-48）。

图5-48　比翼鸟（蛮蛮）（明·蒋应镐绘）

2. 比翼鸟图案再造在服装设计中的应用

在图案再造实践中，设计者采用重复构成和特异构成方法设计了比翼鸟图案。重复构成就是把视觉形象秩序化、整齐化，在图形中可以呈现和谐统一的视觉效果。特异构成则是在规律性骨格和基本形的构成内，变异其中个别骨格或基本形的特征，以突破规律的单调感，使其形成鲜明反差，产生动感，增加趣味。❶如图5-49所示，一青一赤鸟形图案被平铺排列，在单位纹样内向斜上方飞翔，秩序与变化并存，显得生动活泼。

图5-49　比翼鸟图案再造（王雨亭绘）

在系列服装设计中（图5-50），设计者将比翼鸟图案错落分布在领缘、上衣、内裙、打底裤中，并根据非对称和特异构成规律，改变比翼鸟的图案大小比例和配色，将大小不一的红白二色、白绿二色比翼鸟点缀于上衣之上，其间，"蛮蛮""不相分离"汉字采用红蓝双色错位叠加的方式排列在服装各处。错位叠加，红中有蓝、蓝中有红，也是对比翼鸟"不相分离"的另一种诠释。如此一来，具象图案与抽象汉字相得益彰，现代审美趣味下的廓型与造型古典的宽衣长袍有机结合起来，与现代社会中复古怀旧式审美心理不谋而合。

图5-50 "比翼鸟"图案系列服装设计（王雨亭绘）

（四）兆水之兽

1. 对夫诸的描述

《山海经·中山经》："敖岸之山，有兽焉，其状如白鹿而四角，名曰夫诸，见则其邑大水。"白鹿在《山海经》中是瑞兽的形象，传说白鹿常与仙人相伴，是象征长寿的仙兽。但此处的"夫诸"状如白鹿，却是灾兽，笔者在对《山海经》的研读过程中发现，四角的兽类大部分为灾兽和凶兽，如土蝼，乃食人四角羊；猲狙，食人，身白而四角，其状如牛；诸怀，其状如牛而四角、人目、彘耳、其音如鸣雁，是食人等。明清时期对夫诸形象的描绘有所不同，明时期夫诸取材于自然界的麋鹿形象，鹿角外扩，枝丫分叉较多，身上斑纹比较明显（图5-51），清时期夫诸则全身洁白，鹿角简单短小，似马非马（图5-52）。

2. 夫诸图案再造在服装设计中的应用

在服装图案再造时（图5-53），设计者略去夫诸身体部分，着力展现其头部。具体借鉴蒸汽朋克美学风格，融入了齿轮、合金、激光元素，带来一种颇具未来科技感的四角鹿头设计。蒸汽朋克源于19世纪中期，成熟于20世纪80年代，是将蒸汽时代机械美学与奇幻魔法世界平行并置的艺术风格，在文学、游戏、动画、服装等领域十分流行。蒸汽朋克常常将生物和机械共置，使用机械对生物进行局部改造是蒸汽朋克文本创作中的一个重要主题，在视觉呈现上常常表现为科学怪人或毛发与金属并存的半机械半兽物种。❶

图5-51　夫诸（明·蒋应镐绘）

图5-52　夫诸
（清·汪绂绘）

图5-53　夫诸图案服装设计及其细节（王雨亭绘）

---

❶ 郭晓寒. 浅谈蒸汽朋克美学 [J]. 艺术科技,2018,31(4):94.

《山海经》图案文化具备魔幻艺术潜质，为了表现传统与未来之间并置时的艺术张力，设计者运用中国画中白描的画法画出花丛，鹿头仿佛从花丛中伸出来，显得刚柔并济、恰到好处。在服装与图案结合时，设计者选用实穿性较强的运动外套款式，图案主要表现在背部，夸张的大廓型是近年的流行趋势，同时也是朝突破束缚追求舒适和自我感受的方向发展的一个有效途径。上衣以银色为底，袖与领部的银光蓝自带偏光效果，在有光的环境下会显得张扬且耀眼，凸显科技美学特色。夫诸脑后的花丛被施以红色，以夫诸为中心，其色彩逐渐减淡，其目的是烘托主要图案，形成立体错觉。

四、《山海经》植物元素在现代服装图案中的再设计

从《山海经》内容来看，其中的木本植物大都没有定名，都是依据树木的特征而称谓的。例如，《海外南经》的三珠树，三珠树生长在赤水岸边，样子像柏树，树叶全由珍珠组成故称为三珠树。从美学角度看，《山海经》中的植物图像风格简单而质朴，携带着人类童年时期的审美基因，具有设计应用价值。

（一）扶桑树

1. 对扶桑树的描述

《山海经·海外东经》："汤谷上有扶桑，十日所浴，在黑齿北。居水中，有大木，九日居下枝，一日居上枝。"意思是扶桑树生长于汤谷，十个太阳在那里洗澡，其中九个在扶桑树下枝，一个升出枝头，由金乌驮载照耀大地，如此往复，造福众生。《楚辞·九歌·东君》就有"暾将出兮东方，照吾槛兮扶桑"之句，说明楚人十分熟悉扶桑的来历和典故，在楚地神话语境中，扶桑树被认为是连接神、人、冥三界的大门，被称为"太阳树"。在楚地出土的漆箱上，可以看到扶桑树上有太阳，有鸟兽停歇（图5-54）。据研究，扶桑树的功能主要体现在楚人巫傩祭仪活动中，巫师通过神树这一天地间的通道来进行降神和陟神程序。所谓降神，就是巫师通过仪式和手段把神明从天界请下来指导下界祈福灭灾。陟神则是楚国巫师通过神树上达天界，登天求仙或者成神。❶扶桑树的神秘特性与现代社会的魔幻艺术审美具有共通之处，因此梳理其文化内涵和自然界的原型可以为现代服装图案设计提供理论支撑。漆箱上的扶桑树叶呈椭圆形，经考察，分布在东方的白桦树的叶形和果实比较符合扶桑树的特征，被认定为其原型。事实上，信奉萨满教的蒙古族也崇

❶ 张华珍，项章. 楚"神树"研究 [J]. 江汉考古，2003(3)：77.

拜这种独立支撑、鲜花盛开、耸入云霄的白桦树，认为树上住着他们的守护神保木勒。❶
可能受到玄幻艺术的影响，在陈丝雨笔下，扶桑神树完全脱离了漆画中的写实和质朴美感，树的形象被保留下来，但突出了太阳的形象，红色的火焰带给人炙热感，云层环绕体现其贯通天地的特征。三足乌鸦与太阳融为一体，表现手法偏向于写意，画面美观直白，动静结合，有现代艺术感（图5-55）。

第五章 楚图案文化元素与现代服装图案设计

165

2. 扶桑树图案在服装设计中的应用

在图5-46的毕业作品中，设计者在上衣中采用数码印花方式，将陈丝雨所绘扶桑树展现出来，与如鲵鱼一起塑造出现代审美趣味下的《山海经》文化。

图5-54　楚漆器上的扶桑树

图5-55　扶桑树（陈丝雨绘）

（二）建木

1. 对建木的描述

《山海经》内有两处记载"建木"，其中《山海经·海内南经》记载："有木，其状如牛，引之有皮，若缨，黄蛇。其叶如罗，其实如栾，其木若蓝，其名曰建木。"《山海经·海内经》记载："有木，青叶紫茎，玄华黄实，名曰建木，百仞无枝，上有九欘，下有九枸，其实如麻，其叶如芒，大暤爰过，黄帝所为。"据此可知，建木树干能够高达百仞，树叶为青绿色，树干为紫色，开的花为黑色，结的果为黄色。大暤曾经通过此树进入天界，也是黄帝所种。《淮南子·地形训》记载："建木在都广，众帝所自上下，日中无影，呼而无响，盖天地之中也。""都广"应为"广都"，即现在的成都平原，也就是说，建木分布在四川成都地区。成都三星堆二号祭祀坑里出土了两棵商代青铜树，学界对它们的定名众说

❶ 刘本玺,李恒,龙春林,等.《山海经》三大神木的植物学考订 [J]. 植物分类与资源学报,2013,35(4): 489.

图5-56 建木（孙小琴绘）

图5-57 "建木"图案设计（王雨亭绘）

纷纭，有人认为是扶桑，有人认为是建木，也有人认为是扶桑、建木和若木等神树的复合体。❶无论如何，两棵神树的出土与《山海经》中神树的记载可以相互印证，反映了古代社会对树的崇拜，以树为工具实现驱邪祈福，从而表达飞天成仙的美好愿望。

2. 建木图像绘制及图案再造

具体到建木的图像绘制，孙小琴以黑白二色刻画出建木复杂的根系，遒劲有力的枝丫和繁茂的树叶呼应了古文献中对它"其状如牛"的描写，却未表现出建木的高大（图5-56）。在服装图案再造设计中，设计者采用虚实结合的方式描绘出建木的叶和果，以簇拥着的墨圆表现紧凑的花朵，色彩配置以墨绿为底，黄、黑为辅，以表现"玄华黄实"的画面（图5-57）。

具体到服装造型中，设计者选择修长、古朴而庄重的服装廓型，暗喻建木高达百仞；色彩应用主要来自建木的紫色树干和绿叶，选用纯度较低的紫色和墨绿作为主色相互交叠穿插应用；面料以毛料和呢料为主，融入图案提花对其进行改造丰富视觉效果；图案方面，"建木"图案是对其剑形树叶、黑色花朵进行单独设计，金色作为整体服装的点缀色，以线的方式用刺绣的工艺手法勾勒出树叶的形状，在暗色的背景中显得尤为出挑。线的重要特征是长度，基本的功能是限定图形的轮廓，不同粗细、长短、质感的线，能表现出风格迥异的画面。❷此处线条长短不一，但是抑扬顿挫极为传神，使树叶更具生气。黑色的花朵设计看似随意，有大有小，形态各异，但其分布错落有致，在墨绿的背景中若隐若现，很好地衬托出树叶轮廓。系列服用色沉稳，整体偏灰色系，三套服装对图案的展现分别采用袒露、遮挡和半遮挡的方式，增加设计的稳重感和服装系列的节奏连贯性（图5-58）。

❶ 张华珍,项章. 楚"神树"研究 [J]. 江汉考古,2003(3):74.

❷ 周锋. 论平面构成在服装设计中的应用 [J]. 装饰,2011(6):132.

衣以载道 楚文化在现代服装设计中的传承与应用研究

图5-58 "建木"元素在现代服装设计中的应用（王雨亭绘）

五、《山海经》地理元素在现代服装图案中的再设计

（一）《山海经》地图

《山海经》也被命名为《山海图》《天下地志图》或《天下图》，记载了远古时代中国所在之地古昆仑一带的概貌等内容。❶先秦时期的地图并未保存下来，但后人对《山海图》地理图志的探索却从未停歇，在朝鲜保存的古籍中出现了许多古代《山海图》，又被称为《天下图》。在服装品牌密扇2018春夏系列中，设计师将山海经的地图元素融入服装设计，以明度和饱和度极高的黄色和红色相撞，造成强烈的视觉冲击，极富装饰意味。另一款裙装底部则将山海图进行拆分，提取局部图案细节，辅以汉字元素，黑白二色的设置稳重雅致，以平衡服装造型所带来的夸张、反叛效果（图5-59）。

❶ 扶永发.神州的发现:山海经地理考[M].昆明:云南人民出版社,1992.

图5-59　密扇2018春夏系列 ❶

（二）不周山

1. 对不周山的描述及绘图

《山海经·大荒西经》："西北海之外，大荒之隅，有山而不合，名曰不周负子，有两黄兽守之。有水曰寒暑之水。"在西北海外大荒角落，有座山因为断裂而合不拢，名叫不周山，由两只黄色的怪兽守着。现代学者考证，不周山位于昆仑山西北部。但在古代传说中，黄帝的孙子颛顼与炎帝后代共工氏为争夺帝位而发生战争，共工氏一怒之下，撞断不周山，从而引起日月星辰改变位置，山川河流也随之移动，天柱断裂之后，女娲炼五色石补天。后来，不周山成为人界唯一能够到达天界的路径。关于不周山的图案描绘，需要注意"有山而不合"的文字表述，因为这是对有缺口环形山这种特殊地形地貌的具有专业术语性质的准确观察和描述。❷两座山间有一条半冷半热的水流叫作寒暑水，除其山势特殊以外，两只守护兽也是不周山的特点之一。清代汪绂绘制的不周山图变现手法较为直白，一座合不拢的山下有两只怪兽，通俗易懂但画面中缺少联系（图5-60）。

2. 不周山元素在服装设计中的应用

在中国本土久久童装品牌2018春夏系列中，设计师以《山海经》为主题，将不周山元素应用到了服装图案设计中。如图5-61所示，该服装图案中的山体呈现层层裂开、环环相绕状，山下两只怪兽相对而坐，山间有水流，云雾缭绕。图案内容繁多，但远近层次

❶ 图片来源：搜狐网，密扇2018春夏系列。

❷ 任乃宏. 渤泽考——兼论不周山及其他 [J]. 文物春秋，2015(5)：3-7.

分明，体现了设计的空间差异性（所谓空间差异性，是指造型艺术各门类内部在空间表现上具有彼此不同的特性）。在这款不周山图案再造中，山水、云雾、神兽在空间表现上各具特征，设计者同时采用西方的"焦点透视"法，使图案呈现放射状，体现出空间的纵深感。图案色彩采用黑、白、灰无彩色进行绘制，构图运用对称式结构，增强了画面整体的平衡感与稳定性。图案绘制细致入微，怪兽仿佛藏于山中，近观可得，远观全图又好似一幅现代即兴艺术创作。

随着中国国际地位的不断提升，中国元素在现代国际时装设计中的运用也变得频繁起来，为了丰富国际社会对中国元素的认识，我们应该深度挖掘并呈现中国文化的多样性。就楚文化而言，从《楚辞》到《山海经》，从庄周到"宽柔以教不报无道"的"南方之强"，在意识形态各领域，仍然弥漫在一片奇异想象和炽烈情感的图腾——神话世界之中。❶在游戏、影视、文学领域，凤鸟元素与《山海经》记载的神话传说、神人异兽等元素深受"90后""00后"受众的喜爱。但在服装设计领域，凤文化元素的借鉴多囿于明清时期，现代设计师对楚凤图案的关注不够，《山海经》与服装设计之间的交流也有待继续深入。服装设计是表达和传承中华民族优秀文化的重要载体，楚凤元素和《山海经》元素所蕴含的文化价值和艺术设计价值决定了它们可以成为传承与弘扬中华民族优秀文化的工具。因此，遵循平面图案设计规律和服装造型原则、探索楚凤元素和《山海经》元素在服装图案设计中的应用有助于推动传统文化走出去的进程。❷

169

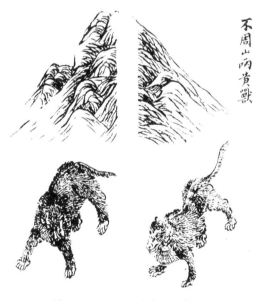

图5-60　不周山（清·汪绂绘）

图5-61　久久童装2018春夏系列 ❷

❶ 李泽厚. 美学三书 [M]. 天津：天津社会科学出版社, 2003：61.
❷ 图片来源：童装加盟网，久久童装2018春夏系列。

第六章

楚色彩元素与现代服装色彩设计

服装色彩设计是服装设计过程中色彩的配置。当人们用眼睛观察自身所处的环境，色彩首先闯入人们的视线，产生各种各样的视觉效果，带给人们不同的视觉感受，直接影响着人们的美感认知、情绪波动乃至生活状态、工作效率。在中国古代社会，服装色彩是区别着装者身份、等级的重要视觉符号，同时也代表着人们对宇宙、天地的探索和认知，因此，统治阶层制定了一系列复杂的服色制度，并不断修改完善。在现代社会中，服装色彩依旧是一种抽象的视觉语言，也被赋予相应的情感、审美品位和文化象征内涵。当考察楚色彩文化元素在服装设计中的应用时，不能孤立地从现代审美观的角度看待楚文化中的造型元素、纹饰元素，以致忽视其产生的土壤，但也不能简单地将其圈定在特定的时代语境中。就楚地色彩文化而言，我们既要看到楚色彩文化产生和发展过程中人的主体作用，同时要注意到楚色彩文化诸多元素的审美价值、文化内涵及其对现代服装设计的借鉴意义和融合方式。楚地漆器和刺绣文化不仅是地域文化，而且流淌着中华民族文化的血脉，更与现代时尚文化有审美相通之处。如何将这种传统技艺和文化发扬光大，成为全球多元文化中的奇葩，是社会各界应该思考的问题。本章以漆器色彩和刺绣色彩作为考察基点，分析其在现代服装色彩设计中的应用。

第一节　楚人色彩审美文化

目前，学界对楚人的色彩研究以"尚赤"或"尚红"为主要结论，[1]实际上，从先秦楚地造物及文献资料中可以看出，楚人的设色方式是因器制宜的，时而尚赤，时而贵赤，时而巧用间色，五彩杂陈，浪漫绮丽，时而神秘诡异，巫味十足，其审美心理既不拘泥于中原五色观念的规约，又不同于老庄所秉持的色彩观念，呈现独特而复杂的地域文化特色。本节结合历史学、美术学、民俗学、心理学研究方法，依托出土文物和文献资料，对楚人色彩审美文化再考察，并探讨其心理成因。

一、楚人色彩审美

先秦时期，中原地区形成了一整套系统的五色、五行、五方观念，其色彩审美与方位、政治、伦理道德等紧密联系在一起。《礼记·礼运》注曰："青、赤、黄、白、黑，五

---

[1] 夏晓伟. 从楚墓出土丝织品的色彩看楚人"尚红"[J]. 江汉考古,2003(3):68-72.

方正色。不正为五方间色：绿、红、碧、紫、骝黄是也。"明确规定五方之色相对应的青、赤、黄、白、黑为正色，其中黄色居中为尊。五色中两两相克的色相调和而成的文、章、黼、黻为间色。中原的五色观是贵正色、贱间色。后来的阴阳家邹衍创立"阴阳五行说"，将天文、地理、气候、历法、音阶、色彩、方位等与五行图式结合起来，形成包罗万象的符号象征系统（表6-1）。

表6-1　五色对位体系表

五色	青	赤	黄	白	黑
五行	木	火	土	金	水
五方	东	南	中	西	北
五候	春	夏	季夏	秋	冬
五声	羽	徵	宫	商	角
五兽	苍龙	朱雀	黄麟	白虎	玄武
五帝	太昊	炎帝	黄帝	少昊	颛顼

在服饰色彩搭配上，中原地区遵守五色观念，上下和男女有别。《易·系卜辞下》："黄帝、尧、舜垂衣裳而天下治，盖取诸乾坤。"先秦时期的服饰形制是按照天地特征来制定的。上衣与乾相对应，乃天未亮时的玄色（黑色）；下裳与坤对应，为黄色。最初的上衣下裳分别是上玄下黄的颜色。后来，《礼记·玉藻》明确规定："衣正色，裳间色，非列彩不入公门。"子曰："君子不以绀缅饰，红紫不为亵服"。朱熹注曰："红紫，间色不正，且近于妇人女子之服也。亵服，私居服也。言此则不以为朝祭之服可知。"这里的"红"乃红白混合之色，《说文解字》载，"红，帛赤白色也"，如同现代社会的粉红色。因为红色和紫色都属于混合而成的颜色，属于间色，多为女性使用。再如，与赤同一色系的颜色有朱、绛、丹、红、茜、彤、赭、绯，但却贵贱有别。根据周人的染织工艺，丝帛在红色染料中染三遍后的效果叫作"赤"，染四遍叫作"朱"，似乎赤红是浅于朱红。❶《礼记·玉藻》记载："韠，君朱，大夫素，士爵韦。"这里的"韠"又叫"韨"或"带"，是天子与诸侯冠服中的蔽膝，天子蔽膝的颜色为朱，是最高等级的配饰。西周晚期，朱韠成为天子对臣子授以职位的象征。西周后期的"颂鼎"上便记载，名为"颂"的人被天子授予建造新宫的管制，赏赐其"玄衣黹纯，赤市朱黄"等物件，具体为绣有花纹衣边的玄色衣，佩戴赤色蔽膝，朱黄即朱色发笄。可见，朱与赤一样，在先秦时期成为等级较高的色彩。

❶ 陈鲁南. 织色入史笺 [M]. 北京:中华书局,2014:13.

因此，从色彩审美上看，以孔子为代表的儒家学派并不排斥纹饰，相反高度重视和欣赏文采之美，只不过，这里的文采搭配要符合"乐而不淫，哀而不伤"的中庸之度，要以礼节情，为政以德。《论语·雍也》："质胜文则野，文胜质则史。文质彬彬，然后君子。"像齐桓公那样，过度追求纹饰，令紫色在其诸侯国内形成风尚，从而扰乱周礼中的色彩秩序，是令人不齿和厌恶的，难怪孔子愤言"恶紫之夺朱也"。然而，通过观察出土的楚地文物可以发现，无论是日常生活用具，还是丧葬礼仪、巫术礼仪等器具，楚人无视五色规约，因器制宜，设色大胆，表现出丰富、热烈、灿烂的色彩审美趣味。

（一）贵赤重黑

1. 楚人贵赤

从《楚辞·招魂》中，我们可以窥见楚人宫殿陈设与装饰，"网户朱缀，刻方连些""经堂入奥，朱尘筵些""红壁沙版，玄玉梁些"，大意是房门漆上红网状的纹饰，其间雕刻连方图案；由正室入内，可以看到红色隔离尘土的竹席；厅堂内的墙壁、隔板均由朱砂漆漆就，而屋梁上镶嵌着黑色的美玉。因此，我们是否可以认为，楚人"尚红"或"尚赤"？"尚"有崇拜和流行之意，但在丝织品中，楚人并未大肆滥用"赤"和"朱"二色。迄今为止，湖北、湖南等地出土了大量楚人的丝织品，如湖北江陵的马山一号楚墓被称为"丝绸宝库"，出土的丝织品数量达到152件，其材质涵盖了绢、绨、纱、罗、绮、锦、绦、组和刺绣。其中有服饰17件，如锦袍、单衣、夹衣、锦袴等，还有镜衣、枕套、囊、握等。除此之外，湖北江陵的望山一号、二号楚墓、九号楚墓、沙冢一号楚墓，湖北荆门包山二号楚墓，湖南长沙楚墓群中也有大量丝织品出土。有人对这些楚墓丝织品的色彩进行了统计分析，得出如下结论：一是红色、棕色、黄色、褐色在各墓出土丝织品的用色中均占有相当大的比例；二是如果把四种色调在丝织品上使用的频率累计的话，棕色位居第一，接着依次为黄、褐、红色；三是棕色和黄色的地位突出，在丝织品中出现的频率位居前列。❶有趣的是，"赤"色并非最普遍多见的色彩，在统计中一般在棕、黄、褐之后。

仔细观察，可以发现"赤"和"朱"色分别用于锦、绮、组、刺绣上，只有在马山一号墓中出现在绢上。棕色多用在名贵的锦上，黄色则多出现在绢上，往往是锦的底色。我们知道，在古代社会，丝织品往往由手工织就，绢的织造方法相对于锦、绮和组来说工艺简单，因此价格相对低廉。《墨子·辞过》载："治丝麻，捆布绢，以为民衣。"看来，绢布制成的衣服常为平民百姓所用。而锦、绮、组和刺绣的工艺相对复杂，多为上流社会人

❶ 夏晓伟. 从楚墓出土丝织品的色彩看楚人"尚红" [J]. 江汉考古,2003:70.

士所用。汉代刘熙在《释名·释采帛》中说道："锦，金也。作之用功重，其价如金，故其制字从帛与金也。"与锦相比，刺绣讲究工艺和技巧，其艺术价值和经济价值高于锦。先秦贵族必然受到《尚书·益稷》所谓"黼黻文绣之美"的影响，其服饰多以刺绣为尊贵。在楚国鼎盛时期，上流社会追求奢靡的生活方式，锦绣服饰用具十分常见。这也能够说明，"赤"色为何主要存在于锦绣之上，并且不能普遍而施，只是作为锦上添花、画龙点睛之妙用，方显其地位之尊贵。

2. 楚人重黑

与此同时，楚人也十分喜爱黑色。由于楚地盛产漆树，楚人的日常生活用具和娱乐器具多为漆器，如漆杯、漆碗、漆盒、漆盘、漆勺、漆豆、漆几、漆案、漆床等；娱乐器具如漆鼓、漆琴、漆瑟等；工艺品如漆座屏、漆动物摆件等。陪葬和丧葬用具也多用漆器，如漆木俑、漆棺、漆镇墓兽等。楚人漆器的装饰一般是以黑漆为底、赤漆为画；或黑漆在外，朱画在内。赤色如火焰，鲜艳夺目，黑漆庄重神秘，深邃沉静，二者相互对比衬托，构成楚人漆器彩绘的基本色调，给人以强烈的视觉冲击。

3. 楚人对服饰中的赤、黑两色审美心理

在马山楚墓出土的龙凤虎纹刺绣单衣中，分别使用了朱砂、黑、绛红、深褐、土黄、黄、灰白等颜色的绣线。由于该单衣属于素罗，呈半透明色，密密匝匝的绣线形成的花纹与疏朗的绣地形成空间对比。在满铺的纹绣中，以朱砂和土黄对比的龙凤搏斗其间，一只身披赤黑二色条纹的精瘦猛虎点缀其间，尾巴惊起，仰首嚎叫。这头猛虎是用朱红和深灰两色硫化汞染成的丝线绣成的。朱红色鲜艳夺目，深灰色含着光泽，虽然经过了两千多年，仍然保留着极好的染色牢度和色彩，这不能不令人叹服染色工匠的高超技艺。❶从图案和色彩配置上来看，红黑二色构成的视觉冲击与整个画面的黄褐色进行二次碰撞，在绚烂的色彩中起到夺目和点睛的作用，从而凸显楚人贵赤重黑的色彩审美心理。

在五色观中，"赤"和"朱"的地位较高，受此影响，处于统治阶层的楚人以"赤""朱"为贵，将其作为社会等级和个人身份的象征色彩，并非一般百姓所能使用，不能简单地以"尚赤"或"尚红"来概括楚人的审美心理，用"贵赤"来表述可能更为贴切。

（二）重文轻质

1. 楚人造物对颜色的使用

结合现代的色彩学原理，红、黄、蓝属于颜料三原色，间色乃是某两种原色相互混合的颜色。例如，将红色与黄色等量调配可以得出橙色，红色与蓝色等量调配可以得出紫

---

❶ 彭浩. 楚人的纺织与服饰 [M]. 武汉：湖北教育出版社，1996：34.

色，而黄色与蓝色等量调配可以得出绿色。周人五色观念是生活经验与政治、伦理结合的产物，正色两两调和之后出现的间色地位不高。但楚人也许认为，单调的对比容易让人产生乏味之感。因此，除了对赤、黑二色的喜爱，楚人巧用间色，将蓝、翠绿、灰绿、赭、紫、土黄、金、银等色彩与正色相配，以达到或富丽，或浪漫，或诡异的视觉效果。可以说，楚人造物的历史、楚人的艺术史就是一部装饰的历史。❶

著名的荆州楚墓木雕彩绘座屏，通体髹黑漆，再施以赤、金、绿、银等色彩，其中绿色十分鲜艳夺目。湖北沙市喻家台四十一号墓出土了彩绘龙凤纹漆瑟，瑟体两端髹黑漆，首尾乐及挡板、内外侧板的两端则以红、黄色彩绘龙、凤图案。❷为了避免色彩繁多带来的跳脱和视觉刺激，楚人也使用同种、邻近和类似的间色进行搭配，从而实现整体色调的协调。与蓝临近的色彩有青、翠绿、灰绿；与黄色相近的色彩有棕、褐、土黄等。楚人在丝织品中还常常使用不同色调的黄色，如土黄、浅黄、褐等，以协调红黑对比、冷暖色对比所形成的视觉刺激。江陵马山一号墓出土的大宗精美丝织刺绣衣被上施色多达数十种：朱红、绛红、橘红、深赭、金黄、棕黄、茶褐、深绿、草绿、淡绿、茄紫、银灰、灰白等。❸

2. 楚人文学作品中追求繁缛的装饰色彩

除此之外，楚人的文学作品表现出喜爱夸张繁缛装饰的风俗。《楚辞·离骚》描写作者自己喜爱以各种花草装饰自身，"扈江离与辟芷兮，纫秋兰以为佩""擥木根以结茝兮，贯薜荔之落蕊。矫菌桂以纫蕙兮，索胡绳之纚纚""佩缤纷其繁饰兮，芳菲菲其弥章"。《楚辞·湘君》："薜荔柏兮蕙绸，荪桡兮兰旌。"作者以香草为帘，蕙草当帐，荪草装饰船桨，兰草作为旗子。《楚辞·湘夫人》："筑室兮水中，葺之兮荷盖。荪壁兮紫坛，播芳椒兮成堂。桂栋兮兰橑，辛夷楣兮药房。罔薜荔兮为帷……合百草兮实庭，建芳馨兮庑门。"作者为了迎接女神，在其荷叶、荪草、紫贝、芳椒、桂木、兰木、玉兰、白芷、薜荔、蕙草、白玉、石兰等都被用来布置和装饰房屋，可谓煞费苦心。不同浓度的白、绿、黄、红形成丰富多彩的视觉语言，达到娱神娱己的美学效果。《楚辞·九章·涉江》："余幼好此奇服兮，年既老而不衰。带长铗之陆离兮，冠切云之崔嵬。被明月兮佩宝璐。"表现作者喜爱佩戴夸张的长剑和高冠，佩戴闪亮的珠宝美玉。

3. 楚人现实生活中重文轻质的审美心理

在现实生活中，楚人确实追求色彩艳丽，繁缛装饰，这在各诸侯国中是享有盛名的。春秋战国时期楚地漆器艺术蓬勃发展，其色彩运用极其丰富。春秋时期主要有红、黑、

---

❶ 王祖龙. 楚美术的色彩取向与色彩观念 [J]. 三峡大学学报（人文社会科学版），2009，31(5)：84-90.
❷ 皮道坚. 楚艺术史 [M]. 武汉：湖北美术出版社，2012：232-233.
❸ 姚伟钧，张志云. 楚国饮食与服饰研究 [M]. 武汉：湖北教育出版社，2012：326.

黄三种，战国时期主要有红、黑、黄、褐、蓝、绿、金、银、银灰九种。❶《国语·楚语（上）》记载，楚灵王所筑的章华台美艳无比，主要在于其"彤缕"装饰，当然也少不了黄、褐、蓝等色彩的对比与冲突。楚王也喜欢穿着五彩斑斓的锦衣。《诗经·秦风·终南》曰："君子至止，锦衣狐裘……君子至止，黻衣绣裳。"毛传解释道："锦衣，彩色也。"所谓"锦衣"，即五彩杂陈绣衣。《吕氏春秋·贵因》记载："墨子见荆王，锦衣吹笙，因也。"高诱注："墨子好俭非乐，锦与笙非其所服也，而为之，因荆王之所欲也。"可见，墨子身着锦衣实际上是投楚王所好。正所谓上行下效，楚王对五彩斑斓色彩的爱好必然引起百姓的效仿。《韩非子·外储说左上》中记载的"买椟还珠"的故事："楚人有卖其珠于郑者。为木兰之柜，熏以桂、椒，缀以珠玉，饰以玫瑰，辑以翡翠。郑人买其椟而还其珠。此可谓善卖椟也，未可谓善鬻珠也。"在这里，楚人在盒子的装饰上至少使用了黑、绿、黄、红四种颜色，再加上香氛或图案装饰，令买者舍本求末。以至于老子对此进行批判："五色令人目盲，五声令人耳聋。"庄子则呼吁"灭文章，散五彩，胶离珠之目，而天下始人含其明也。"在他们看来，楚人的纹饰之风已然成为滋生社会罪恶、遮蔽世界本真的罪魁祸首了。

可见，中原地区的色彩审美以"以礼节情，为政以德"为理想，色彩审美是庄重肃穆、文质彬彬的，如孔子所提倡的"素以为绚""绘事后素"，文饰要有礼有度。楚人却大相径庭，擅用间色，五彩杂陈，走向纹饰盛隆的审美道路，表现出重文轻质的审美心理。

（三）恢诡谲怪

1. 楚人色彩审美具有原始特征

由于知识和经验的局限，人类仰望星空，观察和体悟四时变化，在无法把控的情况下，相信超自然神灵的存在，相信神灵鬼怪掌控或影响着人类的生死问题。在长期的发展过程中，楚人与中原文化关系若即若离，形成高度发达且风格独特的地域文化。在对待鬼神的态度上，楚人也与中原诸夏不同，其巫术狂欢的原始基因更甚，导致其色彩审美也可用"恢诡谲怪"（《庄子·齐物论》）来概括。

2. 曾侯乙墓漆器中的色彩

从生理学上来看，人类对颜色的体验具有共性特征。黑色具有神秘庄严的特性，红色令人兴奋，黄色显得活泼，金色显得富丽。曾侯乙墓的内棺漆画以赤为底色，以黑线勾勒或平涂，兼用黄色和灰色，绘制出不同类型的神异、龙凤及怪兽图像，是以《山海经》为代表的南方神话传统的视觉方式呈现（图6-1）。与楚人宫室里鲜艳夺目的彤、丹色彩

---

❶ 刘延春.楚地出土鹿角文物研究[D].长沙:湖南大学,2017:22.

图6-1　曾侯乙墓内棺漆画局部
（图片来源：湖北省博物馆）

图6-2　双头镇墓兽
（图片来源：荆州博物馆）

不同，扑面而来的赤色形成强烈的视觉刺激，和密密匝匝的神怪图像勾画出一个狞厉诡怪的神话世界，令观者产生恐惧或敬畏的心理。同墓出土的漆衣箱虽是生活用具，但也蒙上了神秘色彩，以黑色为底，仿佛代表深邃幽远的天空，让人产生无限遐想；用红漆描绘出二十八星宿、青龙、白虎、扶桑树、太阳、鸟、兽、蛇和持弓射鸟等图像，让人仿佛置身于远古神话传说世界。

3. 江陵天星观一号墓中双头镇墓兽的色彩

江陵天星观一号墓出土的双头镇墓兽（图6-2），高达170厘米，背向的双头曲颈相连，颈下端合二为一。两只兽头雕成变形龙面，巨目圆睁，长舌垂至颈部。两头各插一对巨型鹿角，枝杈横生，变幻莫测，十分奇异生动。在该镇墓兽的全身髹黑漆后，又用赤、黄、金三色描绘出兽面纹、夔纹、勾连云纹等。巨大的鹿角在古人心目中具有神性特征，其向上、向四周扩展的姿态仿佛支配着一个苍茫的空间；神兽俯视大地，仿佛管领着一个深邃、幽昧的空间。天上和地下的两个空间，都是楚人关注、谛视、凝想的永恒对象，但都像《庄子·逍遥游》所讲的，"其远而无所至极耶"。❶以黑漆为底显示出神秘庄严的无限空间，赤色的眼珠和长舌令人心生恐惧，进而萌生敬畏和崇拜之情。金色和黄色的点缀增添了神兽的怪诞狞厉。

二、影响楚人色彩审美的主要因素

某个民族或群体的色彩审美文化一般会受到自然环境、社会文化、宗教信仰、民族风俗等因素的影响。楚人贵赤重黑、重文轻质、恢诡谲怪的色彩审美，不仅受到中原五色观念影响，更与楚地独特的物产、祖先崇拜、风俗习惯密不可分。

❶ 刘玉堂，赵毓清. 中国地域文化通览·湖北卷 [M]. 北京：中华书局，2013：94.

（一）"时空"体悟

这里的"时空"体悟指的是先秦时期的楚人所处的自然环境和社会环境体验。

1. 自然环境

从字的结构来看，"赤"在甲骨文里的造型是火上架着一个人。在小篆中，"赤"的结构是上土下火，仿佛是原始初民刀耕火种的生活体验，其色彩也应该是晦暗的红色。黑色，则是火的残痕。《尚书·洪范》："赤者，火色也。"《说文》曰："黑，火所熏之色也。"楚地自古多湖泊山岭，农业生产离不开刀耕火种，就此而言，楚人贵赤重黑的喜好是农业生产习惯在色彩审美上的映射。

楚国国都郢现今为荆州之"纪南城"，《尚书·禹贡》记载："荆及衡阳惟荆州……厥贡羽、毛、齿、革惟金三品，杶、干、栝、柏，砺、砥、砮、丹惟菌簵、楛，三邦厎贡厥名。"《山海经·大荒西经》也说："大荒之中……有玄丹之山。"❶《礼记·王制》："南海则有羽翮、齿革、曾青、丹干焉。"郭璞注释："出黑丹也。"这记载了今巴东至秭归一带，有山名丹山。这一带正好是楚之西界。楚地出产丹砂，多生于山谷之中，由于产量少，十分名贵，是达官贵人所崇尚的色彩，开采丹砂者往往致富。用硫化汞作丝织品染料需要将其研磨成很细的粉末，使其能附着在织物纤维上，但硫化汞不溶于水，不能直接附着其上，即使一时附着，也不易渗入纤维，故极易脱色。在染色时需要使用媒染剂，方可提高染色牢度。因此，楚地丝织品上的丹、赤二色较少。据鉴定，在长沙楚墓出土的丝织品中，使用的红色原料就有丹砂。长沙马王堆一号汉墓出土的大批彩绘印花丝绸织品上面着有至今仍然十分鲜艳的红色花纹，都是用朱砂描绘的。

除此之外，楚地也普遍种植漆树，楚人庄子就曾做过"漆园吏"，《荆州府志·物产》载："木之属、松、柏、楸、檀、樟……货之居，金，荆南府枝江、江陵县、赤湖城皆商人淘采之地。"在半透明漆中调入不同矿物颜料，可以制成多种颜色的漆。例如，加入氢氧化铁可得黑色，加入石黄可得黄色，加入辰砂可得朱色，加入次硝酸铋和纯强盐酸，可得白色。❷楚人充分利用了漆的调色功能，使漆器的颜色丰富多彩。

2. 社会环境

楚先民先后依附于夏、商、周，"直到若敖、蚡冒时代，楚国的贵族仍以仿效华夏的礼制为荣"，❸楚人在春秋早期大启群蛮，略取汉东，以"敝甲""观中国之政"，同时也

❶ 郝懿行. 山海经笺疏[M]. 沈海波,点校. 上海:上海古籍出版社,2015:363.
❷ 高至喜. 湖南楚墓与楚文化[M]. 长沙:岳麓书社,2012:295.
❸ 张正明. 楚史[M]. 武汉:湖北教育出版社,1995:59.

在追效华夏文明的基础上进而融冶南北文化，楚文化便由茁壮而勃兴。❶在楚国立国后的八百多年中，在服饰、器物的制造上产生了等级区分。这种区分与以等级制为基础的商周社会"礼有度"的影响有关。❷《荀子》指出："冠弁衣裳，黼黻文章，雕琢刻镂，皆有等差。"晋国的随武子就曾说楚国是"君子小人，物有章服，贵有常尊，贱有等威，礼不逆矣"。楚人也相信："天有十日，人有十等。"因此，在色彩审美上，楚人也脱离不开中原地区的影响。早在人类的"童年"时期，原始初民面对广阔而荒蛮的自然界，容易产生出无法把握的恐惧感。随着知觉经验的积累，他们产生出方位感，在中国便形成了五色、五候与五方之说，构成一套系统的色彩、方位和月令系统。湖南长沙子弹库楚墓出土的一幅帛书上描绘了十二个神灵像，它们首先由细笔勾勒，然后用五色填彩，分别绘于帛书四周，每边三个，每组神像中间各绘一株植物，颜色分别为青、赤、白、黑。帛书中间书写着两大段共约900字的墨书文字，其方向相互颠倒。

关于楚帛书的内容，学界已有详尽的考证。有人认为此书蕴含着楚地流行的古史传说和宇宙观念，有的认为是阴阳家的著作，也有人认为是十二个月的宜忌，可能是战国时代数术性质的佚书。不管怎样，这十二神和四木与四色、四方、四季一一对应，暗示着五行的空间分布和时间循环，应该是建立在五行五色之上的时空理论。其论述的是天象与人间灾异的关系，是关于四时、昼夜形成的神话传说。李学勤甚至推测，楚帛书的摆放应当以南（夏季）为上，❸如此推断也有道理，楚人地处南方，对应的色彩为赤，故以赤为贵、以南为上，由此可见，商周中原地区的时空文化对其产生的影响。

（二）祖先意识

楚人的先祖可以追溯到重黎，《史记·楚世家》记载，重黎乃帝喾时期的官员，"掌祭火星、行火正"，后被命名为"祝融"。《国语·郑语》记载，祝融能"昭显天地之光明，以生柔嘉材者也"。后来被神话为炎帝，主管南方。《白虎通义·五行》中说："炎帝者，太阳也。"由此，楚人崇拜祖先祝融，从而延伸出对太阳和火的崇拜。太阳和火的颜色皆为赤色，赤色便成为楚人审美中尊贵的颜色。楚人相信《白虎通义·五行》所记载的，祝融"其精为鸟，离为鸾"，凤鸟成为楚人的氏族图腾，被加以崇拜。有着渊源久远"尚赤"传统的楚人，在生活中不可能一下子割断历史的脐带，这一文化基因必然通过物质文化和精神文化的创造体现出来。❹因此，在楚造物中，凤鸟的形象处处可见，在施色上，黑色

❶ 蔡靖泉. 楚文化流变史 [M]. 武汉:湖北人民出版社,2001:8.
❷ 杨鹓. 苗族服饰与楚国服饰的比较研究 [J]. 吉首大学学报(社会科学版),1993(4):82-85.
❸ 李学勤. 楚帛书中的古史与宇宙论 [M]. 南昌:江西教育出版社,2001:53.
❹ 王祖龙. 楚美术的色彩取向与色彩观念 [J]. 三峡大学学报(人文社会科学版),2009,31(5):88.

往往是底色，赤色和朱色总是发挥着引领或强化主题的作用。

（三）巫觋风俗

1. 原始初民追求艳丽神秘

法国人类学家列维·布留尔指出，"原始思维和我们的思维一样关心事物发生的原因，但它是循着根本不同的方向去寻找这些原因的。原始思维是在一个到处都有着无数神秘力量在经常起作用或者即将起作用的世界中进行活动的……任何事物，即使是稍微有点儿不平常的事物，都立刻被认为是这种或那种神秘力量的表现"。❶ "原逻辑思维"在楚人这里仍旧存在，总是用超自然的力量去解释周围的一切。原始初民对荒蛮世界的恐慌是楚地巫风习俗繁盛不绝的主要根源，这又导致他们在色彩审美上追求艳丽、夸张、神秘诡异的习惯，以达到请神、事神、娱神、庇佑自身的目的，久而久之，这种带着巫术狂欢性质的审美心理渗透到日常生活中，形成具有地域特色的色彩审美习惯。

2. 色彩是人神沟通的媒介

楚地有专门的巫阳职业，其职能是求神、招魂、降神、娱神等，楚人生活在充满幻想的神话和巫术世界里，形成了一套完备的通鬼神、娱鬼神的操作系统。色彩便成为这个操作系统中不可缺少的视觉语言。在《楚辞·大招》中，巫阳为了吸引魂魄归来，向后者描述了人间的种种美好，其中不乏斑斓的色彩。这里有唇红齿白、脸庞红润的美人，也有"夏屋广大，沙堂秀只"，指的是用丹砂涂饰的红色房屋。"琼毂错衡，英华假只"，人们乘坐的车辆车轴如美玉，可能是绿色，或者是白色，辕上的横木有华丽的装饰，可能包含了金色和其他活泼跳跃的色彩。"莨兰桂树，郁弥路只"，路边布满了香草和桂花，无疑是绿色、白色或金黄色相交织。"孔雀盈园，畜鸾皇只"，满园都是闪着七彩光芒的孔雀和鸾鸟凤凰。在《楚辞·远游》中，作者乘坐神马驾的车，"建雄虹之采旄兮，五色杂而炫耀"，竖起的彩旗用牦牛尾和五彩羽毛装饰，色彩鲜艳犹如彩虹。一路上，风伯飞廉开路，它的彩翼与云旗相连，雨师和雷公保驾，玄武相伴，众神随后而来。这是一个灿烂、神秘、耀眼的超现实世界，是神灵们所喜爱的世界。可见，在楚人的心中，色彩是人鬼、人神沟通的媒介，是娱鬼娱神的工具。

3. 楚人对夏、夷色彩的吸纳与创新

在长期的发展过程中，楚国与其他并存的封国和方国，既融汇中原诸夏传统文化，又吸收本土民族的文化，创造了高度发达且风格独特、"亦夏亦夷"的荆楚地域文化。❷ 从楚

---

❶ 列维·布留尔. 原始思维 [M]. 丁由，译. 北京：商务印书馆，1985：418.

❷ 刘玉堂，赵毓清. 中国地域文化通览·湖北卷 [M]. 北京：中华书局，2013：58.

地造物和文献资料分析可以看出，楚人的色彩审美一方面受到中原地区色彩观念的影响，结合地域物质资源，表现出贵赤重黑的审美心理；另一方面又突破前者的使用规范，开发出更多的间色谱系，如赭、蓝、紫、绿、棕、褐、金、银等，因器制宜，将这些颜色与正色相互杂陈，形成五彩斑斓的色彩世界，既传承了楚先民对祖先的崇拜意识，又反映出楚地浓郁的巫觋风俗。

如果用色彩审美来判断某个民族的性格特点，楚人则是一位性格外向、活泼天真、充满幻想、追求浪漫神秘的民族。在楚人的世界里，色彩成为一种符号和隐喻，是他们认识和把握真实的物质世界的工具，是维系社会秩序、支撑心理平衡的媒介，也是对超现实世界与自身关系的思考和观照。从人类学和文化学角度来看，楚人既讲究原色的对比，又讲究五彩配置的色彩审美意识与群体心理、宗教观念相互交织，形成较为稳固的文化意识内核和社会生活特征，积淀于楚人及其后裔的心理结构中，并支配着他们对生命、生活的态度。

第二节　楚漆器元素与现代服装色彩设计

在市场竞争中，产品外观设计的强烈色彩冲击力是打动消费者的重要因素。作为服装设计的要素之一，色彩艳丽、对比强烈的服装自然会吸引更多的目光。楚地漆器艺术最初源于对中原地区青铜艺术的模仿，但在纹饰图案和色彩配置中体现出的贵赤重黑、五彩杂陈、华丽浪漫之美自成一格，一扫青铜器那种庄严凝重的气息，对后世漆器艺术产生了巨大影响。随着文化的积淀和演变，楚漆器色彩文化逐渐汇入中国传统色彩文化长河之中。从设计角度看，楚漆器色彩如今仍具有时尚价值和应用价值，本节从色彩设计美学法则出发，探讨楚漆器元素在现代服装中的应用，以期为现代服装设计提供理论参考。

一、服装色彩设计美学法则

色彩是服装设计中的重要环节，良好的色彩配置能够增强人们对服装整体风格的认同感，提升服装款式或结构的表现效果。需要指出的是，服装色彩设计并非颜色的简单罗列和配置，而是根据服装款式、风格、面料并结合当下色彩流行趋势决定其整体设计方案。以面料为例，其性能对服装色彩美感产生很大影响，面料的厚薄程度、组织肌理等因素影响面料对光的吸收程度，从而呈现不同的美学效果。同样是红色，从生理心理解读来看，代表着热情、喜庆或吉祥的情感，但如果用薄纱面料表现，可能会塑造出轻盈飘逸的感觉，丝绸面料则表现出华丽的美感，PVC面料展现出前卫的视觉效果，而棉麻质地则会表达出低调、质朴的内涵。具体到色彩设计美学法则，可将其归纳为平衡、强调、节奏和分割四种类型。

（一）平衡

平衡指的是在服装色彩设计过程中，通过各种统调方法，使整体色彩搭配表现出和谐稳定感。统调则是指多色服装配色时为取得整体的统一而用一个色调支配全体，使服色达到和谐统一的配色方法，具体包括色相统调、明度统调、纯度统调和面积统调等。色相统调是指在参与配色的各色中加入相同的色相，使服装整体的色调统一和谐；明度统调是指通过加白或加黑，使参与配色的各色明度相似；纯度统调是指在参与配色的各色中加入灰色，使整个色调的纯度相似。面积统调是指通过改变不同色相的色彩面积，使其中一种颜色在服装中占据主导位置，另外一种或多种色彩占据次要位置，以实现视觉上的平衡。因为服装色彩有冷暖、轻重、进退、胀缩和强弱等感觉，这些感觉左右着用色面积的大小和配置位置的变化。例如，相同的服装配色，若面积不同，会有不同的感觉，有的协调，有的不协调。一般暖色和纯度高的色与冷色和纯度低的色相比，其面积小容易平衡；强色面积大、弱色面积小容易平衡；强对比的色彩相配时，采用一大一小的面积则容易平衡。

（二）强调

强调是在服装配色中重点突出某个部分，使之成为视觉的中心。当服装的配色过于单调时，可通过强调的方法使之产生紧张和刺激感，起到调和的作用。在服装配色中，强调部分可设置在服装配件上，如胸花、项链、领结、腰带等，采用比其他色强烈的色彩，以吸引人的注意力。如图6-3所示，该款长裙用不同走向和宽度的条纹面料堆叠出混乱立体的视觉效果，其中小面积的绿色薄纱打破了无彩色世界的沉闷混乱，在强调的同时稳定了人们的视线。

（三）节奏

节奏是指色相、明度、纯度、形状等色彩要素的变化和重复使人产生一定的秩序感或韵律感。具体来说，色彩的形状、明暗、浓淡及色相等渐进变化产生阶段性节奏；色相、明暗、强弱等变化反复重现产生反复性节奏韵律。服装面料上某些图案有规律的变化、重复及装饰边的连续变化等都可以产生一定的节奏感，不同图案及色彩间反差的大小不同，所产生的节奏感性格不同，在服装美中所起的作用也不同。

（四）分割

在服装配色中，当色彩间的对比由于过分近似或过分强烈而产生不协调的效果时，可在两色交界处用其他色分割，这种色被称为"分割色"。通过分割，使原来各色的面积、色相或明度得到改变，有些色得到加强，有些色被减弱，使整体服装色彩得到协调统一。分割色一般采用黑、白、灰或金色和银色。分割法在服装色彩设计中的应用是很多的，如在上衣和裙子间加腰带；衣襟上加装饰边；服装图案用线条包边等。如图6-4所示，黑色形成的图案将上衣分成红色、蓝色和绿色三个区域，削弱了三色之间的对比，起到了协调统一的作用，并增强了服装设计的趣味性。在服装设计实践中，设计师往往根据不同服装风格来统筹色彩的基调，并结合服装款式和服装图案，准确表达设计理念，满足消费者的需求。

图6-3　色彩强调❶　　　　　　　　　　图6-4　色彩分割❷

二、楚漆器主导配色在服装设计中的应用

（一）楚漆器主导色在礼服设计中的应用

战国楚漆器在制作工艺与装饰技巧方面的进步主要表现在胎骨制作、髹饰工艺水平

❶ 图片来源：嘉人杂志官网(Marie Claire)，色彩强调。
❷ 图片来源：搜狐网，色彩分割。

的大幅度提高，以及彩绘、贴金、铜扣等多种装饰手段的熟练灵巧运用。施色方面以红与黑、黑与黄为主导配色，或者是黑底上以红色、黄色描绘图案，或者以红为底凸显黑色图案，以褐、棕、蓝、绿、银、灰等间色调和。由此形成的图案装饰或庄重大方，或活泼动感，或奇诡怪异。从生理学角度看，红色呈现膨胀和前进感，黑色具有收缩、后退感，黄色具有明亮、灿烂的视觉效果，在楚漆器中有助于丰富整体色调。在现代服装设计中红与黑、黄与黑的搭配十分常见，既可用于庄重典雅的礼服设计，也可用于复古风格的服装设计。谭燕玉2013年秋冬系列作品中的两款长裙均以红、黑为主色，反映了楚漆器元素在现代服装色彩设计中的实用价值（图6-5）。我们知道，不同的服装面料对其色彩的明度和饱和度产生影响，因此，楚漆器中的色彩应用到服装设计中时，会因面料的差异而呈现丰富多彩的美学效果。这两款长裙虽然只有黑、红两色，但不同面料的拼接和装饰使其色彩呈现丰富的层次。如图6-5（a）所示，朱红长裙上拼接具有黑漆光泽的皮革，遒劲有力的条状拼接部分构成了肩带、腰带及胸腰部装饰。作为主导颜色的朱红附着在厚实挺括的哑光面料上，与黑色条带形成浓重的色彩对比，恰似楚漆器中的红、黑对比。如图6-5（b）所示，该长裙以黑色为底，红色为图，裙子面料很可能是重磅闪光缎，裙上以黑色皮革和朱红面料进行装饰，不同的面料使其明度和饱和度出现略微差异，从而在浑然大气中显现出色彩的层次美感。

（a）

（b）

图6-5　谭燕玉作品❶

---

❶ 图片来源：百度百家号，谭燕玉作品。

（二）楚漆器主导色在复古风格服装中的应用

楚漆器中的主导配色也用于复古风格服装设计。在服装设计领域，复古风格往往从某个年代服饰艺术或姐妹艺术中提取要素，将其应用至现代设计中。在色彩设计方面，复古风格服装一般采用明度较低的米色、棕色、暗黄色，以及深沉的黑色、红色等，以凸显其年代感。如图6-6所示，荆州博物馆藏的彩绘龙凤纹漆案以黑色为底，糅以赤色、黄色、白色、棕色图案，色相搭配丰富，但过于临近，因此，用白色作为分隔色使色彩之间的界限变得相对明晰。由于文物出土之后与空气的长期接触，漆案色彩的明度降低，整体色调转变为暖色偏暗色调，十分适合用于复古风格服装设计。设计者直接借用其图案和配色，将图案分布在服装的不同区域。虽然色彩具有历史感，但在服装廓型和款式上，设计者采用夸张的纺锤型造型和简单的无袖长裙款式，以调和图案、配色带来的繁复感（图6-7）。

图6-6　彩绘龙凤纹漆案
（图片来源：荆州博物馆）

图6-7　学生作品

（三）楚漆器主导色在休闲风格服装中的应用

在服装色彩创意设计中，需要设计师根据现代审美需求，在提取历史色彩元素的基础上，变换其色彩明度和饱和度，实现富有新意的设计效果。以虎座凤架鼓为例（图6-8），设计者将其中的主要色彩红、黄、黑三色提取出来，降低其明度，增强其饱和度，形成一系列复古、优雅的服装设计（图6-9）。优雅风格的服装需要采用明度较低的基础色调，以塑造精致、迷人、知性或温柔的美学效果。在第一套服装中，设计者将赤红转变为酒红，使其成为整体服装的主导颜色，以黄色作为辅助颜色形成凤的图案，对称并列于上衣前片，为了打破服装色彩的单调，用绿色、粉红色、金色、白色形成条纹图案点缀下装，以灰色作为过渡色进行统调。第二套服装中灰色外衣占据主导地位，酒红色内衣裸露面积较小，使其成为点缀辅助色，腰带以酒红色、粉红色、绿色、黄色、白色构成，将人们的视线集中到腰部，起到了强调作用。第三套服装以高领阔袖毛衣搭配包臀裙，毛衣以灰色为底色，酒红色被用于毛衣的长方形图案和下裙不规则的几何图案，形成上下呼应关系，而粉红色、绿色、黄色、白色形成的条纹图案起到了面积分割作用。从材质上看，设计者用毛呢、针织和羽毛材质增加了色彩的质感和丰富性。整个系列设计主次分明，详略得当，将庄重、神秘的楚漆器色彩转换为复古、优雅的服装风格。

图6-8 虎座凤架鼓
（图片来源：湖北省博物馆）

图6-9 学生作品

如图6-10所示，设计者直接运用漆器中的红、黑、金三种色彩，传达出庄重、高贵的着装信息。然而，为了丰富楚文化元素的应用方式，设计师在色彩配置或色彩对比上大胆突破和创新，外套采用了楚文化中的红、黑色彩元素，但加入了灰色，降低了整体色彩的饱和度，红、黑色之间的界限也出现了柔和渐变和过渡。里面的连体裤在白色的基调下，用数码印花技术加入明度不高的黄色和黑色，丰富了整体色彩的层次，既有视觉对比又不致视觉疲劳。这些色彩与宽松休闲的短西装外套和极具现代气息的连体裤和谐地融为一体，能够很好地满足追求时尚和轻松随意的着装者的心理需求。

图6-10 冯莉娜作品

（四）楚漆器主导色可用于图案分割

楚漆器中的红、黄主导色彩还可以在款式设计中起到图案分割作用。如图6-11所示，此系列设计灵感源于楚文化元素，其图案设计取材于楚凤元素和镇墓兽元素，设计者采用解构、重组、变形的设计手法进行图案的分解和再造。款式设计以西方现代工装款式为原型，将传统纹样与现代休闲工装结合。色彩设计结合"贵赤重黑、五彩杂陈"的原则，但又有所创新，第一套服装用黄色作为分割线，支撑整个服装款式骨架和细节；第二套服装以小面积的黄色、红色和大面积的蓝色、黑灰色形成弱对比，红、白两色构成口袋装饰；第三套服装色彩设计略微复杂，但层次丰富，并将楚漆器色彩中的红、黑、黄、蓝四色巧妙地融合在一起。上装外套用红色、黄色作为辅助色和分割色，结合镇墓兽图案元素、刺绣凤鸟元素，显得神秘而热闹，大面积的黑灰色和白色内搭外衣形成无彩色调和；明度较高的蓝构成了下装主导色，与裤腿上的黄色口袋装饰、大衣后片的黄色部分形成对比，但设计者降低了色彩的饱和度，弱化其对比效果。

图6-11　赵艾茜作品

三、楚漆器间色在服装设计中的应用

（一）楚漆器间色在休闲风格服装中的应用

如前所述，楚人不受五色观念约束，在漆器上多使用间色，如棕黄、金黄、灰绿、钴蓝等色，这些色彩既可以形成强对比色，也可以形成弱对比色，显示出明快、华丽、活泼、欢乐的气氛。在现代社会中，前卫的服装风格可以采用鲜亮、艳丽、明度较高的色调，可使用金色、银色来获得独特的视觉效果。因此，楚漆器中大量间色搭配在服装色彩设计中比较常见。如图6-12所示，设计者灵感源于漆器与音乐，在第一款服装设计效果图中，将漆器色彩中红色与黄色融入不规则的曲折线图案中，设计者在红色中加入蓝色，使其变成紫红色；黄色中调入蓝色，使其变成蓝绿色。在色相中，紫红色与蓝绿色属于对比间色，容易产生热闹、躁动不安的视觉感受，而曲折线具有撕裂感。为了使整个画面显得稳定，设计者借鉴楚漆器施色原理，以大面积黑色为底色，起到了色彩调和作用。在第二款服装设计中，设计者更为大胆，直接将间色蓝作为上衣颜色，所占面积为全身的2/3，成为主导色，下裙则以黑色为底，其间用蓝、白、黄形成点缀色构成音符图案，从面积上看，主导色与辅助色之间的比例基本符合黄金分割法则。

2000年，荆州市天星观二号楚墓出土了凤鸟莲花豆，该豆是战国时期楚国邸阳君潘成夫人日常生活器皿（图6-13）。豆是贵族阶层用来盛放肉酱、腌菜等调味品的饮食器具。这件凤鸟莲花豆不但盘身上雕刻了精美的莲花浮雕，底座设计成凤鸟展翼腾飞的形态，还描绘了华丽繁复的纹饰，雍容华贵而又不失典雅大方。全器器表皆髹黑漆为底，用红、黄二色描绘花纹。豆盘内髹红漆，豆盘口沿外壁一周绘变形凤鸟纹和卷云纹；莲花瓣上绘二方连续变形凤鸟纹和卷云纹。凤鸟的身上绘龙纹、凤纹、蛇纹、蟾蜍纹和鸟羽纹。如图6-14所示，设计者以莲花漆豆为灵感来源，其色彩设计完全再现了楚漆器五彩杂陈

图6-12　学生作品

图6-13 凤鸟莲花豆（图片来源：搜狐网）

的审美特色，或以土黄色为底，以黑色、黄色、蓝色、白色勾勒出婉转流畅的线条图案；或以黑色为底，用黄色、蓝色、白色描画出抽象而神秘的线条或圆圈，仿佛凤之眼、莲之瓣；或以红色、黄色、蓝色进行小面积的对比，以大面积的黑色进行调和，同时将楚漆器的赤红降为饱和度极低的粉红，以弱化对比。从色调上来看，前三套服装采用了不同明度的黄色，呈现棕黄、姜黄、土黄三个维度的黄色，表现出复古而活泼的审美效果。

图6-14 学生作品

（二）楚漆器间色在现代礼服、丝巾中的转换

楚文化元素的古今结合在服装色彩设计中的应用也时常出现。现代楚文化代表元素涵盖了湖北地区的地标建筑和人文景观，如长江大桥、黄鹤楼、古琴台、楚河汉街等。2016年，

在武汉时装周上，中国金顶设计师刘薇从武汉长江大桥和楚漆器色彩文化中汲取灵感设计出一款礼服，如图6-15所示。设计者以黑色为基础色调，用橙色、蓝色、粉红色等不同色调表现波涛奔涌的江水和五光十色的霓虹灯，密密匝匝、流畅优美的白色线条代表二七长江大桥三塔斜拉构造，可以说，现代楚文化代表元素与传统漆器色彩元素在这里得到了完美融合。在2018年的武汉旅游商品设计大赛中，获得金奖的《武汉映像丝巾》系列作品将长江大桥融入丝巾设计，如图6-16所示。设计者借鉴漆器中的暖橙色、暖红色、黄色塑造出复古基调，与频繁出现的蓝色形成对比，整体明度较高，但长江大桥桥墩本身具有的米黄色及黑色花纹配饰的点缀起到了色相调和作用，使整个画面显得复古、华丽又不失时尚魅力。

我们知道，服装流行具有新奇性、普遍性、周期性、短暂性、反复性特征，服装色彩设计是传达设计师设计理念和展示其艺术素养的窗口，不仅具有流行性、实用性特征，而且包含历史文化和地域民俗特征。通过分析发现，楚文化中的漆器色彩元素具有时尚价值和艺术价值，其蕴含的历史文化内涵与现代服装流行并非对立关系，而是相辅相成、互相滋养的关系。服装设计师立足于现代服装色彩设计审美法则，将漆器色彩元素进行现代话语转换，或复古，或优雅，或休闲，或前卫，从而实现楚文化元素的有效传承。

图6-15　刘薇作品❶

图6-16　武汉映像丝巾设计❷

第三节 楚刺绣元素与现代服装色彩设计

在荆楚地区，除了出土的先秦贵族丝织刺绣实物外，千百年来，还流传着多种民间刺绣文化，它们虽然有着各自的成长经历和生长空间，具有自己的独特风格，但都植根于楚文化，承载着不同区域的风土人情和生活习俗，在技艺上各具特色，但在审美方面表现出统一性特征。然而，随着工业化浪潮的冲击，楚地刺绣面临着被替代的危机。究其原因，楚刺绣文化的"历史性"没有获得解放，"时代性"没有获得发展。实际上，从艺术设计角度看，楚地刺绣在图案、色彩等方面所具有的文化特质和艺术审美特色决定了它们具有重要的传承与应用价值。因此，如何把握时代审美，将刺绣文化元素融入现代服装设计，使之继续立足于今日世界的多元文化，让国际社会共同分享，提高国民文化自信，是学界应该研究的重要问题。然而，目前学界的研究兴趣多集中于楚地刺绣技艺的传承与保护，对色彩元素在服装设计中的转化应用研究得较少。本节主要以楚民间刺绣为主，分析其色彩审美特征和时尚价值，并依托于田野调查和专家访谈资料，分析其在现代服装设计中的应用现状和存在的问题。

一、楚地民间刺绣种类

楚地民间刺绣主要包括汉绣、阳新布贴、黄梅挑花和红安绣活四类，从表现方式上看，它们囊括了挑绣、补绣、贴绣工艺手法，在针法上兼收并蓄，相互影响，均可归于楚地民间刺绣范畴，其艺术风格多质朴粗犷，大胆新奇，色彩绚丽多姿，装饰性极强。

（一）汉绣

1. 汉绣的用途和题材

汉绣是荆楚地域视觉文化代表元素之一，其起源可追溯到两千年前的楚绣，在明清、民国时期趋于鼎盛。近代以来，宗教文化、戏剧文化和码头文化的融入让汉绣成为具有世俗烟火气息的时尚文化，用途十分广泛。首先，汉绣是用于日常生活的艺术。闺阁女性常常在出嫁前亲手绣制服饰，作为陪嫁物品，因此，衣服、枕头、门帘、花鞋、围裙、荷包等物品上常看到汉绣身影。在汉口船只上，也有用汉绣绣制的标识语，如吨位、船只所属机构或"救生""求安"等字样。其次，汉绣可用于室内软装。在汉绣博物馆中，可以看到许多壁挂、屏风、堂彩、彩帐、中堂上用汉绣制成的装饰品。在汉剧戏服、道具、龙衣上，汉绣是常见的装饰方式。再次，汉绣可用于宗教礼仪服饰。在婚庆丧葬、宗教仪式

衣以载道 楚文化在现代服装设计中的传承与应用研究

中，普通百姓常常用汉绣来装饰花轿轿衣、寿衣寿被、神像道袍、佛堂桌围等。广泛的实用性使汉绣品类丰富，题材众多，这些题材大多源于艺术家对社会生活的感受，通过长时间的积累、沉淀和思考，形成具体内容，再经过艺术加工，用针线以图案形式表达出来。题材具体包括动物题材、植物花卉题材、文字题材、人物题材等。汉绣动物题材中以龙、凤为主要特色，兼顾五毒等其他动物种类。花卉题材包括梅兰、竹、菊、牡丹、莲花等具有象征寓意的植物花卉。梅、兰、竹、菊乃花中君子，象征品行高洁；牡丹象征富贵；莲花乃道教吉祥之花，象征品性纯洁。文字题材如"福""寿"等表达汉绣艺术家对美好生活的向往和祈祷，它们往往与花卉、蝙蝠、寿桃、仙鹤等动植物一起构成吉祥图案。

2. 汉绣图案遵循"圆满"法则

在图案构思上，汉绣遵循中华传统艺术中的"圆满"法则，我们可以看到大量圆形的或具有圆形轮廓的构图。以鱼、凤、花朵、文字等元素组合而成的或旋转、或散点的圆形构图，不仅体现出设计者对大自然的模仿，而且是中华民族哲学理念中阴阳和合、万物生生不息文化的外显。与此同时，汉绣艺人常常打破自然形态和自然规律的束缚，"枝上生花，花上可生叶，叶上还可生枝"，充分体现了"多而不挤，满而不塞"的意境。

3. 汉绣针法技艺

汉绣针法技艺的传承人张先松将其分为共用针法和特异性针法。前者包括直针、缠针、辫针、戳纱针等，后者包括撒云霞、巧盘花、百网格、万花锦、塑绣、开脸子、关衣折、象形针等。同时，汉绣又具有分层破色、针脚极短的特点，以及本着绣面以双面针法进行实绣，不偷一针，从而使绣线牢固地捆滚于绣料之上，任意搓揉、折叠、洗曝均不变形。这种兼具实用性和多变性的针法使汉绣区别于四大名绣。例如，苏绣擅长劈线，绣迹纤毫毕现，因此绣品特色精细雅致，偏向王公贵族审美，犹如宫廷绘画。蜀绣则与剪纸、年画艺术类似，疏朗有致，绣迹浑厚圆润，用色柔和，构图虚实得体。湘绣图案形象写实，设置严谨，风格质朴。汉绣在吸取众家之长的基础上，具有男工特色，复杂的技艺多掌握在男工手中，汉绣的绣线不喜劈线过细，刻意保存一定的"绣迹"，质朴、豪放；图案简洁明了、鲜艳粗犷，线条挺拔、层次分明，造型拙朴生动；色彩鲜明富丽、对比强烈；专于装饰，充满世俗风情。

（二）阳新布贴

1. 阳新布贴的历史

阳新布贴是一种在底布上通过剪样、拼贴、缝制和刺绣而形成的具有浅浮雕视觉效果的工艺美术，被称为"神奇的东方特有的艺术品"。2008年，阳新布贴被国务院认定为国家级非物质文化遗产，属于传统美术（民间美术）项目。阳新布贴盛行于湖北黄石阳新县，该县历史可追溯到公元前201年，当时阳新属楚。阳新布贴在艺术风格上具有浓烈的楚文化遗风。

2. 阳新布贴的功能

阳新布贴首先是为了满足日常生活需要。在阳新农村，女孩十二三岁便开始在母亲或祖母教导下，用五彩斑斓的边角布料进行拼贴缝制。出嫁时，新娘将制作嫁衣时剩下的布料装进"布角包"带入婆家，待到怀孕时便开始为未来的宝宝缝制衣物或玩具，抑或为亲友孩童制作生日喜庆之贺礼，如布贴涎兜、马甲、童枕、贴布虎玩具等。因此，其图案设计多以表达吉祥寓意的动植物为主，时常利用汉语谐音表达制作者对穿戴赏玩者的美好祝福，如麒麟送子、龙凤呈祥、福寿双全、状元拜塔、福禄寿喜等。可以说，阳新布贴反映了楚地民俗，表达了制作者的情感，具有丰厚的文化内涵。从工艺上来看，阳新布贴在贴布的基础上还运用了填充、刺绣、镶缀等手法，总体来说，以缝为主，以绣为辅，如在动物毛发和爪牙、人物眉眼和胡须等细节部位多有使用。具体刺绣方法包括锁绣、十字绣和盘金绣等。阳新布贴多用大块布头拼贴、缝合，图案多为孩童视角的稚拙、天真元素，虽然简单，但趣味盎然。

（三）黄梅挑花

1. 黄梅挑花的历史

黄梅挑花又名"架子花"，是以元青布为底，通过针线在底布的经线和纬线交叉的网格上来回起挑的楚地民间刺绣工艺。据《黄梅县志》记载，早在宋代，黄梅就有了十分讲究的挑花工艺。1958年，在黄梅县蔡山脚下发掘的明朝嘉靖四十一年（公元1562年）墓葬中，墓中女人头上搭有彩线挑绣的"福寿双桃"方巾，可见其历史悠久。1938年，黄梅挑花作品《凤追凤》在巴拿马万国博览会上获得金奖，也曾被誉为"无声的抒情诗，立体的中国画"。

2. 黄梅挑花的纹样题材

由于黄梅挑花来自民间，故其功能多与百姓日常生活紧密相连，其纹样多为了表达百姓对美好生活的向往、对长生不老的祈祷，其图案设置方式包括团花、边花、填花、角花和花边。团花题材有福寿双全、龙凤呈祥、凤戏牡丹、四季骨牌花、鲤鱼穿莲、五彩宫灯等。边花题材有二龙戏珠、八仙过海、桃园三结义、七仙女、天女散花、双狮爬球、状元游街、辕门斩子、穆桂英挂帅、十二寡妇征西等。填花题材有蝴蝶戏金瓜、莲花骨牌、龙舟竞渡、八角莲、八卦花、寿、喜、鱼、鸟、人等。角花和花边题材则无一定格式，多由文字、蝴蝶、水鸭、云头纹、如意纹、小三角形、长六边形、锯齿形、正六边形等组成。

一般来说，黄梅挑花图案布局比较完整、严谨，如上下式、对称式、放射式、旋转式、向心式等构图方式，也有一些叙事性构图方式，不拘一格，收放自如。

（四）红安绣活

红安绣活始于东汉光武年间，盛于明清，是红安县一带的民间刺绣艺术。在千百年的历史发展过程中，不同民族文化在红安地区汇聚、交融。在革命年代，红安妇女为战士们绣纳鞋垫、制作布鞋，因此红安绣活又因"红安精神"而蕴含着坚毅、豪迈的革命文化气息。红安绣活作品种类虽然广泛，可用于衣帽、被面，但主要以鞋垫著称于世。绣活所用绣线一般为"膨体纱"和"四季花绣花线"，都是化纤与纯棉混纺而成的绒线，十分蓬松，因此绣出来的作品具有体量感和空气感，柔软又粗犷，所用底料多为红安大布（纯棉面料），耐磨性较好。红安绣活纹样种类涵盖了植物、动物、人物、几何图样、文字多种类型。纹样图案中有主花、补花、边花和角花之分。其图案造型尤以适合纹样图案最为突出，且多用均齐和平衡的构成方式。这种构图方式使客体、主体与空间相互交错，形成节奏和韵律，构成动感较强的形式美。❶

综上所述，楚地民间刺绣在工艺、针法上虽各有不同，但在色彩配置上很明显传承了楚先民活泼外向、天真烂漫的审美性格，既接受五色观念，贵赤重黑，又敢于突破程式，融入民间大众质朴纯真的色彩情感，或热烈奔放，或清新稚拙，反映了中华民族追求自由创新的生命体验。

二、楚民间刺绣色彩审美和时尚价值

国际高级服装定制品牌对刺绣元素的挖掘和使用推动了中低端服装消费群体对该元素的接纳和喜爱，在市场上可以看到大量刺绣元素服装设计的风靡和普及。对人类来说，美可以穿越时空，实现精神上的共鸣。楚地民间刺绣渗透着楚文化的浪漫主义精神，充满了绚烂鲜丽的炽烈情感，是专于装饰、长于装饰的表现型艺术，其色彩文化在现代社会仍具有广阔的发展空间，能激起人们强烈的审美情感，满足人们的时尚审美需求。

（一）汉绣色彩审美与时尚价值

1. 汉绣底色和绣线形成鲜明对比

汉绣常以深色作为绣地，绣线色相明艳，底色和绣线形成鲜明对比，给人极强的视觉

❶ 冯泽民,叶洪光,郑高杰. 荆楚民间挑补绣艺术探究 [J]. 丝绸,2011,48(10):52.

冲击力，其色彩设计十分重视调制和施色工艺，色彩的饱和度和设色程序等，诸如辨色、配色、拼色、接色、转承、过渡、分割、合成等过程。在具体施色过程中，既传承了楚地先民的审美基因，又表现出民间大众对精英阶层审美趣味的渴慕与模仿，同时带有市井文化的烟火气息。一方面，汉绣纹样色彩以红、黄、绿、白、黑五色为主色调，这源自先秦楚人的"五色观念"审美。另一方面，汉绣艺人习惯于"金配紫，表祥瑞"，金色和紫色都是帝王专属色彩，明清时期的许多绣品以大面积金银线来绣织，实际上表现了市民渴望提升社会身份的心理需求。

2. 汉绣配色遵循"花无正果热闹为先"的美学思想

以热闹为原则，汉绣常以红、黑、蓝等亮色为底色或主导颜色，采用明度较高、饱和度很强的丝线，既浓墨重彩、对比强烈、富丽堂皇。坊间关于汉绣色彩配置的顺口溜传承至今：大红底色喜洋洋，牡丹花朵亮堂堂，深浅色线搭配巧，金线勾边花姿靓。笔者在调查过程中发现，汉绣艺人们普遍遵守叶暗花明、以深托浅、层次分明、以浊衬清、主次有序、群星拱月、繁而不乱、五彩缤纷的刺绣原则。以汉绣作品《双凤朝阳》为例（图6-17），艺人任本荣以大红为底色，奠定了喜庆、欢乐的情感基调，牡丹花朵用紫红、粉红、白色绣制而成，在明度上高于大红底色，实现了"牡丹花朵亮堂堂"的视觉效果。刺绣图案色彩中运用了红与绿、姜黄与浅紫构成互补和对比色彩搭配，给人以强烈的视觉刺激。为了调和色彩之间的强对比，艺人采用大量色彩明度较低的辅助色进行调和，如浅绿、灰绿、深绿之间的弱对比，橘黄、姜黄、明黄之间的弱对比，浅蓝、灰蓝、深灰蓝的过渡等，"以深托浅、以浊衬清"，如此一来，在热闹欢乐的色彩氛围中实现了视觉的平衡。

3. 汉绣色彩与现代时尚的共通之处

在现代服装设计中，装饰艺术运动❶十分盛行，以迪奥（Dior）、古驰（Gucci）为代表的服装品牌都偏爱刺绣装饰，中国本土服装品牌如玫瑰坊、东北虎、盖娅传说等也擅长将本土刺绣元素融入服装设计。在古驰2017年春夏系列中，设计师从不同时空文化元素中汲取灵感，试图呈现一种超现实主义的魔幻服装场景。从设计中可以看到中国刺绣元素的现代转换，其色彩设计与汉绣色彩配置有异曲同工之妙。如图6-18所示，设计师在图案设计中采用中式刺绣花朵元素和旗袍盘扣元素，以表达对东方主义的想象。上衣刺绣图案以左右对称方式布局，十分符合中国传统图案设计法则，下裙刺绣图案体量和面积以上小下大方式呈现，起到了视觉平衡的作用，体现出庄重感。但在色彩设计中，设计师以明

---

❶"装饰艺术运动"发源于20世纪20年代的欧洲，设计师们强调在色彩中运用鲜艳的纯色，对比色等形成强烈、华美的视觉印象。在该运动影响下，服装设计师们不拘一格地兼收并蓄不同时空的文化元素，诸如传统的欧洲风格、现代的前卫艺术、色彩和炫目的异国情调等，试图打造优雅浪漫、性感迷人的服饰艺术。

度和饱和度较高的暖橙色为长裙底色，运用了红绿、蓝橙互补配色，红、蓝对比配色。为了使整个色彩显得热闹、丰富，又运用大量明度和色调进行弱对比，如粉红与紫红、浅蓝与深蓝、浅绿与深绿、亮黄与姜黄等，少许的灰色、白色成为点缀色。虽然汉绣艺人和古驰设计师在设计灵感、色彩寓意方面具有古与今、中与西的本质差别，但两者在色彩元素的配置方式上是相同的，实际上，正是这种时间和空间的差异增强了设计的怀旧情感和艺术张力。换句话说，设计师如果

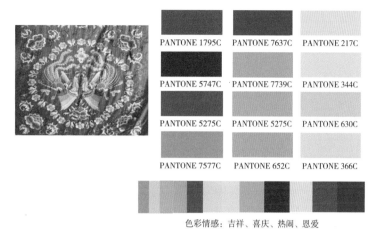

色彩情感：吉祥、喜庆、热闹、恩爱

图6-17　汉绣色彩分析

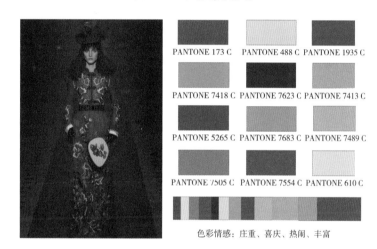

色彩情感：庄重、喜庆、热闹、丰富

图6-18　古驰2017春夏系列色彩分析

根据设计需求，将汉绣色彩配置稍加调整，足以产生具有丰厚文化底蕴、符合现代审美趣味的设计作品。

（二）阳新布贴色彩元素与现代时尚的共通之处

阳新布贴在色彩配置上可以概括为深沉、浓烈，仿若楚漆器黑漆点金的色彩审美。因为阳新地区多山，人们普遍喜欢穿着黑色或深蓝色布衣，在布贴色彩设计中，则多以黑色、藏蓝色为底，图案色彩则多用红、黄、绿等饱和度较高的色彩，对比强烈，同时辅以明度或饱和度较低的色彩进行过渡或调和，显得丰富多彩，热闹非凡。如图6-19所示，这款阳新布贴绣品主题纹样为孩童骑虎、鲤鱼戏莲和双龙戏珠，想象奇特，寓意吉祥丰富，图案造型和色彩运用稚气可爱，充满童趣，仿佛儿童画作。色彩设计以黑色为底，形成深沉庄重之基调；用体量相当的大红、紫红、姜黄、明黄、蓝绿构成纹样主色，整

体色彩以对比为主、调和为辅，只使用少量白色和宝蓝色作为点缀，既打破了黑色的沉闷，又增添了欢乐气氛。这样的色彩搭配可用于儿童服装设计或风格前卫的服装设计。如图6-20所示，在2019年伦敦时装周街拍中，该女士以蓝色和黑色深色调作为整体服装搭配主色调，腰间配饰色彩缤纷，聚集了不同层次的红、黄、蓝、绿色彩，色相对比十分强烈，呈现热闹、活泼的色彩情感，这与阳新布贴的色彩设计原则十分类似。由此可见，阳新布贴的色彩元素具有时尚挖掘潜力和应用价值。

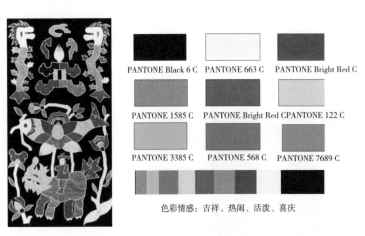

色彩情感：吉祥、热闹、活泼、喜庆

图6-19　阳新布贴色彩分析

图6-20　2019伦敦时装周
街拍❶

（三）黄梅挑花色彩元素与现代时尚的共通之处

植根于楚文化背景下发展的黄梅挑花，其色彩搭配彰显楚文化的艺术特征，色彩绚丽，有着自己鲜明独特的个性，生动活泼，极富视觉美感和装饰效果。❷首先，黄梅挑花在色彩处理上极少使用单线，大多以彩线挑绣，这与楚地姐妹艺术汉绣、阳新布贴和红安绣活十分类似。其次，在色彩审美上，黄梅挑花遵循"深色底，浅色花"或"浅色底，深色花"原则，主张不同色调或统一色调内的对比效果。因为黄梅挑花有彩挑与素挑之分，形成的审美效果则是浓墨重彩与素净雅致共存。彩挑一般以白色线挑制纹样骨架，局部采用五彩色线进行挑绣，具体以红、黄、橙等暖色调为主，与深色底料形成冷暖对比，其间点缀以蓝、绿色等，呈现色彩斑斓的浪漫主义楚风。素挑一般用同一种色线在粗糙质朴的面料上进行挑绣，形成的花色图案古朴雅致，呈现希腊雕塑一般的静默美。如图6-21所示，这款黄梅挑花作品以黑色为底，其纹样主色调为白色，黑、白两色构成简洁、冷静的基调，紫

---

❶ 图片来源：搜狐网，2019伦敦时装周街拍。

❷ 张朗．湖北民间美术[M]．武汉：湖北科学技术出版社，1993：4.

色成为仅次于黑色、白色的主要色彩，与黄色形成色相上的极大反差，红、黄、绿三色成为辅助用色，两两组合，或热闹，或互补，在黑色、白色的衬托下，形成静中有动、均衡得当的视觉效果。在楚刺绣文化语境中，紫色象征高贵的身份地位，正所谓"紫气东来"，而在现代服装设计中，紫色可以成为前卫服装设计的主色彩，如图6-22所示，安特卫普皇家艺术学院毕业的新秀设计师利纳斯·莱昂纳德森（Linus Leonardsson）在其《迷雾中看你》系列中，以紫色作为整个系列主色调，搭配黄色、绿色，形成绚丽而强烈的色彩对比，试图引起观者对自然和气候的关注。虽然二者表达的主题不同，文化语境也有巨大差异，但由此可见，如果将黄梅挑花的色彩文化植入现代服装设计原则内，仍有时尚借鉴意义。

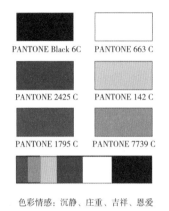

图6-21　黄梅挑花色彩分析

图6-22　莱昂纳德森作品❶

（四）红安绣活色彩元素与现代时尚的共通之处

红安绣活因其多元文化背景而在色彩审美方面呈现多样性特征。从绣活表现方式来看，红安绣活分为单色刺绣和彩色刺绣。其中，单色刺绣多以黑底白花、白底青花和青底白花较为常见，这种配色偏向于塑造清新质朴的色彩美感。彩色刺绣则往往以素色为底，以红、黄、绿等彩色为主色调。对此，有人将红安绣活的色彩配置风格分为狂放型、深沉型、淡雅型和富丽型。❷所谓狂放，是指红色和绿色两种互补色搭配，表现红安山区艺人朴实豪放的性格特征。深沉型则是以明度较低的色彩为主色调，如黑色、暗红色等，色阶和色彩灰度反差较小，显得深邃庄重。淡雅型配色往往取材于青山绿水，但注重纹样色彩与布料之间的和谐特性，追求清秀典雅的色彩审美效果。富丽型则体现为金色和银色丝线

❶ 图片来源：搜狐网，莱昂纳德森作品。
❷ 纪阳．论红安绣活工艺特色及生产性保护途径 [D]．武汉：湖北美术学院，2016：10．

的使用，或构成纹样的主导色彩，或用来镶边，表达制作者对吉祥如意生活愿景的向往。如今的红安绣活作品更注重对现代色彩审美的把握和吸纳，如图6-23所示，该款鞋垫以白色为底，蓝色和黄色构成纹样的主导色，两色都属于冷色调，因此形成清丽、明朗的色彩基调。其中，宝蓝与姜黄、浅蓝与亮黄形成两对不同色相对比，层次丰富，富有重复韵律之美。紫红色和灰绿色分别构成花骨朵和绿叶的颜色，虽然互补，但在明度上一浅一深，形成对比，这种色彩节奏贯穿始终，反映了艺人高超的配色技巧。在武汉设计师品牌EYM2017年秋冬系列服装产品设计中，设计师黄李勇将红安绣活中的亮黄与宝蓝作为整体服装搭配的亮点，下装以白色为底，以红色、浅蓝色、深蓝色构成图案色彩，起到了调和、过渡作用，这与红安绣活色彩配置如出一辙（图6-24）。需要注意的是，上衣是用带有金属光泽的银灰色面料制成，具有科技感和未来感，决定了整个服装设计的时尚定位。由此可见，楚地刺绣色彩在现代服装设计应用过程中只有保持科学的态度和开放的姿态，融入当下流行色彩，方能获得"时代性"发展。

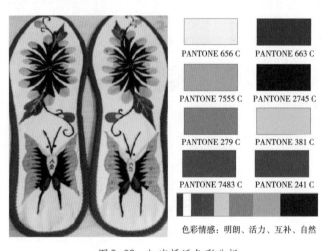

图6-23 红安绣活色彩分析

图6-24 黄李勇作品

三、楚刺绣元素在现代服装色彩设计中的应用

（一）楚刺绣元素时尚价值调查分析

近年来，随着汉绣、阳新布贴、黄梅挑花相继被纳入《国家非物质文化遗产保护名录》。对此，笔者制作了调查问卷，旨在考察楚地刺绣文化时尚审美价值和应用方式。结果显示，大学生填写人数占77.07%。大学生求新求异的心理需求较强，对时尚信息十分敏感，对现代传播手段的接受能力较强，也是楚地刺绣文化元素设计转换的主要受众，因此，笔者将学生群体单列出来进行统计分析。如图6-25所示，大学生群体认为楚地刺绣

在文化内涵、制作工艺、色彩特色和主题特色方面对时尚程度产生了影响，其中文化内涵和制作工艺的影响较大，此数据与当前提倡的"文化自信""匠人精神"比较吻合。然而，当问到"楚地刺绣不时尚的原因"时，主题选择、色彩配置等因子表现出来的统计分析结果没有明显差异，这说明这些因素的影响程度几乎相同。通过类型分析后发现，主题选择和色彩搭配选择在旋转空间中的排列相近，可以被归入"设计因素"范畴，不实用、费时费力、价格高三种因素排列相近，可以被归入"市场因素"范畴（图6-26）。

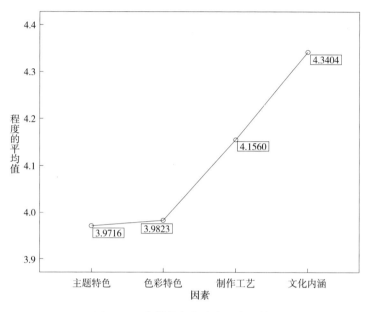

图6-25　楚刺绣文化时尚因素平均值

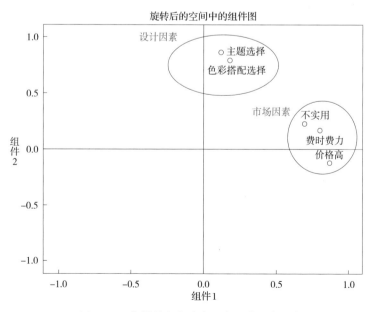

图6-26　楚刺绣文化时尚程度影响因素分布

在笔者实地走访时，设计师品牌"斯蒂芬妮"创始人李娟表示，楚地刺绣艺术的装饰性特色及其深厚丰富的文化内涵在当下十分流行，但苦于找不到合适的艺人进行合作。汉绣传承人王燕则表示，正所谓"专业人做专业事"，传统的汉绣题材逐渐与当下潮流脱节，而绣娘的专长是绣而非设计，因此，汉绣从业者需要懂设计、会创新的设计人才提供符合时代审美的设计。由此可见，设计因素和市场因素是制约楚地刺绣文化在现代服装设计应用的主要因素。对此，政府投入大量资金，制定一系列政策，与高校、企业、传承人一起，大力资助非遗刺绣的传承和保护项目。2011年，杨小婷入驻昙华林，开设汉绣研究室，汉绣文化产业正式开启。2013年，武汉汉绣博物馆成立。同年，长江日报报业集团、武汉旅游发展投资集团有限公司与武汉纺织大学签署武汉汉绣产业发展战略协议，共同组建武汉汉绣发展公司。这是湖北最早将自主研发、设计、生产和销售融合在一起的汉绣产业发展平台。2018年7月，湖北省汉绣协会也正式成立，其目的在于架起政府、专家、保护单位、绣娘四者之间的沟通桥梁。在多方共同努力下，出现了以"汉绣精工坊"为代表的刺绣品牌，武汉纺织大学纺织非遗研究中心陆续开展挑、补、绣培训与创新应用活动，使楚地刺绣元素在服装色彩设计中的应用日益广泛。

（二）楚刺绣元素在设计转化时存在的争议

然而，在楚地刺绣传承与保护过程中，存在一个争论不休的问题：机器流水线生产的刺绣产品是否还是传统刺绣。对保守派而言，手工制作的刺绣工艺品才是真正的技艺传承，具有机器无法复制的情感和审美体验。一般而言，这类精美的手工刺绣作品直接作为艺术品进入市场。然而，手工刺绣耗时长、成本高，无法满足服装时尚大众的穿着需求。因此，刺绣的艺术转换并非最为合理有效的传承手段。日本著名民艺理论家、美学家柳宗悦认为，"民艺"乃"民众的工艺"，首先应该是实用品，其次应是大众用品，贴近人们生活，能够批量制造，价格便宜。笔者认为，在当今快速反应和机械化加工的时代，对刺绣之类的民族工艺的运用不应该局限于传统烦琐的加工方法，而应该与时俱进，对消费者进行市场细分，最大限度地简化或优化传承和运用方式。例如，采用机绣和手推绣方式来替代传统的手工镶、绣等工艺，既保留民族意蕴又符合现代简约适用的审美意识，也缩短了加工时间并与现代节奏合拍。❶如图6-27所示，在快时尚品牌服装设计中，其目标消费者主要是消费能力中等偏下的人群，因此，在色彩设计中，以简单的红、绿配色构成服装图案，省工省时，节约成本，有助于楚地刺绣文化元素的科学应用和广泛传播。

❶ 吴永红. 现代视阈下服装设计与民族化 [J]. 民族艺术, 2011(4) : 115.

（三）汉绣精工坊对楚刺绣色彩的应用

在汉绣精工坊中，笔者看到针对不同消费群体的服装色彩设计。如图6-28（a）所示，这款棒球服上衣设计符合当下青年群体对休闲、时尚生活方式的追求。在色彩配置上，设计师遵循以楚刺绣艺术深色为底的原则，采用黑色和深红为主色调，但其主要纹样则用浅红、粉红、浅蓝、粉蓝形成弱对比，提高了整体色彩亮

图6-27 商场刺绣元素服装产品（作者拍摄）

度，显得青春活泼。在工艺上，采用机绣方式，降低了成本。而另一款丝质旗袍则采用数码印染和手工刺绣相结合的方式进行色彩配置。如图6-28（b）所示，数码印花技术呈现不同程度的黑、灰、粉红、紫红浓度的变化和过渡色彩效果，将中国国画审美效果表现得淋漓尽致。花心部分的橘色和亮黄色则是用丝线刺绣，起到了画龙点睛的效果，传达出汉绣色彩中的热闹美学特色。很明显，新型施色技术与传统工艺的结合为楚地刺绣文化注入了新鲜的血液，表现出现代趣味的色彩审美。

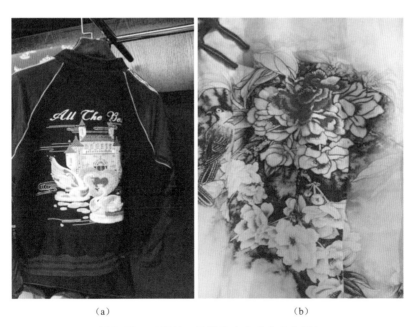

（a）　　　　　　　　　　　（b）

图6-28 汉绣精工坊服装产品（作者拍摄）

（四）"非遗"传承中心对楚刺绣色彩的应用

在武汉纺织大学"非遗"刺绣传承研习培训班的结业作品中，楚地刺绣元素在服装色彩设计中实现了现代审美意义上的转换。如图6-29（a）所示，设计者提取汉绣元素中的主色调红色作为底色，用白色丝线绣制几朵盛开的白玉兰花，花蕊用亮黄、姜黄、浅黄、黄褐色丝线绣成，玉兰花的花枝由浅褐、深褐等浓度不一的暖色调构成。该设计传承了汉绣用色中的喜庆情感基调，但削减了色相种类，以简单的白、红为主导色，将其置入利落、大气的款式设计中，反映了现代服装设计中简洁、干练的审美趣味。如图6-29（b）所示，该服装采用宝蓝丝质面料为底，用简单的金线勾勒出花朵、灯笼图案轮廓，传承了"金线勾边花姿靓"的汉绣口诀。花瓣用红色丝线绣制而成，与宝蓝底色形成强烈的色彩对比，但红色花瓣的面积较少，避免了传统汉绣中热闹非凡的视觉效果，起到了视觉聚焦的作用，使整体色彩设计呈现优雅冷静又不失华丽活泼的审美效果。除此之外，阳新布贴色彩元素的现代设计研发也引人注目，设计者采用贴、绣工艺将楚凤花卉元素用于上衣图案设计中，如图6-29（c）所示，设计者以黑色为底，用红、黄二色构成纹样主导颜色，辅以蓝色、绿色、金色、银色，表现出热闹、华丽之美，不同浓度的绿色、红色和黄色块面构成在色相之间形成很好的阻隔和过渡，使凤鸟和花卉纹样脉络清楚，对比明显又富有筋骨。

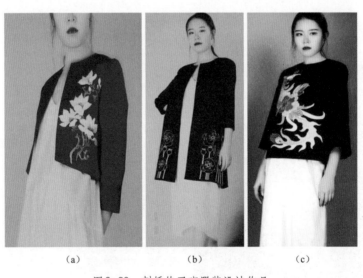

(a)　　　　　　　　(b)　　　　　　　　(c)

图6-29　刺绣传习班服装设计作品

（五）独立设计师对楚刺绣元素的应用

新汉派设计师李娟也十分注重楚地刺绣元素的传承与应用。如图6-30所示，在红安绣活鞋垫作品中，艺人以白色棉布为底，用不同明度和饱和度的绿色作为纹样主导色，可以看到麦芽绿、草绿、黄绿到米黄色之间的渐变与过渡，用以表现丝瓜花叶和果实，面积体量较小的蝴蝶则用紫色丝线绣制而成，与黄色形成色相对比，使整个色彩画面生动起来。在产品设计中，设计师根据客户需求，设计出一款棒球外套，并将红安绣活的色彩元素融入其中，同样以白色面料为底，仅用深浅不一的绿色刻画出摇曳生姿的竹子图案，与红安绣活清新雅致、闲淡自然的色彩情感十分契合，同时也反映出现代社会追求简约、轻快的服装心理（图6-31）。

总之，在楚文化的长期浸润、熏陶过程中，楚地民间刺绣色彩审美以新奇大胆、热闹活泼、对比强烈为主要特色，同时也不乏沉稳内敛、清新雅致的配色设计，体现了民间刺绣艺人直率、热烈、朴实的审美情趣，它与现代服装色彩设计之间存在着一种交互需要。但是，在具体设计应用实践中，设计师应考虑到设计对象的经济基础、审美偏好，合理利用现代织绣技术，将刺绣文化元素融入服装设计，将情感艺术与理性技术有机融合在一起，才能更好地实现楚地民间刺绣元素的现代转换。

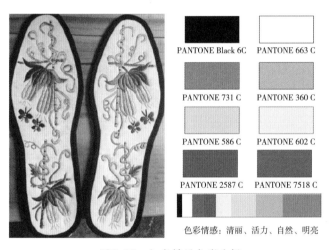

图6-30 红安绣活色彩分析

图6-31 李娟作品（作者拍摄）

第七章

楚文化在现代服装设计中的符号传播策略

文化是需要传播才能得到传承和延续的。人类历史的进步与文化传播关系甚大。对于任何一个民族文化而言，传播机制（包括"文化转出"与"文化接受"两个方面）就像绿色植物吸收二氧化碳、水分、无机盐，通过叶绿素实现光合作用，释放氧气，积累有机物的过程。一个繁荣、生机勃勃的文化，必须拥有健全的传出—接受机制，方能获取文化补偿，赢得空间上的拓宽和时间上的延展，反之，如果传出—接受机制发生严重阻碍，该文化就可能渐趋衰微。❶印度河流域曾经出现过拥有世界上第一个城市卫生系统的哈拉帕文化，曾经统治爱琴海流域长达五个世纪的迈锡尼文化，以及一度创造出太阳金字塔等辉煌成就的玛雅文化，都曾因文化传播机制损坏而衰落。从东周至秦汉，楚地在漆器、制陶、青铜、刺绣纺织、音乐美术、文学艺术等领域均达到空前高度，并不断向东西南北进行传播，从湖南、河南等地不断发现的墓葬文物中得到体现。本章借助传播学、符号学、文化学研究方法，探讨服装设计的文化传播本质、特点及楚文化在现代服装设计中的传播路径。

第一节　现代服装设计的文化传播功能和特点

文化传播是人类特有的各种文化要素的传递扩散和迁移继承现象。❷美国传播学家A.哈特将有史以来的传播媒介分为三类。

（1）示现的媒介系统。主要指人类的语言、表情等非语言信号。

（2）再现的媒介系统。包括绘画、文字、印刷和摄影等。

（3）机器媒介系统。包括电信、电话、计算机通信等。❸

服装属于非语言信号，服装在设计、生产、流通过程中传播着丰富多样的文化信息。美国管理学家切斯特·巴纳德（Chester Irving Barnard）认为："人们总是相信不同的时装蕴含着不同的意义，或者能传达不同的信息，这是人们选择时装时的标准。"❹。

❶ 冯天瑜,等.中华文化史 [M].上海:上海人民出版社,2010:51.
❷ 鲍懿喜.文化传播的设计自觉——从北京奥运看中国设计的文化传播力 [J].美术观察,2008(12):5-7.
❸ 郭庆光.传播学教程 [M].北京:中国人民大学出版社,2017:28.
❹ 廖茹萳.结构与互动:时尚符号学研究的两条路径 [J].符号与传媒,2017(2):138-150.

一、现代服装设计的文化传播功能

有人将器物文化传播的特征概括为"三性"：无所不在的渗透性、潜移默化的影响性、令人依恋的吸引性，❶服装也可归入器物范畴，其设计和传播过程亦呈现如下特点。

（一）无所不在的渗透性

一般而言，接受或认可某种文化需要进行学习和专业训练。没有"音乐的耳朵"，体会不到舒伯特《小夜曲》的美妙之处；没有受过形式美法则的训练，无法欣赏毕加索的画；不了解康定斯基对点、线、面的独特情感，无法读懂他的抽象画；没有一定的哲学修养，会觉得康德、黑格尔等人的著作如同天书。在服装设计中，文化传播相对简单易懂，只要选择穿着某个服装产品，就有可能体验并受到服装背后的设计文化的影响。

早在黄帝时期，统治者就通过衣裳的形制、颜色、材质的设计来教化民众、治理国家。当时的服装设计遵循"制物尚象"的原则，如上衣下裳的服装形制分别象征天地分野，引申出上下尊卑的概念，其颜色也根据"天玄地黄"的自然现象来设计。周代统治者以服饰为中心形成一套完备的典章制度，其目的是规范人的着装行为、传播礼仪道德文化。《礼记·曲礼》："夫礼者，所以定亲疏，决嫌疑，别同异，明是非也。"荀子也十分赞同："人无礼则不生，事无礼则不成，国家无礼则不宁。"服装的色彩搭配也是根据等级、阴阳、四时方位有所规定。

如今，很多人不知道牛仔裤的起源和发展，但对牛仔服装的热衷和喜爱已然遍及全世界。1849年，移民美国的矿工涌入加利福尼亚州淘金，形成当时著名的淘金热。极强的劳动使衣服极易磨损，人们迫切希望有一种耐穿的服装适应劳动环境。一些工厂便用来自热那亚的帆布制作成工装裤，1850年，犹太人李维·斯特劳斯（Levi Strauss）生产了501件牛仔裤，被称为牛仔裤的鼻祖。在第二次世界大战期间，美国将牛仔裤指定为美军制服，战后欧洲本地的工作服制造商纷纷效仿美军牛仔裤，于是牛仔裤在欧洲各地普及开来。美国好莱坞的《无端的反抗》《天伦梦觉》等电影将牛仔裤推向了时尚高潮。牛仔裤逐渐从大众服饰挤入上流社会，名门贵族也以牛仔裤为尚，如英国的安娜公主、埃及的皇后、法国总统蓬皮杜等。这种极富"国际主义"色彩的牛仔装渗透着美国式的实用主义和合理主义精神，成了男女老幼的日常着装，美国文化中的自由、民主、随性奔放的特质也随之广泛传播。

---

❶ 凌继尧,陆兴忍. 器物的文化传播功能 [J]. 东南大学学报(哲学社会科学版),2015,17(4):108-111.

（二）潜移默化的影响性

文化对接受者的影响如春风化雨，润物细无声，服装设计尤其如此。着装者对服装的需要不只停留在物质层面上，对服装设计中所蕴含的思想或情感也有极大兴趣。当服装消费者青睐某类富含文化的产品时，实际上已经悄然接受了其中所蕴含的文化。

在时尚界和日常生活中流行不衰的波希米亚（Bohemian）服装风格缘起于豪放的吉卜赛人和颓废派的法国文人，提倡自由的、放荡不羁的、叛逆的精神，倡导反传统的生活方式，主张行为和作品摆脱传统的束缚。20世纪60年代，热爱自然与和平的嬉皮士通过波希米亚风格的轻松与浪漫，以及叛逆的生活方式来表达他们对自由的向往，后来这种对社会秩序的挑战演变为一种单纯的时尚，主要表现为印度风和吉卜赛风。如今，人们厌倦了工业化冰冷的直线条及过于严谨、精致的现代生活，在时尚舞台上猛烈吹起了被定义为随性不羁、温暖热烈的波希米亚风。层叠蕾丝、蜡染印花、皮质流苏、手工细绳结、刺绣和串珠都是波希米亚风格的经典元素。波希米亚不仅象征着流行服饰，更成为自由洒脱、热情奔放的代名词。

时下年轻人喜欢的森女系服装风格则与日本文化紧密相关。"森女"这个名词源于日本最大的服饰团购交流网站，森女系服装一律以棉、麻等天然材质为主，颜色基本选择富有大自然气息的大地色、裸色或暖色，以传达温柔安静的气质。服装图案偏重田园风，碎花、格纹、民族图腾，间或搭配刺绣、毛线织物等带有质朴的手工打造印记的配饰，看似温暖随意而有趣。日本"森女"代表苍井优、宫崎葵和新垣结衣的日常穿衣打扮风格很好地体现了这一点。2010年，森女风刮向中国，引领了女性着装时尚潮流，日本服饰文化中的清新甜美、舒适自然也随之得到广泛传播。在由宫崎葵主演的《现在只想爱你》、宫崎骏导演的《千与千寻》动漫电影中，主角的服装设计让森女文化深入人心。可见，服装设计文化的流行和传播对着装者的影响是潜移默化、难以消除的。

（三）令人依恋的吸引性

对服装设计的依恋涉及着装者的自我认知和情感力量。人类的自我认知需要经历生理、社会、心理三个漫长的阶段，其间，人们的自我认知是不稳定的，大多数人都会认为自己不够完美，从而寻找某种物质来达到心理上的满足或作为精神上的支撑。一般而言，服装会成为人们用来重塑自我意识、提升自我形象、调节自我社会评价的工具和手段。人们对某种服装及其设计的依恋一般有三个层级：满意、忠诚和信仰。当然，对服装设计的满意是忠诚于它的前提，长期的忠诚让着装者对服装及其设计产生强烈的情感依恋，造成选择或购买服装的偏好和态度。

某些品牌服装的狂热迷恋者表现出的超越理性的力量感犹如宗教信仰，属于设计依恋的最高境界，是消费者对服装设计及其文化倾注情感的极致状态。

二、现代服装设计的文化传播特点

在传统社会，服装设计受传播技术、政治、伦理、阶层等因素制约，其文化传播速度慢、范围小、元素少。而在现代社会，得益于信息技术的迅猛发展和传播环境的开放，服装设计的文化传播呈现速度快、范围广、元素多的新特点。

（一）传播速度快

1. 科技发展促使服装设计文化传播速度飙升

从纵向来看，人类传播发展经历了"七座里程碑、五次飞跃"，媒介技术的进步极大地提高了信息传播速度和容量，从而推动了全球文化传播。[1]在服装领域，设计所携带的文化信息传播经历了跨越式变革。1785年，巴黎出版了第一本《时装杂志》，时尚杂志的"生逢其时"带来更多的流行资讯，从服装的流行款式、色彩、面料到衣品的提升，由意象服装影响到真实服装流行，流行符号通过时装杂志将流行文化传播到社会大众中。如今，进入数字传播时代，多重媒介叠加作用为服装设计的文化传播提供更加广阔的空间。多元交互的大众传媒使最新的时尚前沿、国内外秀场资讯、专业流行机构发布的信息借助网络平台瞬时递送至受众面前，现代服装设计进行文化传播的速度随之提升。

2. 消费主义是服装设计文化传播速度加快的幕后推手

正如鲍德里亚所说，如今，我们处于消费时代。人们从来不消费物的本身（使用价值），人们总是把物（从广义的角度）用来当作能够突出自己的符号，或让自己加入视为理想的团体，或参考一个地位更高的团体来摆脱本团体。[2]因此，现代服装设计往往注重"设计效果"，即对于符号的重视。路易·威登、香奈儿、古驰等奢侈品牌之所以价格居高不下，从某种程度上讲是因为这些品牌商标被赋予尊贵、富有等社会价值。可以说，符号是资本逻辑借助设计所做的一种自私的创造，其目的是通过向社会生活各领域的主动渗透，开拓和建立有利于自身盈利的更加广阔的市场。资本逻辑向符号逻辑的转化符合资本的外在普遍化、整体化的要求。[3]换句话说，在消费语境下，消费者对符号的追求与资本

[1] 董璐. 传播学核心理论与概念 [M]. 北京：北京大学出版社,2016:84-86.

[2] 鲍德里亚. 消费社会 [M]. 刘成富,等,译. 南京：南京大学出版社,2008:61.

[3] 丛志强. 消费主义语境下中国设计生态失衡研究——基于资本逻辑与符号逻辑的视角 [J]. 文艺争鸣,2017(5):193.

合体，通过服装设计源源不断地生产、迅速传播特定的文化意义。

（二）传播范围广

从世界范围看，人们经历了农耕时代的"为自足、非牟利"生产模式、地域民族间的文化交流和融合后，新航路的开辟让世界联系紧密，资本主义的触角逐渐伸向世界各个角落。现代工业革命的发生和现代科技的飞速发展让各个文化之间的交流从最初的"点"对"点"的联结转向复杂的网状联结。如今，服装设计所承载的文化信息传播范围达到了前所未有的广度和深度。通过网络，受众不必亲临时装周现场就可以同步获得四大时装周的信息，掌握时下流行趋势。通过大数据分析，设计者可以了解受众的着装偏好，有选择性地将文化信息融入服装设计，从而加强受众对其设计的忠诚度。就深度而言，以"中国风"设计为例，《马可·波罗游记》中对中国的描述曾激发欧洲人对东方的热烈向往，以中国元素为灵感的服装设计风靡欧洲，但基本局限于社会上层。如今在时尚舞台上，中西方设计师对于中国元素服装不断加以创新设计，引领时装日益受到大众的关注和追捧，时尚也逐渐渗入日常生活。就广度而言，中国古代的龙纹装饰有塑造皇权神圣不可侵犯的功能，在古代服装的应用局限于皇室。而如今在英国伯明翰城市街头，龙纹融入日常时尚服装设计，成为普通大众可以享用的潮流单品（图7-1）。

图7-1 2019年伯明翰街头潮流服装设计中的
龙纹元素（作者拍摄）

（三）传播元素多

现代社会崇尚价值观和审美观的多元化，文化传播环境日益开放，使服装设计工作者在灵感来源或设计要素选取过程中，可以穿越时空，不拘类别，由此生成新的设计语义进行传播。

首先，文化元素来源的多样化。从横向来看，现代服装设计者可以从不同国家、民族或地区文化中提取感兴趣的元素。从纵向来看，古代社会统治阶层某些专属的纹样、面料或服装器具所蕴含的等级内涵已然消解。中国的龙、凤纹样，西方宫廷社会的紧身胸衣、裙撑、拉夫领都是设计师常用的文化元素。有一位美妆博主将中国汉服文化元素与极具未来科技感的赛博朋克文化元素、裙撑等西方文化元素有机融合起来，形成新的服装样式，通过短视频方式进行文化传播。

其次，文化元素种类的多样化。现代服装设计对思维创新的要求越来越高，设计者往往不局限于某一文化种类。当下的后现代主义潮流鼓励设计者在各种文化中汲取灵感，绘画、雕塑、戏剧、影视、饮食等不同领域中的文化元素均可激发设计者的创作激情，也可以通过服装设计进行传播。例如，快餐巨头麦当劳曾以快餐文化为主题，将经典的红、黄配色、品牌标志金拱门、开心乐园餐等元素融入服装设计，以宣传推动品牌文化。中国的大白兔奶糖、旺仔牛奶品牌也与设计师进行跨界合作，推出系列服装产品，令人耳目一新。

第二节　楚文化在服装设计中的符号传播本质和策略

卡西尔（Ernst Cassirer，1875—1945）将人类定义为"符号的动物"，人所创造的一切文化，都是不同的"符号形式"，符号是人类意义世界的一部分，具有功能性价值。[1]在语言学中，我们使用各种记号与符号（不论它们是声音、书写文字、电子技术生产的形象、音符，还是各种物品）来代表或向别人表达我们的某种概念、观念和感情。[2]在现代社会，服装时尚逐渐进入日常生活，通过各种设计符号向人们展示理想化的生活方式，提供多层次的审美体验。换句话说，服装设计工作者可将不同文化元素凝练成符号，融入服装，满足消费者的精神文化需求。从这个意义来看，服装设计具有强大的文化承载和文化传播功能。楚文化源远流长，寓意深刻，能为设计师提供丰富多彩的符号。但是，楚文化在服装设计中的符号传播本质是什么，如何把握现代社会传播规律，实现楚文化的有效传播，是当下设计工作者应该思考的重要问题。

一、楚文化在服装设计中的符号传播本质

罗兰·巴特运用符号原理，对流行体系中的服饰符号进行研究，并形成一套完整的理论体系。[3]巴特将符号分为能指和所指两个部分，用来表示具体事物或抽象概念的部分

---

[1] 恩斯特·卡西尔. 人论 [M]. 甘阳，译. 北京：商务印书馆，2003：7，16.
[2] 斯图尔特·霍尔. 表征：文化表象与意指实践 [M]. 徐亮，等，译. 北京：商务印书馆，2003：1.
[3] 罗兰·巴特. 流行体系：符号学与服饰符码 [M]. 敖军，译. 上海：上海人民出版社，2000：14.

即能指，而能指最终表达的意义即所指部分。举例来说，单词词形或发音就属于能指部分，单词所表达的对象或意义便是所指部分。❶由此看来，研究楚文化在服装设计中的符号传播本质包含三个方面内容：一是服装设计是承载和传播楚文化的媒介；二是设计者通过各种符号象征楚文化内涵；三是服装设计所表述的楚文化意义只有在理解和使用的过程中才实现有效传播。2019年，在武汉举行的第七届世界军人运动会上，设计师将楚文化以设计符号形式融入引导员礼仪服饰中（图7-2）。设计师以高冠表征楚服饰文化中"好高冠"时尚，以赤色象征着楚人对火的崇拜，凤鸟装饰则暗喻楚人祖先祝融。在楚器物或服饰图案中，S形骨架或图形十分常见，体现出楚人对曲线美的偏爱，设计师将其用于肩部装饰。蓝色上衣代表楚地湖泊众多，曾经雄踞整个长江流域的历史文化特色，古铜色下裙则以曾侯乙墓出土的编钟造型为创意灵感。同时，设计者将LED灯光技术引入服装设计，极具舞台表现力，古今文化的融合与张力引起广泛关注。

图7-2　第七届军运会
编钟裙❷

二、楚文化在服装设计中的符号传播策略

（一）楚文化在服装设计中的传播过程

正如语言学所承认的，词语只有包含在句子中，才会获得其特定含义。服装设计亦是如此，设计者借助服装细节表达楚文化内涵，赋予服装设计以潜在的文化意义，但只有在传播的环境中，这些内涵和意义才变得明确，才能得以传承和延续。据调查研究，现有的本土服装设计未能很好地担任楚文化传播的功能，原因在于它们只是满足了设计文化传播的一个条件：服装设计能够承载楚文化精神内涵，但还有一个条件不能满足：承载着楚文化的设计未能得到受众者广泛认可。

在传播学理论中，传播过程需要语言材料的编码、信息解码、获得内容解释，同时，此过程中需要有接收者和发送者的角色。❸楚文化在服装设计中的符号传播并非单一的、线性的过程，反之，它是双向的，是一个系统而复杂的过程。如图7-3所示，设计师通过

❶ 罗兰·巴特. 符号学原理 [M]. 黄天源，译. 南宁：广西民族出版社，1992：39.
❷ 图片来源：百度百家号，第七届军运会编钟裙。
❸ 徐恒醇. 设计符号学 [M]. 北京：清华大学出版社，2008：20-21.

服装设计将楚文化符号及其意义传递给受众，受众在感知过程中可以做出接收或拒绝等反馈信息。换句话说，设计师并非一味地进行信息输出工作，受众也并非被动接收信息，服装设计所传递的楚文化意义与受众之间是相互作用的状态。笔者认为，楚文化传播需要顺应时代发展特征，更新传播理念，利用符号原理实现文化渗透式的传播。其间，重视符号引起的社会关注效应、致力于设计叙事的创新创意、激发受众的情感共鸣是实现楚文化在服装设计中有效传播的主要策略。

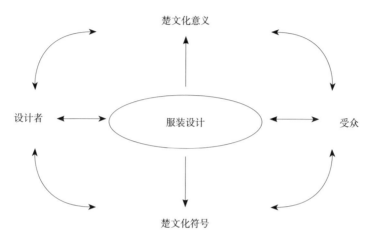

图7-3　楚文化在服装设计中的符号传播模型

（二）重视符号引起的社会关注效应

借助当下流行的跨界营销模式，获得社会关注效应是楚文化在服装设计中符号传播的首要策略。在互联网经济时代，跨界营销是十分普遍且流行的商业模式，其本质是选择自身资源的某一特性与其他表面上不相关的资源进行整合或融合，以放大资源价值。在"机械复制时代"下，艺术的光环消失后，并不意味着审美经验的消失，这必须由震惊来解放审美经验。[1]现代视觉审美符号在日常生活中已经演化为一种普遍的文化景观，它为现代消费意识所征用，且与文化产业相联姻，不断制造着审美"震惊"和"艳羡"。[2]换句话说，在大众服装审美市场中，"卖点"与"看点"同等重要。在古驰2018年秋冬系列中，设计师从后人类的"赛博格"概念出发，采用手术室和复制的人头、雏龙、三只眼睛妆容等设计符号，成功捕获社会关注。之后，服装系列中纽约洋基队标志性的"NY"棒球帽、印度教的头巾、中式亭台及中世纪复古印花等设计符号背后所蕴含的多重文化语义得到讨论

❶ 瓦尔特·本雅明.机械复制时代的艺术 [M].李伟,等,译.重庆:重庆出版社,2006:80.
❷ 鹿咏.视觉时代的时尚文化及其审美表征 [J].学术界,2016(5):88.

和理解，从而实现了有效的文化传播。楚文化虽然包含诸多具有传播价值的"卖点"，但仍然需要商业营销的鼓动，方能获得社会"关注效应"。基于此，在符号驱动下的跨界合作是切实可行的楚文化服装设计传播策略。以楚文化经典元素《山海经》为例，其中包含的神怪图像、植物图形、地理图像的直观具象性、空间表现差异性及凝聚的形式美的特征，为现代服装设计提供了广阔的再造空间。2018年，史蒂文·斯比尔伯格制作拍摄的《侏罗纪世界》源于迈克尔·克莱顿的畅销小说《侏罗纪》，前者用足够可信的科技在未来时空中将存于人类想象中的恐龙复活。设计师服装品牌"密扇"采用跨界合作方式，将《山海经》图像符号与西方电影《侏罗纪世界》图像符号进行创意上的结合，设计出一系列以"山海错"为主题的服装，获得了良好的社会关注效应（图7-4）。设计师采用移植、解构、变形、重组等方式将烛龙、帝江、陵鱼等图案进行再造设计，形成具有现代审美趣味的系列服装。模特佩戴的骸骨头冠灵感来源于《山海经》中的西王母的形象；男模妆容面有四目，灵感源于《山海经》中长有四只眼睛的异鸟"颙"，书中记载"有鸟焉，其状如枭，人面四目而有耳，其名曰颙，其鸣自号也"；被复活的恐龙、热带雨林、激光面料、PVC面料、钉珠、3D打印技术等代表着未来世界。在此系列活动中，楚文化元素在适当情境下实现了符号创新，且与小说、影视传媒、时尚潮流进行跨界融合，获得了广泛的关注效应。

图7-4　2018密扇春夏"山海错"系列❶

（三）致力于服装设计方面的创新创意

设计叙事方面的创新创意是楚文化符号传播又一策略。"叙事"原本是一种文学概念，指以散文或诗的形式叙述一个真实的或虚构的事件，后来成为结构主义和符号学研究领域的重要概念，并逐渐形成叙事学学科。在符号学中，符号的意义常依赖于各种较大的分析单位——各种叙事、陈述、形象群，这些分析单位是使各种文本起作用的话语。❷如果将服装设计视为语言体系，设计符号则是其中的词汇，"遣词造句"也就是叙事结构和表述方式。不同的叙事思维影响着叙事结构和表述方式。线性的思维方式是单向的、直线的、

❶ 图片来源：腾讯网，2018密扇春夏"山海错"系列。
❷ 罗兰·巴特. 符号学原理[M]. 黄天源，译. 南宁：广西民族出版社，1992：43.

没有变化的单一维度思维方式，受时空和逻辑的影响，在一个线性的、合乎人们日常生活习惯的叙事中，时间轴都是有序平滑的；而非线性的思维方式恰恰相反，它是多维度的，常常多时空并叙，突破时空和逻辑的影响，不按常规的逻辑去安排叙事，常出现随意跳跃的行为。❶2019年4月26至30日，在纽约曼哈顿中央车站举办以"中国时尚"为主题的快闪店活动，❷其中中国设计师品牌"秘境"将《山海经》文化与当下坎普艺术潮流、服装时尚跨界融合，以非线性叙事思维描绘出一幅超现实主义风格的视觉图景。如图7-5所示，图中的夸父不再局限于传统角色，化身为健身狂人和明星粉丝；九尾狐和九婴穿越时空获得新的职业；白泽送起了外卖；浑沌所经营的馄饨铺生意也十分兴隆。在这里，楚文化中神话人物和神兽符号的隐喻和表意功能被无限放大，通过看似荒诞不经的叙事结构表述性别与服装之间关系的新观点，即男装不需要被"男子气"所束缚，女装也不必局限于"女性气质"。这种过去与现在、虚拟与现实共处一室，文化符号所处语境的错位与非线性的设计叙事方式吸引了诸多关注和媒体传播。

图7-5　2019年秘境品牌坎普服装设计宣传海报❸

（四）激发受众情感共鸣

在服装设计实践中，利用楚文化符号激发受众情感共鸣有助于增强其传播的深度和广度。所谓"情感"，指的是人类对客观事物是否满足自己的需要而产生的态度体验。服装设计中丰富多彩的符号具有唤起情感的功能，如悲伤、愤怒，甚至恐惧。情感总是会战胜功能的，即使是在那些最常用或者最普遍的产品上。有人认为，故宫文创产品之所以能够获得良好的文化传播效果，是因为其设计符号所表征的文化意义走进了人们的日常生

---

❶ 吴亦霏.基于非线性叙事结构的虚拟焦山碑刻博物馆交互设计研究 [J]. 设计,2019,32(2):143.
❷ 所谓"快闪店",即 Pop-up shop,temporary store,指在商业发达地区设置临时性铺位,零售商在短时间内推销其品牌,快速吸引消费者。
❸ 图片来源:搜狐网,2019 年秘境品牌国坎服装设计宣传海报。

活，融入了当下的社会情境，形成富有层次的情感维系、社交连接和身体美学的通感体验。创作者适时抓住消费群体的怀旧心理和对文化认同的需求，因此利用创意设计激发消费者的情感共鸣是故宫文创能够成功的重要因素。

1. 凤文化元素增强文化认同

楚文化富含多姿多彩、具有情感功能的符号，其中，以凤为代表的显性楚文化符号和以老庄为代表的隐性楚文化符号传播较广。楚人崇凤、爱凤，因为他们相信其祖先祝融是凤鸟的化身。在楚漆器、丝织品中，可以看到龙飞凤舞、龙凤相蟠、云蒸霞蔚、欢跃动人的景象。可以说，凤成为中华民族文化象征符号，离不开楚人的热忱和文化积淀。从20世纪90年代开始，西方设计师率先以"他者"视角将凤元素作为中国文化象征符号融入现代服装设计，虽然缺乏深入了解，但有助于将凤文化传播至世界各地。此后，中国本土服装设计师也将凤元素融入服装设计，以唤起人们对身份、文化或民族认同的情感共鸣。在2018年9月的纽约时装周上，中国服装设计师刘勇就是采用隐喻（所谓隐喻，是以某类事物形态为依据，对其他事物的语言、心理、文化以及社会行为进行想象、感知和探讨，换句话说，就是用一种形象对另一种形象进行取代。❶）手法将"鲲鹏"符号、楚庄王故事和中国本土设计理论联系起来。在先秦时期，楚人常常以凤喻人，《韩非子·喻老》记载："楚庄王莅政三年，无令发，无政为也。右司马御座，而与王隐曰：'有鸟止南方之阜（土山），三年不翅，不飞不鸣，嘿然无声，此为何名？'王曰：'三年不翅，将以长羽翼；不飞不鸣，将以观民则。虽无飞，飞必冲天；虽无鸣，鸣必惊人。'"这里的大鸟即为凤。先秦时代"风""凤"字通。"凤皇"的本义是"飞起来风大的鸟"。庄子也擅用比喻，《庄子·逍遥游》曰："北冥有鱼，其名为鲲。鲲之大，不知其几千里也。化而为鸟，其名为鹏。鹏之背，不知其几千里也，怒而飞，其翼若垂天之云。是鸟也，海运则将徙于南冥。"这里的鲲和鹏即凤的不同化身。如图7-6所示，刘勇以"大鲲"为设计主题，借助"不鸣则已，鸣将惊人"这一历史故事，隐喻中国设计力量崛起之前景。其中，鲲鹏属于符号修辞能指方面，设计师遵循对比、强调、抽象、复合、重构等设计原则，赋予鲲鹏以多样化的视觉形象，以表述《庄子》对鲲鹏变幻无常的描写。红、黑、紫、黄、蓝等色彩配置则呼应了楚人"贵赤重黑，巧用间色，五彩杂陈"的色彩文化。与此同时，楚饰花草、文字口号均出现在服装设计中，形成一系列具有楚文化韵味的形象群。在媒体传播中，"鲲鹏""中国文化""东方设计力量""轻奢潮牌""年轻一代"等表述不断激发受众的怀旧情绪和民族文化认同感，获得了良好的传播效果。

❶ 艾伦·亚当森. 品牌简单之道 [M]. 姜德义，译. 北京：中国人民大学出版社，2007：51.

图7-6　刘勇2018纽约时装周"大鲲"系列❶

2. 老庄文化元素对心灵的抚慰

在信息化和泛娱乐化时代，服装设计师和消费者容易走向"目盲"和"心盲"境地，从而丧失对服装和设计本身的价值判断。楚地老庄文化所蕴含的"物我两忘""天人合一""师法自然"等理念成为慰藉现代人焦虑情绪的良药，在服装设计中以隐性符号形式得到广泛传播。著名服装设计师马可的服装品牌"无用"，倡导"无界"（天地与我并生，万物与我为一）、"无我"（世界上没有完全独立存在的个体）、"无所有"（尽可能少地占有）等衣生活理念，实际上就是对老庄文化的高度凝练，在其服装设计实践中，对大自然的敬畏、对物料的珍惜均体现在朴素的色彩、天然的服装面料、手工制作等物理细节中，在消费者群体中激起了强烈的情感共鸣（图7-7），其作品曾入选"国际年度设计大奖"，在伦敦维多利亚与艾尔伯特博物馆、巴黎小皇宫画廊、荷兰阿姆斯特丹等地展出。此后，"素然""例外""形上"等一系列带有老庄文化语义的服装品牌相继出现，形成一股东方设计美学潮流。在熊英的服装设计中，老庄文化符号以淡雅的色彩、水墨晕染的表现手法、图案设计中的留白、服装面料的层叠虚实搭配等方式呈现出来，由情至境，将观者和着装者引入老庄美学意境（图7-8）。

3. 端午文化元素激发受众怀旧情绪

屈原那种"上下求索，九死未悔"的爱国主义精神、荆楚地区端午节文化也能激起受众怀旧心理和文化认同感。现代工业文明将人类逐渐异化为"单向度"的人，不断增长的工作压力和快速的节奏使人们无暇顾及精神生活质量的提升，从而造成人们自我认同上的断裂。马斯洛认为，人类是追求安全感的动物，在面临应急事件或心理冲突的时候，人们

❶ 图片来源：人民网时尚栏目，刘勇2018纽约时装周"大鲲"系列。

图7-7　马可作品❶　　　　　　　　　　　　　图7-8　熊英作品❷

会本能地选择趋利避害，也会通过回忆重组寻求精神上的自我慰藉，规避不利因素，怀旧便是心理防御机制之一。

　　端午节又叫"端阳节"。据《荆楚岁时记》记载，因仲夏登高，顺阳在上，五月正是仲夏，它的第一个午日正是登高顺阳天气好的日子，故称五月初五为"端阳节"。春秋以前，端午节是华夏人民祛病防疫的节日，有吃粽子、熏艾叶、喝雄黄酒、缠五色丝线等习俗。后来，楚地爱国诗人屈原在端午节殉国明志，人们为了纪念他，歌颂他为国为民的高尚情怀，将赛龙舟、吃粽子等习俗与屈原联系在一起，成为楚地民俗文化代表元素，后传播至韩国、日本等地。目前，人类生存的环境日趋恶化，有的设计者将大气污染、水污染、工业污染、噪声污染和垃圾污染称为"新五毒"。用城市机能风格服装象征工业环境下的地球和人类，灰暗的色调用橘黄色加以警示，"五毒""以毒攻毒"和刺绣图腾象征着农业文明时代的美好愿望，从而呼吁人们携手拯救自己，拯救环境（图7-9）。当设计者将屈原和爱国情怀联系起来，将端午节与传统文化、现代环保主题联系起来，既符合现代人的怀旧审美，又能传播爱国主义、环保理念等价值观，在东亚文化圈内也具有传播的文化基础。

　　詹姆斯·W.凯瑞在《作为文化的传播》中提出，从仪式观角度看，传播并非只指信息在空中的扩散，而是指在时间上对一个社会的维系；不是指分享信息的行为，还是共

衣以载道　楚文化在现代服装设计中的传承与应用研究

享信仰的表征。或者说，传播是一种以团体或共同的身份把人们吸引到一起的神圣典礼。由此可见，传播的起源及最高境界，并不是指智力信息的传递，而是建构并维系一个有秩序、有意义、能够用来支配和容纳人类行为的文化世界。❶

图 7-9　学生作品："以毒攻毒"系列

楚文化中丰富而经典的物质和精神元素，不仅具有丰厚的历史文化底蕴，而且在其漫长的发展过程中，受到码头文化的影响，形成宽厚包容的文化特质，兼收并蓄、开拓创新的艺术风格，符合文化传播的条件，具备文化传播的价值，因此应该从提升文化软实力的战略高度来审视楚文化的服装设计传播问题。当服装设计师自觉整合各种各样的楚文化元素，通过视觉符号表征其文化意义时，楚文化就被生动形象地予以承载、创造、再现，具备了传播的必要条件，而服装设计自身的文化内涵和价值也相应获得丰富和提升。换句话说，现代社会语境下，楚文化与服装设计之间是互惠互利的关系。通过服装设计进行符号转换，楚文化可以历久弥新，得以存续。服装设计需要楚文化的滋养和丰富，满足消费者日益增长的文化消费需求，提升本土服装设计的文化质感和文化自信。其间，借助当下流行的跨界商业营销模式，重视楚文化符号所引发的社会关注效应；致力于新颖独特的设计叙事方式，赋予楚文化符号以现代语义，满足人们的怀旧心理和文化认同需求，利用符号激发情感共鸣，这些都是楚文化服装设计传播的主要策略。

❶ 詹姆斯·W. 凯瑞. 作为文化的传播 [M]. 丁未,译. 北京:华夏出版社,2005:7.

结　语

长期以来，服装设计领域存在着各种以西方设计师为中心的"神话"，他们貌似总是代表着设计的发展方向，而其他民族和群体往往只能扮演追随者的角色。日本、中国、韩国等非时尚中心国家的服装设计起步较晚，一开始便无法逃离西方的影响。全球化浪潮带来了设计和服装的民主化，不同国家或民族都试图通过服装向世界展示本土文化魅力，以西方为中心的设计话语等级体系也遭遇挑战。日本在20世纪通过设计师群体亮相实现了设计地位上的"脱亚入欧"，西方非时尚中心城市或国家在积极参与全球化的同时，也希望保持本土或地方文化特色。

近年来，中国服装设计工作者逐渐从盲目追随西方设计的迷恋中觉醒，重新回到本土文化立场，探索本土服装设计的文化复兴之路，试图重新定义"中国制造"的文化内涵，以"中国创造"的新面貌示人。在这个过程中，重新检视本土文化的多样性与统一性是进行文化自省、最终实现文化超越的前提。曾经辉煌灿烂的楚文化因"抚有蛮夷""以属诸夏"而铸就了庞大的楚王国，也构成灿烂的楚文化气魄。楚文化之所以能迅速成长，主要就是因为楚王国长期奉行了一条"混一夷夏"的路线。❶如今，楚文化中蕴含的筚路蓝缕、以启山林的奋斗精神，兼收并蓄、多元共存的开放气度，九死未悔、自尊自爱的爱国精神，对中国本土服装设计的发展仍具有深刻的启示意义。

正所谓"器以载道"，如果将服装设计视为"器"，楚文化便可以作为"道"而存在于设计实践之中。因此，探讨楚文化元素在现代服装设计中的传承与应用，实际上是探讨"衣以载道"的方式和路径。换句话说，服装设计可以作为负载某种文化的载体，产生强大的凝聚力，进而构成某种神话。如果我们将楚文化视为神话构建的对象，那么服装设计中的型、色、图等要素都可以用于神话的制造和传播。

在精神层面，楚文化哲学元素在现代服装设计中发挥着显而易见的启发作用。现代工业文明的到来，人类逐渐被消费和物质异化为"单向度"的人；快速的生活节奏使人们无暇顾及精神生活质量的提升，逐渐陷入目盲、心盲之境地，从而造成人们自我认同上的断裂。老庄文化哲学中道法自然、见素抱朴、天人合一等核心理念有利于服装设计师正确处理欲、技、道之间的关系，帮助着装者正确认识服装与人、服装与社会、服装与自然之间的关系。

楚人在身体审美上吸收了中原地区的文质彬彬，但又突破其"硕、敖"之风，体现出"细、长、丽"的独特趣味，在服饰上则兼收并蓄，形成了"瘦长、繁盛、新奇"的文化

---

❶ 张正明. 楚文化史 [M]. 上海：上海人民出版社，1987：64.

特色。现代服装造型设计方法开放而多元，为楚服元素的传承与应用提供了广阔的空间。设计者以拆分、解构、重组等方式将楚袍元素、襦裙元素和楚袴元素融入廓型设计。同时，楚服中的领式、袖式和腰带元素给予设计师灵感启发，被巧妙融入服装设计实践中，形成具有楚文化特色的新中式服装设计。

我们知道，图像符号具有强大的文化再现功能，将楚文化中的图案元素融入服装设计，有助于深化人们对楚文化内涵的认知。楚造物中的图案元素是文化在器物上的反映，其中楚凤文化源远流长，其图案造型特征可以概括为"壮、美、奇、变"，对现代服装图案设计具有启示意义，二者也暗含耦合之处。楚地广为流传的《山海经》元素深受新生代服装设计师的青睐，图文并茂的神话故事反映了楚人特有的浪漫情怀和奇特的想象力，为现代服装图案设计提供丰富的素材。

楚人在丝织、刺绣、漆器等造物过程中表现出贵赤重黑、重文轻质、恢诡谲怪的色彩审美心理，反映了楚人的祖先意识、时空体悟和巫觋风俗。在漆器色彩中，红、黑二色成为主导色，同时巧用间色，显得五彩斑斓，这种设色方式在现代服装色彩设计中仍具有借鉴意义。楚地民间刺绣植根于楚文化，在传承楚先民色彩审美文化的基础上开拓创新，形成粗犷质朴、大胆新奇、热闹绚丽的文化特色，与现代服装设计中的装饰主义潮流十分契合，具有多方面的传承与应用价值。

传播，是传承楚文化的有效手段之一。楚文化曾经在东周时期达到空前高度，并不断向东西南北方向进行传播，至今仍风韵犹存。现代社会中的服装设计具有强大的文化传播功能，并表现出速度快、范围广、元素多的特征，可以作为传播楚文化的有效工具。设计者通过各种符号表征楚文化意义，借助当下流行的跨界商业营销模式，重视楚文化符号所引发的社会关注效应；致力于新颖独特的设计叙事方式，赋予楚文化符号以现代语义；满足人们的怀旧心理和文化认同需求，利用符号激发情感共鸣，有助于实现楚文化在世界范围内的有效传播。

借助视觉和物质语言，以及自身带有的意识形态价值和信息，设计可传达复杂的信息。设计可以说是文化构建过程的一部分，而不仅仅是反映。❶换句话说，服装设计是创造衣生活环境的实践活动，不同的设计风格和服装载体能够将楚文化元素以立体或多元的方式展现在受众面前，唤起个体情感体验，并最终化为柔性力量，指向文化吸引和文化认同的建构。另外，楚文化能够为现代服装设计和时尚发展提供重要给养，从设计学角度出发，认识到楚文化元素的时尚价值和应用价值，将其融入服装设计实践活动中，有助于提高后者的文化质感和文化素养，也是中国本土服装设计走出西方话语的影响，向世界展示中华民族文化多样性、提升民族文化自信的有效途径。

---

❶ 彭妮·斯帕克. 设计与文化导论 [M]. 钱凤根, 于晓红, 译. 南京：译林出版社, 2012.

附录一 楚文化相关服饰品牌设计总监访谈

万 怡

（金步摇服饰品牌创始人、品牌设计总监，湖北省旗袍协会会长）

问：据我了解，您创建的金步摇服饰品牌一直致力于楚文化的传播，请问是什么原因促使您专注于这个领域？

万：我生在武汉，长在武汉，自小就喜欢传统文化，喜欢服装设计。长大后，觉得将二者融合应该是一件很有意义的事。尤其是我去世界各地见过、看过后，将一些楚文化产品带到国外很受欢迎，同时发现在国外展现楚文化的产品、教学、交流也很受欢迎，我为楚文化的博大精深、源远流长而自豪，所以更加坚定了想把楚文化用不一样的方式比如服饰、丝巾等文创的衍生产品表现出来，使其成为一种"行走的时尚文化"。所以我创办了金步摇服饰这个品牌，以"让纹样演绎文化，文化走进生活"为宗旨。

在做原创产品研发的过程当中，深入了解了很多信息，我发现楚文化是中华文明很重要的组成部分，千年楚韵，历史悠久。而且一些很有代表性的图腾，比如楚凤，还有楚国编钟等，它们的寓意和影响很深远。每一次产品研发，收获都不一样，于是就一发不可收拾，喜欢上了楚文化。

问：您认为楚文化最吸引您的地方在哪里？

万：作为一个湖北人，我认为楚文化最吸引我的就是楚文化整体所表现出来的励精图治、艰苦创业、对自由浪漫生活的向往与追求。

为什么这么说呢？有两件事令我深受启发。

湖北的保康是楚文化的发源地之一，楚国八百多年的历史，在保康就有三百五十多年，历史悠久，文化底蕴深厚。史料记载，熊绎为祝融氏分支鬻熊一支的后裔。周成王时代，熊绎受封为楚君，赐"子男"田地。因此，保康沿河大道以熊绎命名，寓意是将"荆山楚源，早期楚文化"的精髓融入其中，弘扬祖先熊绎率部族"筚路蓝缕，以启山林"的坚韧不拔、开拓创新精神。

在楚文化美术中，有一系列神秘古怪的意象组合，鹿角立鹤、虎座凤鸟、漆器上的人神杂糅、织绣上的龙蟠凤逸、青铜器上斑驳陆离的色彩等，这是楚人文化精神上无碍于物、"独与天地精神往来"的表现；而花朵流动与生长的造型，正给人自由、生动的想象。

问：目前您的服饰产品中有大量楚纹饰图案，能挑出几件您觉得最为满意的介绍一下设计过程吗？

万：可以的。首先看这一款丝巾设计。这是金步摇服饰品牌原创作品，由武汉金步摇文化发展有限公司的设计顾问、西安美术学院教师王丹丹老师根据我的一幅画创作设计而成的。丝巾的纹样来源是楚文化龙凤虎图及曾侯乙墓部分漆器图案。龙、凤、虎都是中华文化中寓意比较好的传统纹样，也是楚文化的经典元素。这款原创丝巾，以楚国红、大地黄和白色为主，100%真丝，非常大气，而且全是手工缲边。可以说是一个传统与现代、文化与商业结合的完美典范，既符合现代人的审美，又具备了传承文化的要素。

金步摇以"龙凤虎搏斗"为灵感的丝巾产品

接下来你看到的这件马甲纹样来源是楚文化里最具代表性的文物之一——编钟元素和钟簴铜人元素。

楚人崇凤，自古有之。楚人相信，只有在凤的引领下，人的魂魄才能飞升九天、周游四方。楚庄王就曾有言"三年不飞，一飞冲天。三年不鸣，一鸣惊人"。我对楚凤也是十分喜欢的，于是以"凤"为主题衍生设计出了几大系列服饰。

　　这几件衣服是我们原创的服饰，我称其为现代楚锦。金步摇现代楚锦系列，是从中国传统织锦工艺技术中衍生出来的一种具有楚文化底蕴和现代文创相结合的特色织锦，它是将传统的楚文化与现代织锦的科技成果整合的产物。

金步摇以"楚凤"为主题的新中式礼服系列

　　除此之外，我们还设计了楚凤蜡染系列。蜡染有着现代机器完全无法企及的美学效果，每一件手工蜡染作品都有自己的冰纹，并且都是独一无二的。金步摇蜡染旗袍，将传统蜡染技术与楚文化（楚凤图腾）进行了巧妙融合，在布料选择上，不仅有棉麻，更有真丝系列。该系列一方面传承了千年的民族民间手工艺，另一方面，它的价值不仅仅在于它的商品属性，更在于它的文化属性和历史属性。

　　蜡染具体操作流程如下：

　　（1）首先准备白色的真丝面料，将面料用热水洗，烘干，然后烫平。

　　（2）进行图案设计，主题图案为楚凤。

　　（3）熔蜡，这里用的蜡是从蜂巢里提炼出来的蜂蜡。

　　（4）点蜡，用特制的工具——蜡刀，一笔一笔地画上图案。

　　（5）染色，染水是用板蓝根制作成蓝靛，把蓝靛放在染缸里发酵，然后染布。

　　（6）脱蜡，煮开热水脱蜡，蜡遇热融化，可以循环利用。

　　（7）皂洗—水洗—晒干—完工。

在制作过程中，即使同一图案设计，做成蜡染后，也可得到不同的冰纹。冰纹的产生是在染制的过程中，蜡受到摩擦及压挤等外力因素作用导致断裂，染水浸入形成冰裂纹。做好的旗袍会有板蓝根的清香味道。板蓝根为一味中药，具有清热解毒的作用。

金步摇"楚凤"蜡染旗袍系列作品

问：您在将楚文化元素融入产品过程中遇到过哪些困难？是如何解决的？有哪些经验可以分享？

万：做原创很不易，图纹选择、纹样织就、布料成品、衣服设计……都耗费时间、精力、财力，尤其是需要沉淀。我们的品牌金步摇坚持到今天很不容易，这里面有很多朋友、老师的支持，也有个人不遗余力的坚持。我们把很大一部分资金、精力花在产品研发上面，但市场推广是我们的一个薄弱环节。另外，我们的产品种类十分丰富，不是单纯的一个服饰售卖店，我们的计划是做一个服饰文化专题博物馆，里面有展演、体验、教学、产品售卖等，以真正起到传承的作用，所以需要场地比较大，就单纯租赁来说，目前超出我们的预算范围，所以这个是目前最大的问题，需要政府或者相关部门予以支持，一起创作楚文化的品牌，作为湖北文创界的名片。

问：您为什么选择服饰产品作为传承与推广楚文化的载体？除此之外，还有哪些合适的载体或途径？

万：服饰自古就是文化载体之一，我们古人的很多智慧和处世哲学都会体现在衣服上。以深衣为例，通过图片，我们可以清晰地看出，它的每一部分都有着非常严格的要求和寓意。在制作中，深衣分为上衣和下裳，在腰部进行缝合，成为一件上下连制的整长衣。深衣的下裳，是将12幅裁片缝合，以吻合一年中的12个月份；采用圆袖方领也是规矩，所谓"没有规矩不成方圆"。垂直的背线是正直水平的下裁线，以示公平；深衣背后表达的其实是我们祖先的世界观，这就是天人合一、恢宏大度、公平正直、包容万物的胸怀。我们的哲学思想是中和，强调人和自然的和谐共生。因此，我们的服装形制也是从宽袍大袖的宽衣文化开始的。我们希望自己和服装能够融入自然，也就是我们前面提到的天人合一。中国传统文化艺术所推崇的是含蓄矜持、神韵生辉，也就是我们常说的"言有尽而意无穷"的意境。除了服饰及衍生品外，我认为一些日常实用的物品，比如茶杯、鼠标垫、手机套等都可以作为载体，以实现"让文化走进生活"的目的。

问：我们知道，随着中国经济实力的增强，其国际地位逐渐提高，中国文化的国际影响力日益提升。据我了解，您还是湖北省旗袍协会会长、全球华人旗袍协会副会长，您预测当楚文化与服饰产品结合后，在海外传播过程中有何优势或劣势？您有什么给设计师的建议来克服困难？

万：这些年来，我每年会有一两个月在海外，尤其是美国。每当听说我要到美国的时候，当地的华人华侨朋友们都特别高兴，尤其是喜欢我带给他们的漂亮的服饰——有东方特色的小礼物。所以，我相信只要我们的产品足够好，兼具时尚、文化、艺术、实用、品质等，一定会很快地传播出去。总之，目前主要的困难就是个人能力有限，团队能量有限，所以只能小步慢走，一步一个脚印，先把产品做好做稳，再寻求支持，做大做强吧。

（访谈录音由赵艾茜、郭丰秋整理）

李　娟

（"斯蒂芬妮"服装品牌总监。毕业于法国国际时装设计学院，
2014年成立工作室，2016年注册"斯蒂芬妮服装有限公司"）

问：您是如何看待荆楚刺绣文化的？

李：刺绣属于传统文化之一，荆楚刺绣多表达的是农耕文化，但它的绣法多变，能够将不同的事物勾画得栩栩如生，这种精湛的技艺值得传承。

问：作为个人品牌设计师，您觉得如何更好地传播荆楚刺绣文化？

李：我觉得将刺绣元素转换为现在的审美语言，表达、展现到服装上是一个很好的传播途径。

问：我看到您在服饰产品上用到了许多刺绣元素，您是如何看待机绣和手工刺绣的？

李：我认为，湖北刺绣文化在服装载体上传播的话，应该从根本上解决成本问题。手工刺绣无论是展现在服装上还是纯艺术品上，都属于奢侈品，比较小众，不太适合流通。如果在降低成本的情况下去传承刺绣文化，让它成为平常人都能欣赏和购买得起的产品才能真正流通。我认为，在可能用机绣代替手工刺绣的情况下，完全没有问题，因为机器是由人来操作的，我的思想和设计理念完全可以通过对机械设备的操控来更好地表现出来。比如汉绣中的齐平针，用机器来做的话，其效果可能会比手工打造得还要好，如果是龙鳞蹦针这样比较依赖手工操作才能显现效果的，就不用机绣替代，这样的话，节约了时间和劳力成本，价格自然也降低了。

问：您既是服装设计师，又是品牌经营者，相信您对市场、消费者心理都有很好的把握，请问您对荆楚刺绣与时尚服饰产品的融合是否有信心？

李：有信心。湖北刺绣产品有市场，但产品设计太过于局限，质量参差不齐，品种不丰富，传统的大红大绿让消费者感觉审美疲劳。要想将刺绣元素很好地融入服饰产品，需要研究消费者的心理状态、文化需求和市场定位，要把刺绣产品与消费者的需求紧密结合起来。我本人对传统文化有特别的爱好，而且一直想把中西方元素结合起来做一个大众都能广泛接受穿衣风格。但目前情况是，大部分民间艺术家都是把刺绣运用在传统旗袍上，这就局限了刺绣的呈现方式和流通性。欧洲也是有刺绣文化的，但是它们的刺绣就可以任意运用在适合大部分人的穿衣习惯中。另外，作为品牌经营者，我感觉有些吃力，毕竟品牌营销是一个专业性很强的工作，而我擅长的是设计，在推广上需要有力的媒介去推动，单靠个人力量无法实现市场价值。因此，我很需要有这方面的人才或团队加入进来，也希望能跟民间刺绣专家进行合作。幸运的是，现在对独立设计师品牌的政策和刺绣文化传承的政策都很宽松，我们获得了一些渠道支持，但这些支持还不够。

（访谈录音由王雨亭整理）

附录二 汉绣代表性传承人王燕访谈

王 燕

（汉绣代表性传承人，从小生活在绣花集中地——武汉六角亭街社区，受到家庭和周围环境的影响，对汉绣有着浓厚的兴趣。七八岁就跟随母亲学习刺绣，后拜胡绍珍为师，经过多年的训练和实践，熟练掌握汉绣传统针法和技艺。她的刺绣作品既保持了传统汉绣特征，又融入了新时代审美趣味）

问：作为一个汉绣传承人，刺绣文化最吸引您的是什么？

王：因为我从小是在这个环境里面长大的，其实可以说我睁开眼睛看到的就是家里有绣工，我就是在这样的环境里面长大的，因为我妈妈是做这个的。

问：从小的家庭氛围和文化熏陶很重要？

王：你说熏陶还真是这么回事。我小弟弟小的时候就专门帮我妈妈穿绣花针、穿线，现在他不会刺绣，从来不会做，但是他一眼就能看出刺绣的好坏，他看得懂，他知道哪个地方做的方法不对，这个他看得出来。

问：据我了解，您还是比较有时尚细胞的，我曾见过您的几幅现代版汉绣，比如《四美图》。

王：是的，这四幅作品之前在学校展览过，就是古代四大美人，但那四幅图的构图方法比较现代，是利用了西方的构图方式，然后利用我们传统的汉绣针法、楚文化的色彩，来讲述传统的中国故事。

问：这幅作品运用的就是龙鳞蹦针吧，就像鳞片一样。

王：对，对，像珍珠鳞片一样，而且它还是可以流动的，就是说你随着光影走过去看到是动的，因此我做的所有的作品都是看实物比看图片好看。你看苏绣或者其他的绣种的话，你看照片永远比看实物好看。就苏绣来说，丝线劈了丝以后一定是有光泽的，那个丝的肌理才出来。而我那个龙鳞蹦针是有不同的面，是散的。你看我绣的那个龙，你看实物的话，光线视

王燕汉绣作品

角不同的话，那个鳞片的光影感觉是不同的，好像是在动，但是从拍照效果来看，只是看到一个面。所以我的作品呢，看实物永远比看图片好看。

问：您在传承刺绣文化的时候遇到什么困难呢？

王：在与现代审美结合创新设计方面，我们也很头痛。毕竟，我没有受过现代美术和设计方面的专业训练，刺绣的图案设计都是代代相传，讲述传统故事，但现代人喜欢更新颖的表现手法去解释传统故事。这就需要专业的设计师来帮忙了。我曾尝试绣过西方的水晶骷髅，用汉绣图案和针法进行演绎，我给它起了一个名字，特别好听，叫《岁月静好》。

王燕作品《岁月静好》

问：为什么叫岁月静好呢？

王：因为人在宇宙间就这么几十年，人终究会变成骷髅的，但是这个骷髅里面的植物花草，是不停地开花，所以在人生最美好的季节里，一定要表现自己最美的样子。岁月不管你是什么样的人生，人的生命是有长度的，只有那么长的时间。因此宇宙中间你就是那么一个点，万物是不停地生长、不停地循环。所以我的意思就是说，活的时候要活出自己的精彩，岁月悠悠，静待花开，这就是我的灵感。其实，这是看电视剧《花千骨》给我的一个想法。

问：您还有什么作品？

王：我还做了两幅作品，一幅是《春·夏·秋·冬》，另一幅是《牡丹》，都是用水墨的形式来表现的。你去看历史，汉绣从来不做黑、白、灰水墨图案，但是，我在这借鉴了书法的表现形式。

问：印象中汉绣的色彩十分浓艳，做成水墨的话，具体会用什么颜色和针法呢？

王：是的，水墨是绣书法、书画，苏绣用得比较多，清新淡雅，而汉绣一般是不做水墨的，但我希望汉绣有所创新，希望融合其他艺术种类的表现手法，所以就做了水墨式作品。在针法上，我使用了汉绣最简单的针法：齐平针、掺针、游针三个针法做出来的，我有的时候一个针法就做一个作品。

问：可能会有人认为，我们坚守汉绣的这个风格就好，汉绣热闹的风格融入水墨山水图案会不会偏离了汉绣风格？

王：我认为，在不改变汉绣原本风格的同时，也要与时俱进，关注当下。在结合当下审美的过程中，我运用中国国画大量留白的意境去做它，然后做出来的图案相对来说有些禅意，但是汉绣的技艺针法没变，就是原汁原味的汉绣的针法。

问：确实，楚文化要想得到更好的传承与发展，也是需要融合和关注当下文化需求的，不改革就不能进一步发展，汉绣也是如此。那么在传播的过程中有什么挑战呢？

王：有。因为我们一直都在说专业人做专业事，你说要我做刺绣，那我带领一个团队做刺绣都没问题，但是，你要我去做设计或营销，对我们来说完全就是一张白纸。我不知道怎么带着这个团队去找市场，我也不知道要怎样把我的技术也好，技艺也好，工艺流程也好，怎样推出去让更多的大众接受，从了解这个东西到喜欢这个东西，这个过程我是没办法去做到的。

问：那您可以关注一下网络平台。

王：有很多网络平台来找我们，但是前提是，我给你做，效果还没出来要先给他们推广费。我们是希望是否能以合作共赢的形式，我们出技术，用你的推广能力，我们合作一块去做这个事情，做完了以后我们再在销售收入上按比例分成。但人家是纯商业，是要付钱的。

问：平台是没有跟你合作的产品，是纯推广。如果你是跟设计师合作的话，就会好一点。

王：嗯，我希望这样。在"非遗"大展的时候，武大的一个学生，也是我的学生，他设计了四个包作为他的毕业作品，我就鼓励他说："你拿过来吧，我的展台经常有人来看，如果看中了我就帮你卖掉。""非遗"大展的时候我就直接把四个包拿去展览，还不是一开始就拿过去的，我是第三天拿过去两个，第四天拿过去两个，第三天拿的两个当天就卖出去了，第四天拿的两个卖出去一个，因为有一个做的是零钱包，太小了，第四天卖出去的那个包是被广东的一个传承人买走了，他的要求就是原创，要独一无二。后来还有人定了两个。

问：看来，"非遗"汉绣的创意服饰设计还是有需求的，只是没有品牌经营。

王：今年我去买衣服，我突然感觉满街的衣服都是绣花的，但是是电脑绣花。

问：是的，这股时尚风潮已经刮了几年，只是今年在"文化自信"的东风下，突然爆发出来。

王：去年有，不像今年这么多，今年真是什么服装上面都有。

问：尤其是中国风的图案很多，什么龙啊、虎啊，还有鹤，仙鹤比较多。您跟那个汉绣精工坊不就是一个合作吗？它的模式是怎么样的呢？

王：汉绣精工坊为楚文化的传播提供了一个很好的平台，但在机制上仍需要改革，比如它在前期推广上做得不太够，导致现在人气和人流量不是特别大。

问：我是偶尔一次看到，最近看到它的产品不是很多，就是有两个极端，要么就是定制的超级贵，要么就是几十元的文创产品。

王：它的定制不算贵了，基本上从四千（元）左右到一万多（元）的都有，其实这个价格比在苏州、上海便宜。在苏州随便定制一件旗袍没有七八千（元）肯定是不行的，在上海定制的两万多（元）的旗袍，在我们精工坊一万多（元）就可以做到。

问：高级定制的客户一般是哪些人？

王：我们这边一般是企业领导定制，可能经常会有活动需要，再一个就是对旗袍特别喜欢的人，她们每年不同的季节都会做。在我们这边经常来定的客户原来都是到上海或苏州去定，但定制旗袍需要试样衣嘛，蛮麻烦，于是他们抱着试试看的心态来我们这里定制，武汉这边如果能够满足他们的需要，就会长期在武汉做。

问：这里就有一个问题，汉绣如果没有用在日常着装上就很难让大众了解，企业老板的服装、婚庆服装毕竟不能成为大众潮流时尚。据调查分析，大学生对手工汉绣的理解是价格高、费时费力。

王：是的。我也希望能够与大众时尚结合起来。设计跟不上青年群体需求，后面再怎么做都是做的老的东西，老的东西现在年轻人不愿接受。所以希望能跟设计师深度合作。设计师是专业的，在图案设计中可以既设计又讲故事，我们可以做工艺，我们双方可以把故事和工艺结合起来，设计师设计出来的图案肯定是既有历史感又有时尚感，我们现在缺的就是这个。

问：我感觉最主要的还是缺一个合作的基础，就是您刚才说的设计师帮你设计你要付钱，然后推广还要付钱，就是没有共赢的理念。

王：我们是希望有一个平台，现在上海美术学院这方面做得比较好，他们请一些国际上高端的知名设计师跟传承人去对接，对接后设计出来的作品直接推向市场、推向国际，他们这么做已经做了几年了。

问：但是，设计师与传承人的联合一般需要大牌，就像郭培，她的品牌起步时也很艰难，如今经营了三十年，也请了好多绣娘，运转才算正常。目前，可以利用互联网的各种平台，做一些成本较低的推广，比如，利用一些直播平台，花费可能会少一些。

王：我们精工坊有个朋友跟我说过这个事，他们都说人家吃个热干面都可以直播。我理解不了，吃个热干面有什么好播的呢。还有一个，我们刺绣跟画画还不一样，我如果是一个小时画一张画的话，我是可以，一个小时完了以后我的效果图是出得来的。你说我去直播，播一个小时，我可能也就只能绣一片树叶，或者绣两片树叶，那人家看着不乏味嘛。

问：您可以尝试一下，不要低估年轻人对传统文化的热爱。您首先面对的是对这方面的爱好者，因为你可以边播边讲解，同时示范应该怎么绣，那些爱好者、想学但远距离的一定会看直播，这也是一种学习的模式。直播间里的人如果有兴趣就可以跟你互动啊，这也算是一种推广方式。

王：这个倒是挺好的，因为他们也跟我提过这个事，他们说这样做网上可能还没有，可以从这个方面切入进去看一下。

问：刺绣要想产业化是需要很多个部门一起合作、协调，目前政府已经大力扶持，比如汉绣精工坊。

王：是的，我自己现在也有工作室了，希望政府在扶持方面能给一些专业的对接，能不能在推广方面由政府给找一些机构，政府出资也好，怎么也好，就是扶持我们走向市场，但是这绝对不是说给我们上一次课、辅导两次就完了的。希望有长期的扶持，让我们的工作室真正运营起来，怎么样跨个一步两步，然后怎么可以自主造血，运转起来。我们是希望有这样的帮扶是最好的，可以告诉我们怎么样去接触市场，尽管我们不是专门去做市场，但是我们也要从最基本的市场上面去了解，要帮助我们了解这个市场。

问：对，比如市场调查、网络推广和运营方面的交流与教育，目前对刺绣文化的推广力度并不够。

王：其实我是觉得从孩子们身上抓是最好的，我们现在也会到中小学学校去推广。一个孩子学刺绣的话，家里至少会有五六个大人来关注这个事儿，六个大人一关注的话，孩子的作品大人就特别喜欢去发朋友圈，那么孩子的刺绣传播效果一定是呈指数级的连带效应。这样一来，宣传推广刺绣文化的效应有了，学生也可以在繁重的功课之余有点兴趣爱好，我们也可以有点经济收益。

（访谈记录由王雨亭、郭丰秋整理）